U0904167

科技部科技基础性工作专项资助
项目名称：青藏高原低涡、切变线年鉴的研编
项目编号：2006FY220300
中国气象局成都高原气象研究所基本科研业务费专项资助
项目名称：高原天气系统年鉴2021
项目编号：BROP202213

青藏高原低涡切变线年鉴 2021

中国气象局成都高原气象研究所
中国气象学会高原气象学委员会 编著
主　编：彭　广
副主编：向朔育　董元昌
编　委：彭　骏　郁淑华　肖递祥　徐会明　张虹娇

科学出版社
北京

内 容 简 介

青藏高原低涡、切变线是影响我国灾害性天气的重要天气系统。本书根据对2021年高原低涡、切变线的系统分析，得出该年高原低涡、切变线的编号，名称，日期对照表，概况，影响简表，影响地区分布表，中心位置资料表及活动路径图，高原低涡、切变线移出高原的影响系统；计算得出该年影响降水的各次高原低涡、切变线过程的总降水量图、总降水日数图。

本书可供气象、水文、水利、农业、林业、环保、航空、军事、地质、国土、民政、高原山地等方面的科技人员参考，也可作为相关专业教师、研究生、本科生的基本资料。

审图号：GS川（2023）82号

图书在版编目(CIP)数据

青藏高原低涡切变线年鉴. 2021 / 中国气象局成都高原气象研究所，中国气象学会高原气象学委员会编著；彭广主编. — 北京：科学出版社，2023.6

ISBN 978-7-03-075690-9

I. ①青… II. ①中… ②中… ③彭… III. ①青藏高原－灾害性天气－天气分析－2021－年鉴 IV. ①P44-54

中国国家版本馆CIP数据核字(2023)第098609号

责任编辑：罗 吉 沈 旭 洪 弘 / 责任校对：杨赛
责任印制：师艳茹 / 封面设计：许 瑞

科 学 出 版 社 出版
北京东黄城根北街16号
邮政编码：100717
http://www.sciencep.com

北京中科印刷有限公司 印刷

科学出版社发行 各地新华书店经销
*
2023年6月第 一 版 开本：A4 (880×1230)
2023年6月第一次印刷 印张：17
字数：572 000

定价：598.00元

（如有印装质量问题，我社负责调换）

前　言

高原低涡、切变线是青藏高原上生成的特有的天气系统，其发生、发展和移动的过程中，常常伴随有暴雨、洪涝等气象灾害。我国夏季多发暴雨洪涝、泥石流滑坡灾害，在很大程度上与高原低涡、切变线东移出青藏高原密切相关。高原低涡、切变线的活动不仅影响青藏高原地区，而且还东移影响我国青藏高原以东广大地区。高原低涡、切变线是影响我国的主要灾害性天气系统之一。

中华人民共和国成立以来，随着青藏高原观测站网的建立、卫星资料的应用，以及我国第一、第二、第三次青藏高原大气科学试验的开展，关于高原低涡、切变线的科研工作也取得了一定的成绩，使我国高原低涡、切变线的科学研究、业务预报水平不断提高，为防灾减灾、公共安全做出了很大的贡献。

为了进一步适应农业、工业、国防和科学技术现代化的需要，满足广大气象台（站）及科研、教学、国防、经济建设等部门的要求，更好地掌握高原低涡、切变线的活动规律，系统地认识高原低涡、切变线发生、发展的基本特征，提高科学研究水平和预报技术能力，做好主要气象灾害的防御工作，在国家科技部的支持下，由中国气象局成都高原气象研究所负责，四川省气象台参加，组织人员，开展了青藏高原低涡、切变线年鉴的研编工作。

经过项目组的共同努力，以及有关省、自治区、直辖市气象局的大力协助，高原低涡、切变线年鉴顺利完成。并且，它的整编出版，将为我国青藏高原低涡、切变线研究和应用提供基础性保障，推动我国灾害性天气研究与业务的深入发展，发挥对国家经济繁荣、社会进步、公共安全的气象支撑作用。

本年鉴由中国气象局成都高原气象研究所、中国气象学会高原气象学委员会完成。

本册《青藏高原低涡、切变线年鉴（2021）》的内容主要包括高原低涡、切变线概况、路径、东移出青藏高原的影响系统以及高原低涡、切变线引起的降水等资料图表。

Foreword

The Tibetan Plateau Vortex (TPV) and Shear Line (SL) are unique weather systems generated over the Qinghai-Xizang Plateau. The rain storms, floods and other meteorological disasters usually occur during the generation, development and movement of the TPV. In China, the regular happening mud-rock flow and land-slip disaster in summer has close relationship with the TPV which moved out of the Plateau. The movements of the TPV and SL not only influence the Qinghai-Xizang Plateau region, but also influence the east vast region of the Plateau. The TPV and SL are two of the most disastrous weather systems that influence China.

After the foundation of P. R. China, the researches on TPV and SL and the operational prediction works have gotten obvious achievements along with the establishment of the observatory station net, the applying of the satellite data, and the development of the first, the second and the third Tibetan Plateau experiment of atmospheric sciences. All these have great contributions to preventing and reducing the happening of the weather disaster and the public safety.

In order to satisfy the modernization demands of the agriculture, industry, national defence and scientific technology, and to meet the requirements of the vast meteorological stations, colleges, national defence administrations and economic bureaus, the Chengdu Institute of Plateau Meteorology did the researches on the yearbook of vortex and shear over Qinghai-Xizang Plateau under the support from the Ministry of Science and Technology of P. R. China. Also, this task is achieved with the helps from the researchers in Sichuan Provincial Meteorology Station. This task improves the understanding of the characteristics of the moving TPV and SL, get thorough recognition of the generation and development of TPV and SL, and improve abilities of the research works and operational predictions to prevent the meteorological disasters.

With the research group's efforts and the great support from related meteorological bureaus of provinces, autonomous regions and cities, the *TPV and SL yearbook* completed successfully. The yearbook offers a basic summary to TPV and SL research works, improves the catastrophic weather research and operational prediction. Also, it is useful to the economy glory, advance of society and public safety.

The *TPV and SL Yearbook 2021* is accomplished by Institute of Plateau Meteorology, CMA, Chengdu and Plateau Meteorology Committee of Chinese Meteorological Society.

The *TPV and SL Yearbook 2021* is mainly composed of figures and charts of survey, tracks, weather systems that move out of the plateau vortex and influenced rainfall of TPV and SL.

说　明

本年鉴主要整编青藏高原上生成的低涡、切变线的位置、路径及青藏高原低涡、切变线引起的降水量、降水日数等基本资料。分为两大部分，即高原低涡和高原切变线。

高原低涡指500hPa等压面上反映的生成于青藏高原，有闭合等高线的低压或有三个站风向呈气旋式环流的低涡，水平尺度约为400～500km。

对高原西部半边涡认定为高原低涡的原则是：半边涡伴有明显云涡，或下一时刻低涡环流明显。对高原切变线上低涡认定为高原低涡的原则是：低涡在切变线上移动。

高原切变线指500hPa等压面上反映在青藏高原上，温度梯度小、三站风向对吹的辐合线或二站风向对吹的辐合线长度大于5个经（纬）距。

对吹风的认定原则是与纬线夹角大于30° 的一对辐合风，或一对夹角大于60° 的辐合风。对高原切变线上低涡认定为高原切变线过程的原则是：切变线移动时低涡在切变线上的相对位置不变。

冬半年指1～4月和11～12月，夏半年指5~10月。

本年鉴所用时间一律为北京时间。

高原低涡

●高原低涡概况

高原低涡移出高原是指低涡中心移出海拔≥3000m的青藏高原区域。

高原低涡编号是以字母“C”开头，按年份的后两位数与当年低涡顺序两位数组成。

高原低涡移出几率指某月移出高原的高原低涡个数与该年高原低涡个数之比。

高原低涡月移出率指某月移出高原的高原低涡个数与该年移出高原的高原低涡个数之比。

高原东（西）部低涡移出几率指某月移出高原的高原东（西）部低涡个数与该年高原东（西）部低涡个数之比。

高原东（西）部低涡月移出率指某月移出高原的高原东（西）部低涡个数与该年移出高原的高原东（西）部低涡个数之比。

高原东、西部低涡指低涡中心位置分别在≥92.5°E、<92.5°E。

高原低涡中心位势高度最小值频率分布指按各时次低涡500hPa等压面上位势高度（单位为位势什米）最小值统计的频率分布。

●高原低涡编号、名称、日期对照表

高原低涡出现日期以“月.日”表示。

●高原低涡路径图

高原低涡出现日期以“月.日”表示。

●高原低涡中心位置资料表

“中心强度”指在500hPa等压面上低涡中心位势高度，单位为位势什米。

●高原低涡纪要表

“生成点”指高原低涡活动路径的起始点，由于资料所限，故此点不一定是真正的源地。

高原低涡活动的生成点、移出高原的地点，一般精确到县、市、区。

“转向”指路径总的趋向由偏东方向移动转为偏西方向移动。

“内折向”指高原低涡在青藏高原区域内转为相反方向；“外折向”指高原低涡在青藏高原区域以东转为相反方向。

● 高原低涡降水

高原低涡和其他天气系统共同造成的降水，仍列入整编。

“总降水量图”指一次高原低涡活动过程中在我国引起的降水总量分布图。一般按0.1mm、10mm、25mm、50mm、100mm等级，以色标示出，绘出降水区外廓线，一般标注其最大的总降水量数值。“总降水量图”中高原低涡出现日期以“月.日”表示。

“总降水日数图”指一次高原低涡活动过程中在我国引起的降水总量≥0.1mm的降水日数区域分布图。

高原切变线

● 高原切变线概况

高原切变线移出高原是指切变线中点移出海拔≥3000m的青藏高原区域。

高原切变线编号是以字母“S”开头，按年份的后两位数与当年切变线顺序两位数组成。

高原切变线移出几率指某月移出高原的高原切变线个数与该年高原切变线个数之比。

高原切变线月移出率指某月移出高原的高原切变线个数与该年移出高原的高原切变线个数之比。

高原东（西）部切变线移出几率指某月移出高原的高原东（西）部切变线个数与该年高原东（西）部切变线个数之比。

高原东（西）部切变线月移出率指某月移出高原的高原东（西）部切变线个数与该年移出高原的高原东（西）部切变线个数之比。

高原东、西部切变线指切变线中点位置分别在≥92.5°E、<92.5°E。

高原切变线两侧最大风速频率分布指按各时次分别在切变线附近的南、北侧最大风速统计的频率分布。

● 高原切变线编号、名称、日期对照表

高原切变线出现日期以“月.日”表示。

● 高原切变线路径图

高原切变线出现日期以“月.日”表示。

● 高原切变线位置资料表

高原切变线位置一般以起点、中点、终点的经/纬度位置表示。

“拐点”指高原切变线上东、西或北、南二段的切线的夹角≥30°的切变线上弯曲点。

● 高原切变线纪要表

“生成位置”指高原切变线活动路径的起始位置，由于资料所限，故此位置不一定是真正的源地。

高原切变线活动的生成位置、移出高原的位置，一般精确到县、市、区。

“移向”指高原切变线中点连线的趋向。“多次折向”指路径出现两次以上由偏东方向移动转为偏西方向移动。

“内向反”指高原切变线在青藏高原区域内由偏东方向移动转为偏西方向移动。

“外向反”指高原切变线在青藏高原区域以东由偏东方向移动转为偏西方向移动。

● 高原切变线降水

高原切变线和其他天气系统共同造成的降水，仍列入整编。

“总降水量图”指一次高原切变线过程中在我国引起的降水总量分布图。一般按0.1mm、10mm、25mm、50mm、100mm等级，以色标示出，绘出降水区外廓线，一般标注其最大的总降水量数值。

“总降水量图”中高原切变线出现日期以“月.日[时]”表示。

“总降水日数图”指一次高原切变线过程中在我国引起的降水总量≥0.1mm的降水日数区域分布图。

目 录
Contents

目 录
Contents

目 录
Contents

第二部分 高原切变线

目 录 Contents

目 录
Contents

第一部分 高原低涡

Tibetan Plateau Vortex

2021年 高原低涡概况

2021年发生在青藏高原上的低涡共有33个，其中在青藏高原东部生成的低涡共有21个，在青藏高原西部生成的低涡共有12个（表1~表3）。

2021年第一个高原低涡出现在1月中旬，最后一个高原低涡生成在12月中旬（表1）。从月际分布看，各月生成的高原低涡个数差异较大，其中5月生成的高原低涡最多，约占21%（表1）。移出高原的高原低涡在3月、5月、7月和10月均有出现，其中3月移出的高原低涡最多，约占43%（表4）。

2021年青藏高原低涡源地大多数在青藏高原东部。移出高原的青藏高原低涡共有7个，其中6个高原低涡生成于青藏高原东部（表4～表6）。移出高原的地点主要集中在甘肃，为3个，其余贵州、陕西、四川和内蒙古各1个（表7）。

本年度高原低涡中心位势高度最小值以580～587位势什米的频率最多，约占42%（表8）。夏半年，高原低涡中心位势高度最小值以576～587位势什米的频率最多，约占76%（表9）。冬半年，高原低涡中心位势高度最小值在560～571位势什米的频率最多，约占86%（表10）。

全年除影响青藏高原外对我国其余地区有影响的高原低涡共有14个。其中5个高原低涡造成过程降水量在50mm以上，造成过程降水量在100mm以上的高原低涡有2个，它们是C2122和C2123，分别在陕西镇巴和四川会理，造成过程降水量分别为243.9mm和166.5mm，降水日数分别为2天和1天。2021年对我国降水影响较大的高原低涡主要是C2122和C2123低涡，其中C2122高原低涡引起的降水是影响我国省份最多、范围最广、大暴雨量级降水站点数量最多的一次过程。7月9日08时在高原中部沱沱河生成的C2122高原低涡，中心位势高度为583位势什米，低涡形成后东行；9日20时，低涡中心位势高度维持，之后低涡继续向东行。10日08时，低涡移至高原东坡，中心强度为582位势什米，之后低涡向东北行移出高原；10日20时，低涡移入陕西，中心位势高度维持582位势什米，之后继续东北行。11日08时，低涡移至陕西北部，中心位势高度增强为580位势什米，之后继续东北行；11日20时，低涡移入山西，中心位势高度增强为579位势什米，之后继续东北行。12日08时，低涡移入河北，中心位势高度增强为576位势什米，之后低涡转西北行；12日20时，低涡移入内蒙古，中心位势高度增强为574位势什米，之后低涡再转东北行。13日08时，低涡又移至河北，中心位势高度为573位势什米，之后减弱消失。受其影响，西藏、四川、重庆、陕西、山西、内蒙古、河南、河北、北京、天津、辽宁、山东等部分地区降了大到暴雨，局部地区出现暴雨到大暴雨天气，降水日数为1～3天。青海、甘肃、湖北和宁夏等部分地区出现中到大雨，降水日数为1～3天，云南个别地区出现小雨，降水日数为1天。7月30日08时生成在高原东南部巴塘的C2123高原低涡，是2021年对我国泛珠三角地区降水影响最大的高原低涡。低涡形成初期中心位势高度为583位势什米，高原低涡形成后向东南移；30日20时，低涡位于四川，中心强度维持在583位势什米，之后继续东南移。31日08时，低涡移至高原边缘，中心强度为584位势什米，之后东南行移出高原；31日20时，低涡移入贵州，中心强度为583位势什米，之后继续东南移。8月1日08时，低涡移至广西，中心强度为582位势什米，之后减弱消失。受其影响，西藏、四川、云南、广西、广东和海南等部分地区出现大到暴雨，局部地区出现大暴雨，降水日数1～2天。贵州部分地区出现小到中雨，降水日数1～2天。

8月22号20时生成在高原南部墨竹工卡的C2127高原低涡是2021年造成青藏高原主体降水最强的高原低涡。低涡形成时中心位势高度为586位势什米，高原低涡形成后南移。23日08时，低涡位于西藏，中心强度增强至585位势什米，之后减弱消失。受其影响，西藏南、中、北、东部部分地区出现大到暴雨，局部地区出现大暴雨，降水日数1～2天。

表1　高原低涡出现次数

月/年	1	2	3	4	5	6	7	8	9	10	11	12	合计
2021	2	0	4	3	7	4	3	5	2	1	1	1	33
几率 / %	6.06	0.00	12.12	9.09	21.21	12.12	9.09	15.15	6.06	3.03	3.03	3.03	100

表2　高原东部低涡出现次数

月/年	1	2	3	4	5	6	7	8	9	10	11	12	合计
2021	1	0	3	2	4	3	1	2	2	1	1	1	21
几率 / %	4.76	0.00	14.29	9.52	19.05	14.29	4.76	9.52	9.52	4.76	4.76	4.76	100

表3　高原西部低涡出现次数

月/年	1	2	3	4	5	6	7	8	9	10	11	12	合计
2021	1	0	1	1	3	1	2	3	0	0	0	0	12
几率 / %	8.33	0.00	8.33	8.33	25.00	8.33	16.67	25.00	0.00	0.00	0.00	0.00	100

表4　高原低涡移出高原次数

月 / 年	1	2	3	4	5	6	7	8	9	10	11	12	合计
2021	0	0	3	0	1	0	2	0	0	1	0	0	7
移出几率 / %	0.00	0.00	9.09	0.00	3.03	0.00	6.06	0.00	0.00	3.03	0.00	0.00	21.21
月移出率 / %	0.00	0.00	42.86	0.00	14.29	0.00	28.57	0.00	0.00	14.29	0.00	0.00	100

表5　高原东部低涡移出高原次数

月 / 年	1	2	3	4	5	6	7	8	9	10	11	12	合计
2021	0	0	3	0	1	0	1	0	0	1	0	0	6
移出几率 / %	0.00	0.00	14.29	0.00	4.76	0.00	4.76	0.00	0.00	4.76	0.00	0.00	28.57
月移出率 / %	0.00	0.00	50.00	0.00	16.67	0.00	16.67	0.00	0.00	16.67	0.00	0.00	100

表6　高原西部低涡移出高原次数

月 / 年	1	2	3	4	5	6	7	8	9	10	11	12	合计
2021	0	0	0	0	0	0	1	0	0	0	0	0	1
移出几率 / %	0.00	0.00	0.00	0.00	0.00	0.00	8.33	0.00	0.00	0.00	0.00	0.00	8.33
月移出率 / %	0.00	0.00	0.00	0.00	0.00	0.00	100.00	0.00	0.00	0.00	0.00	0.00	100

表7 高原低涡移出高原的地区分布

地区/年	青海	甘肃	贵州	四川	陕西	内蒙古	合计
2021		3	1	1	1	1	7
出高原率 / %		42.86	14.29	14.29	14.29	14.29	100

表8 高原低涡中心位势高度最小值频率分布

中心位势高度 / 位势什米	587—584	583—580	579—576	575—572	571—568	567—564	563—560	559—556	555—552	551—548	合计
2021年 / %	15.07	27.40	10.96	8.22	9.59	13.70	12.33	2.74	0.00	0.00	100

表9 夏半年高原低涡中心位势高度最小值频率分布

中心位势高度 / 位势什米	587—584	583—580	579—576	575—572	571—568	567—564	563—560	559—556	555—552	551—548	合计
2021年 / %	21.57	39.22	15.69	9.80	5.88	7.84	0.00	0.00	0.00	0.00	100

表10 冬半年高原低涡中心位势高度最小值频率分布

中心位势高度 / 位势什米	587—584	583—580	579—576	575—572	571—568	567—564	563—560	559—556	555—552	551—548	合计
2021年 / %	0.00	0.00	0.00	4.55	18.18	27.27	40.91	9.09	0.00	0.00	100

高原低涡纪要表

序号	编号	名称	起止日期(月.日)	中心最小位势高度/位势什米	发现点经纬度	移出高原的地点	移出高原的时间	移出高原中心位势高度/位势什米	路径趋向	影响低涡移出高原的天气系统
1	C2101	日喀则,Rikaze	1.20～1.21	563	89.1°E,29.3°N				东行	
2	C2102	杂多,Zaduo	1.30	560	95.7°E,32.3°N				原地生消	
3	C2103	拉萨,Lasa	3.5	567	91.9°E,29.8°N				原地生消	
4	C2104	玛沁,Maqin	3.9～3.10	567	100.0°E,34.7°N	静宁	3.10^{08}	567	东北行移出高原	低槽
5	C2105	托勒,Tuole	3.21～3.24	561	98.5°E,38.7°N	景泰	3.22^{08}	567	东南行移出高原转东行再转东南行	低槽
6	C2106	冷湖,Lenghu	3.30	558	93.4°E,38.8°N	玉门	3.30^{20}	558	东北行移出高原	低槽
7	C2107	沱沱河,Tuotuohe	4.1	560	91.2°E,34.0°N				东北行	
8	C2108	小灶火,Xiaozaohuo	4.2～4.3	562	92.9°E,36.4°N				原地附近活动	
9	C2109	小灶火,Xiaozaohuo	4.23	568	93.1°E,37.5°N				原地生消	
10	C2110	墨竹工卡,Mozhugongka	5.2	581	92.4°E,30.1°N				原地生消	
11	C2111	五道梁,Wudaoliang	5.9～5.10	574	92.7°E,35.7°N	平武	5.10^{20}	574	东南行转东北行再转东南行移出高原	低槽
12	C2112	尼木,Nimu	5.11	577	89.8°E,28.8°N				原地生消	

高原低涡纪要表（续-1）

序号	编号	名称	起止日期(月.日)	中心最小位势高度/位势什米	发现点经纬度	移出高原的地点	移出高原的时间	移出高原中心位势高度/位势什米	路径趋向	影响低涡移出高原的天气系统
13	C2113	诺木洪，Nuomuhong	5.14	570	96.0°E,36.4°N				原地生消	
14	C2114	那曲，Naqu	5.30	582	92.6°E,32.2°N				原地生消	
15	C2115	那曲，Naqu	5.31～6.1	578	91.9°E,32.1°N				原地附近活动	
16	C2116	达日，Dari	5.31	579	99.0°E,33.4°N				原地生消	
17	C2117	日喀则，Rikaze	6.7～6.8	581	88.5°E,29.4°N				东北行	
18	C2118	加查，Jiacha	6.10	584	93.0°E,29.9°N				原地生消	
19	C2119	班玛，Banma	6.23	584	100.5°E,33.0°N				原地生消	
20	C2120	玛沁，Maqin	6.24	583	99.9°E,35.1°N				东南行	
21	C2121	当雄，Dangxiong	7.2	581	91.6°E,31.0°N				西北行	
22	C2122	沱沱河，Tuotuohe	7.9～7.13	573	92.1°E,33.1°N	陇县	7.10[20]	582	东行转东北行移出高原后转西北行再转东北行	低槽
23	C2123	巴塘，Batang	7.30～8.1	582	98.7°E,30.5°N	水城	7.31[20]	583	东南行移出高原后继续东南行	青藏高压

高原低涡纪要表（续-2）

序号	编号	名称	起止日期（月.日）	中心最小位势高度/位势什米	发现点经纬度	移出高原的地点	移出高原的时间	移出高原中心位势高度/位势什米	路径趋向	影响低涡移出高原的天气系统
24	C2124	那曲，Naqu	8.3	585	91.6°E,31.2°N				原地生消	
25	C2125	安多，Anduo	8.5	583	91.5°E,32.4°N				东北行	
26	C2126	诺木洪，Nuomuhong	8.15	579	96.9°E,36.4°N				原地生消	
27	C2127	墨竹工卡，Mozhugongka	8.22～8.23	585	92.4°E,30.8°N				南行	
28	C2128	炉霍，Luhuo	8.28	582	101.3°E,31.7°N				原地生消	
29	C2129	沱沱河，Tuotuohe	9.4	584	94.3°E,34.5°N				原地生消	
30	C2130	嘉黎，Jiali	9.9	586	93.3°E,30.4°N				原地附近活动	
31	C2131	托勒，Tuole	10.26～10.28	565	97.9°E,38.8°N	雅布赖	10.26[20]	567	东北行移出高原后转东行再转东北行	低槽
32	C2132	达日，Dari	11.26	570	98.9°E,33.6°N				原地生消	
33	C2133	米林，Milin	12.20	572	93.4°E,29.4°N				原地生消	

高原低涡对我国影响简表

序号	编号	简述活动的情况	高原低涡对我国的影响			
			项目	时间（月.日）	概况	极值
1	C2101	高原西南部东行	降水	1.20～1.21	西藏东、东南部地区降水量为0.1～2mm，降水日数为1～2天	西藏米林 1.5mm（2天）
2	C2102	高原东部原地生消	降水	1.30	青海东南、南部，甘肃南部和四川西北部个别地区降水量为0.1～3mm，降水日数为1天	甘肃玛曲 2.4mm（1天）
3	C2103	高原南部原地生消	降水	3.5	西藏东南部个别地区降水量为0.1～1mm，降水日数为1天	西藏错那 1.0mm（1天）
4	C2104	高原东部东北行移出高原	降水	3.9～3.10	青海东南部，甘肃、宁夏南部，四川北部和陕西西部个别地区降水量为0.1～12mm，降水日数为1天	甘肃卓尼 11.3mm（1天）
5	C2105	高原东北部东南行移出高原转东行再转东南行	降水	3.21～3.24	青海东北部，陕西中部，湖北东部个别地区，安徽、江苏南部，浙江、上海，江西、广东东部和福建大部地区降水量为0.1～37mm，降水日数为1～2天	浙江宁海 36.8mm（1天）
6	C2106	高原北部东北行移出高原	降水	3.30	青海、甘肃北部地区降水量为0.1～6mm，降水日数为1天	甘肃肃北 5.3mm（1天）
7	C2107	高原中部东北行	降水	4.1	西藏北部，青海西南、南部和四川西北部地区降水量为0.1～6mm，降水日数为1天	四川石渠 5.4mm（1天）
8	C2108	高原北部原地附近活动	降水	4.2～4.3	西藏北部，青海西、中、西南部和四川西北部个别地区降水量为0.1～10mm，降水日数为1～2天	青海清水河 9.9mm（1天）
9	C2109	高原北部原地生消	降水	4.23	西藏北部，青海西、西南、中、北部，甘肃北部个别地区和四川西北部个别地区降水量为0.1～17mm，降水日数为1天	甘肃肃北 16.9mm（1天）

高原低涡对我国影响简表（续-1）

序号	编号	简述活动的情况	高原低涡对我国的影响			
			项目	时间（月.日）	概况	极值
10	C2110	高原南部原地生消	降水	5.2	西藏中、东部地区降水量为0.1～22mm，降水日数为1天	西藏拉萨 22.0mm（1天）
11	C2111	高原东部东南行转东北行再转东南行移出高原	降水	5.9～5.10	西藏东、北部，青海西、南、东部，甘肃西、南部，四川北、中、东部和重庆西北、北部地区降水量为0.1～56mm，降水日数为1～2天	四川犍为 56.0mm（1天）
12	C2112	高原西南部原地生消	降水	5.11	西藏南、中、东部和青海西南部个别地区降水量为0.1～14mm，降水日数为1天	西藏拉萨 13.7mm（1天）
13	C2113	高原北部原地生消	降水	5.14	西藏中、北部，青海西、中、南部和四川西北部个别地区降水量为0.1～12mm，降水日数为1天	西藏那曲 11.1mm（1天）
14	C2114	高原中部原地生消	降水	5.30	西藏中、东部，青海西、南部和四川西部地区降水量为0.1～16mm，降水日数为1天	西藏林芝 15.6mm（1天）
15	C2115	高原中部原地附近活动	降水	5.31～6.1	西藏东、北部，青海西、南部和四川西部地区降水量为0.1～34mm，降水日数为1～2天	西藏丁青 33.5mm（2天）
16	C2116	高原东部原地生消	降水	5.31	青海南部和四川西北部地区降水量为0.1～8mm，降水日数为1天	四川德格 7.2mm（1天）
17	C2117	高原西南部东北行	降水	6.7～6.8	西藏南、中、东、北部，青海西、西南部和四川西北部地区降水量为0.1～41mm，降水日数为1～2天	西藏林芝 40.5mm（2天）
18	C2118	高原南部原地生消	降水	6.10	西藏南、东部地区降水量为0.1～12mm，降水日数为1天	西藏错那 11.6mm（1天）

高原低涡对我国影响简表（续-2）

序号	编号	简述活动的情况	高原低涡对我国的影响			
			项目	时间（月.日）	概　况	极值
19	C2119	高原东部原地生消	降水	6.23	青海东南部、甘肃南部和四川西北部地区降水量为0.1～24mm，降水日数为1天	四川理塘 23.1mm（1天）
20	C2120	高原东北部东南行	降水	6.24	西藏中、北、东北部，青海西、南、中、东部，甘肃、陕西南部和四川中、北部地区降水量为0.1～39mm，降水日数为1天	四川若尔盖 38.5mm（1天）
21	C2121	高原西南部西北行	降水	7.2	西藏南、中、北部和青海西南部地区降水量为0.1～32mm，降水日数为1天	西藏林芝 31.4mm（1天）
22	C2122	高原中部东行转东北行移出高原后转西北行再转东北行	降水	7.9～7.13	西藏南、中、北、东部，青海西、中、南、东部，内蒙古中、东部，甘肃、宁夏南部，陕西，山西，山东，河北，北京，天津，辽宁、湖北西部，河南西、北部，云南东北部个别地区，重庆中、北部，江苏、安徽北部和四川东南、北半部地区降水量为0.1～244mm，降水日数为1～3天。其中四川、陕西、重庆、山西、河北、北京、天津、辽宁、山东和河南有成片降水量大于50mm的降水区，降水日数为1～3天	陕西镇巴 243.9mm（2天）
23	C2123	高原东南部东南行移出高原后继续东南行	降水	7.30～8.1	西藏东、东南部，四川西、西南部，贵州、广东西部，云南东、北部，广西大部和海南地区降水量为0.1～167mm，降水日数为1～2天	四川会理 166.5mm（1天）
24	C2124	高原中部原地生消	降水	8.3	西藏南、中、北部地区降水量为0.1～19mm，降水日数为1天	西藏嘉黎 18.1mm（1天）
25	C2125	高原中部东北行	降水	8.5	西藏中、北部和青海西南部地区降水量为0.1～17mm，降水日数为1天	西藏安多 16.5mm（1天）
26	C2126	高原北部原地生消	降水	8.15	青海南、中、东部和四川西北部地区降水量为0.1～9mm，降水日数为1天	四川德格 8.6mm（1天）

高原低涡对我国影响简表（续-3）

序号	编号	简述活动的情况	高原低涡对我国的影响			
			项目	时间（月.日）	概况	极值
27	C2127	高原南部南行	降水	8.22～8.23	西藏南、中、北、东部地区降水量为0.1～53mm，降水日数为1～2天	西藏嘉黎 52.5mm（2天）
28	C2128	高原东部原地生消	降水	8.28	青海东南部，甘肃西南部，陕西南部个别地区，重庆中、北部，四川大部，云南北部和贵州西北部地区降水量为0.1～72mm，降水日数为1天	四川开江 71.6mm（1天）
29	C2129	高原中部原地生消	降水	9.4	西藏北、东北部，青海西、南、东部和四川西、西北部地区降水量为0.1～13mm，降水日数为1天	西藏芒康 13.0mm（1天）
30	C2130	高原南部原地附近活动	降水	9.9	西藏南、东部，四川西部和云南西北部地区降水量为0.1～30mm，降水日数为1天	云南维西 29.5mm（1天）
31	C2131	高原东北部东北行移出高原后转东行再转东北行	降水	10.26～10.28	青海东部，甘肃中、南部，宁夏北、南部，内蒙古西部个别地区，陕西西南、东北部，山西西、南部和四川北部地区降水量为0.1～17mm，降水日数1～2天	甘肃甘谷 16.7mm（2天）
32	C2132	高原东部原地生消	降水	11.26	西藏东北部，青海南部，甘肃西南部个别地区和四川西北、北部地区降水量为0.1～4mm，降水日数为1天	四川若尔盖 3.3mm（1天）
33	C2133	高原南部原地生消	降水	12.20	无降水	无

2021年高原低涡编号、名称、日期对照表

未移出高原的高原东部涡	未移出高原的高原西部涡	移出高原的高原低涡
② C2102 杂多，Zaduo	① C2101 日喀则，Rikaze	④ C2104 玛沁，Maqin
1.30	1.20～1.21	3.9～3.10
⑧ C2108 小灶火，Xiaozaohuo	③ C2103 拉萨，Lasa	⑤ C2105 托勒，Tuole
4.2～4.3	3.5	3.21～3.24
⑨ C2109 小灶火，Xiaozaohuo	⑦ C2107 沱沱河，Tuotuohe	⑥ C2106 冷湖，Lenghu
4.23	4.1	3.30
⑬ C2113 诺木洪，Nuomuhong	⑩ C2110 墨竹工卡，Mozhugongka	⑪ C2111 五道梁，Wudaoliang
5.14	5.2	5.9～5.10
⑭ C2114 那曲，Naqu	⑫ C2112 尼木，Nimu	㉒ C2122 沱沱河，Tuotuohe
5.30	5.11	7.9～7.13
⑯ C2116 达日，Dari	⑮ C2115 那曲，Naqu	㉓ C2123 巴塘，Batang
5.31	5.31～6.1	7.30～8.1
⑱ C2118 加查，Jiacha	⑰ C2117 日喀则，Rikaze	㉛ C2131 托勒，Tuole
6.10	6.7～6.8	10.26～10.28
⑲ C2119 班玛，Banma	㉑ C2121当雄，Dangxiong	
6.23	7.2	

2021年高原低涡编号、名称、日期对照表（续-1）

未移出高原的高原东部涡		未移出高原的高原西部涡
⑳ C2120 玛沁，Maqin	㉚ C2130 嘉黎，Jiali	㉔ C2124 那曲，Naqu
6.24	9.9	8.3
㉖ C2126 诺木洪，Nuomuhong	㉜ C2132 达日，Dari	㉕ C2125 安多，Anduo
8.15	11.26	8.5
㉘ C2128 炉霍，Luhuo	㉝ C2133 米林，Milin	㉗ C2127 墨竹工卡，Mozhugongka
8.28	12.20	8.22～8.23
㉙ C2129 沱沱河，Tuotuohe		
9.4		

高原低涡路径图

2021年1月

C2101Rikaze
1.20～1.21
20
21

C2102Zaduo
1.30

图例

- ★ 首都
- ◎ 省级行政中心
- ○ 其他城市
- 国界
- 未定国界
- 地区界
- 军事分界线
- 省、自治区、直辖市界
- 特别行政区界
- 常年河
- 时令河
- 运河
- 珊瑚礁
- ▲6621 山峰及高程

海拔(m)

- 6000
- 5000
- 4000

- ● 08时
- ○ 20时

1∶2500万

南海诸岛
比例尺 1∶5000万

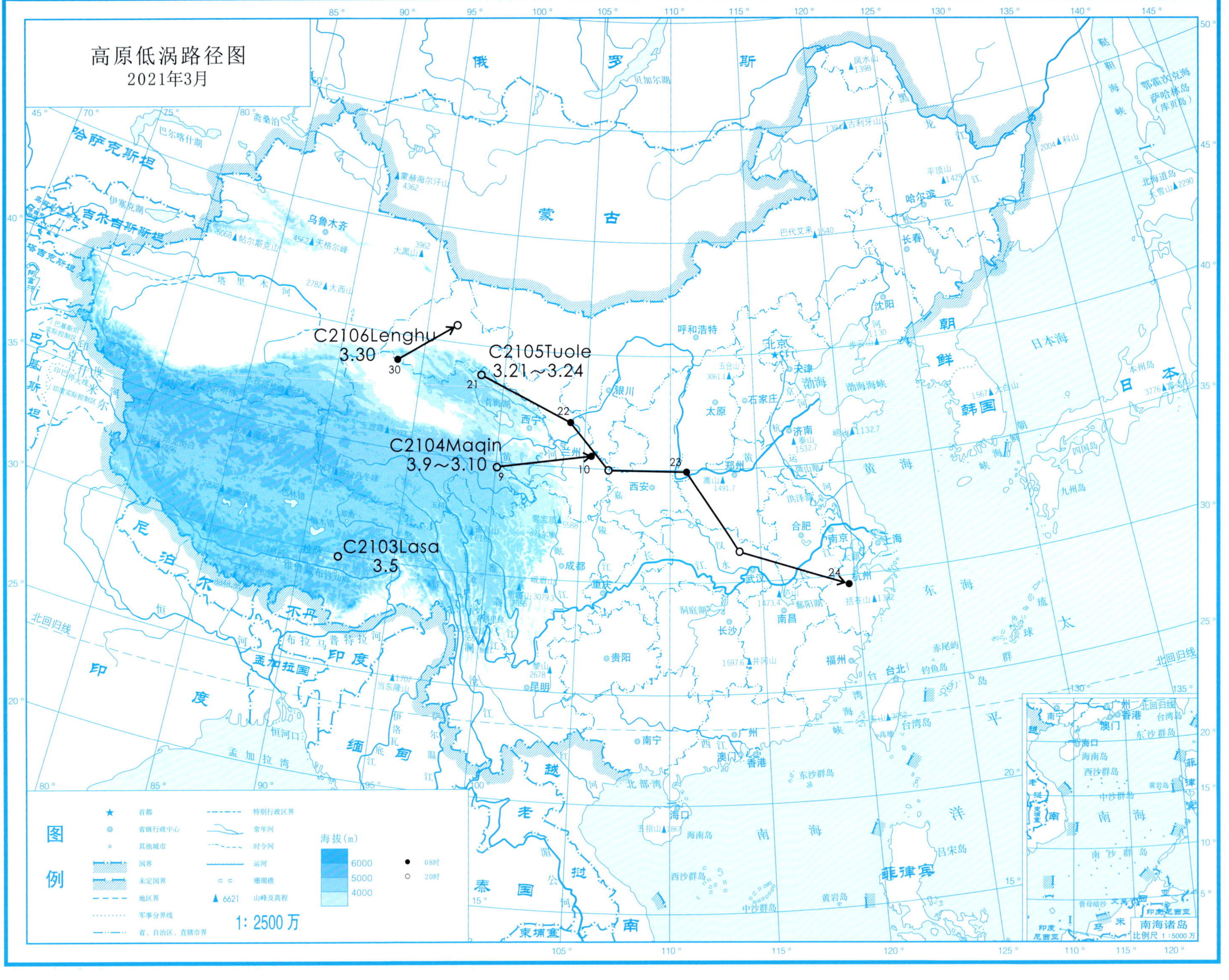
高原低涡路径图
2021年3月
C2106Lenghu
3.30
C2105Tuole
3.21～3.24
C2104Maqin
3.9～3.10
C2103Lasa
3.5
图例
1: 2500 万
南海诸岛
比例尺 1：5000 万

高原低涡路径图

2021年4月

C2109Xiaozaohuo
4.23

C2108Xiaozaohuo
4.2～4.3

C2107Tuotuohe
4.1

图例

★ 首都
◎ 省级行政中心
○ 其他城市
国界
未定国界
地区界
军事分界线
省、自治区、直辖市界
特别行政区界
常年河
时令河
运河
珊瑚礁
▲6621 山峰及高程

海拔(m)
6000
5000
4000

● 08时
○ 20时

1：2500万

南海诸岛
比例尺 1：5000万

高原低涡

第1部分

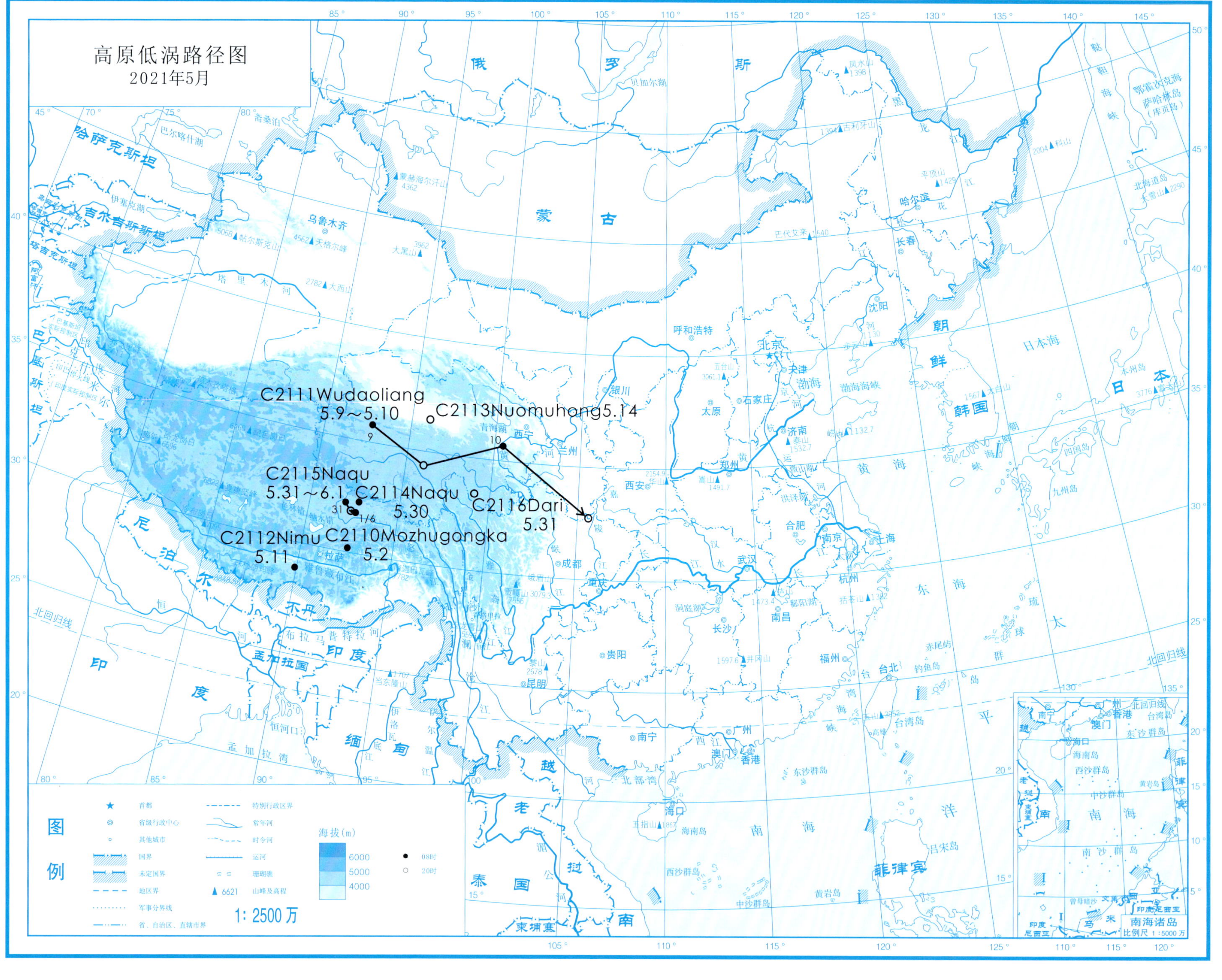
高原低涡路径图
2021年5月
C2111Wudaoliang
5.9～5.10
C2113Nuomuhang5.14
C2115Naqu
5.31～6.1
C2114Naqu
5.30
C2116Dari
5.31
C2112Nimu
5.11
C2110Mozhugongka
5.2
图例
首都
省级行政中心
其他城市
国界
未定国界
地区界
军事分界线
省、自治区、直辖市界
特别行政区界
常年河
时令河
运河
珊瑚礁
山峰及高程
海拔(m)
6000
5000
4000
08时
20时
1: 2500 万
南海诸岛
比例尺 1:5000 万

高原低涡路径图

2021年6月

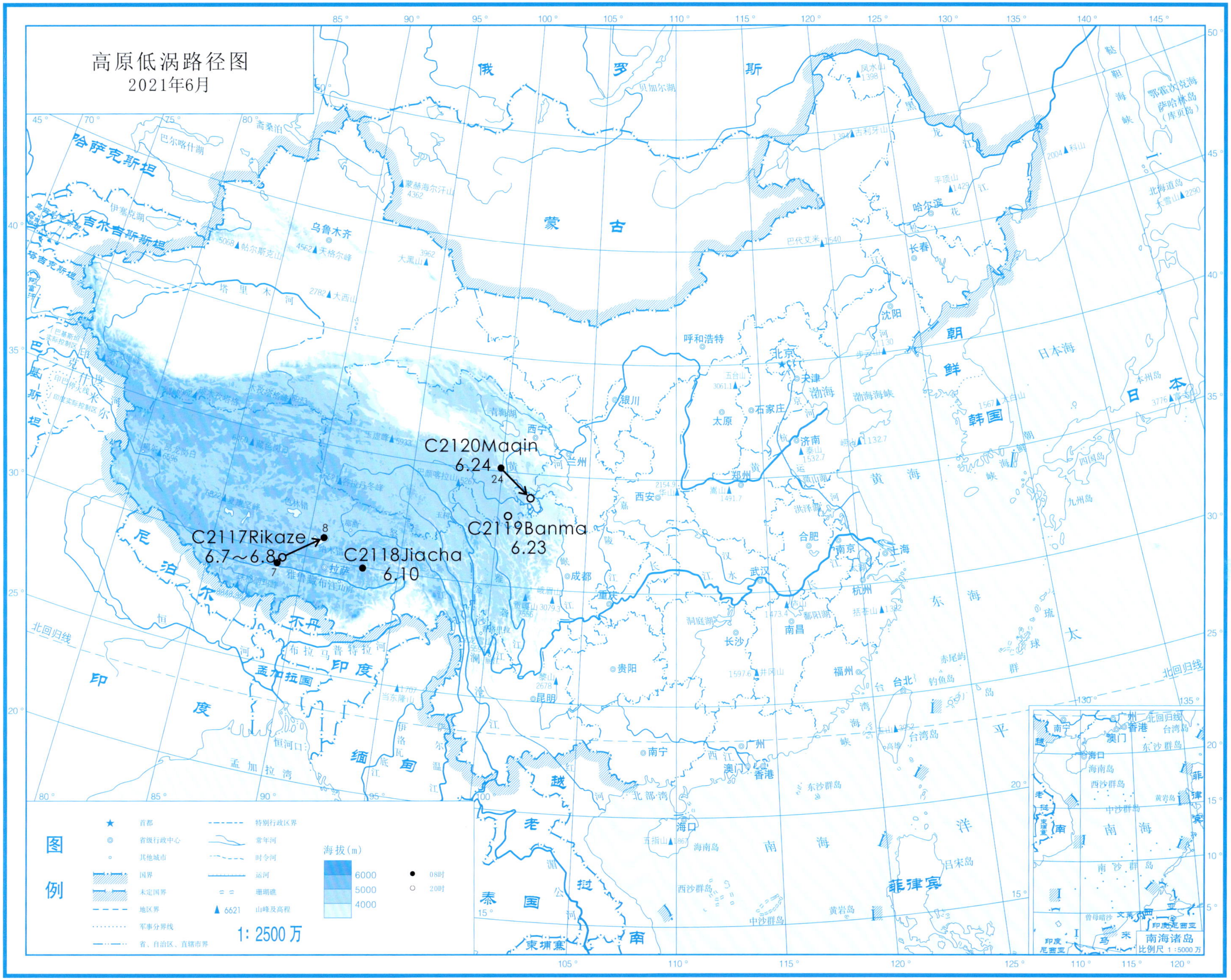

C2117Rikaze
6.7～6.8

C2118Jiacha
6.10

C2119Banma
6.23

C2120Maqin
6.24

图例

★ 首都
◎ 省级行政中心
○ 其他城市
国界
未定国界
地区界
军事分界线
省、自治区、直辖市界
特别行政区界
常年河
时令河
运河
珊瑚礁
▲6621 山峰及高程

海拔(m)
6000
5000
4000

● 08时
○ 20时

1: 2500万

南海诸岛
比例尺 1:5000万

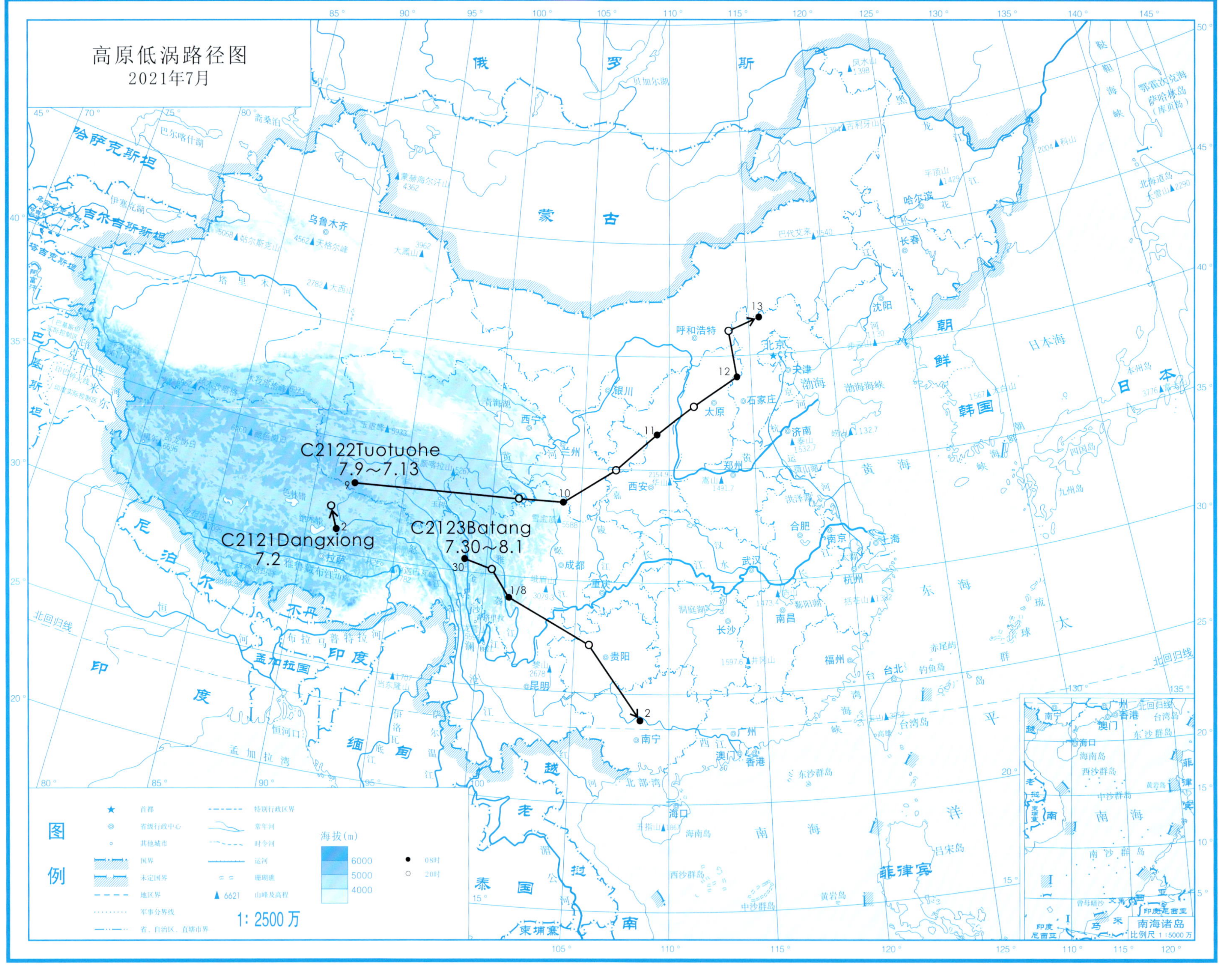

高原低涡路径图
2021年7月
C2122Tuotuohe
7.9～7.13
C2121Dangxiong
7.2
C2123Batang
7.30～8.1
图例
首都
省级行政中心
其他城市
国界
未定国界
地区界
军事分界线
省、自治区、直辖市界
特别行政区界
常年河
时令河
运河
珊瑚礁
山峰及高程
海拔(m)
6000
5000
4000
08时
20时
1: 2500万
南海诸岛
比例尺 1:5000万

高原低涡路径图

2021年8月

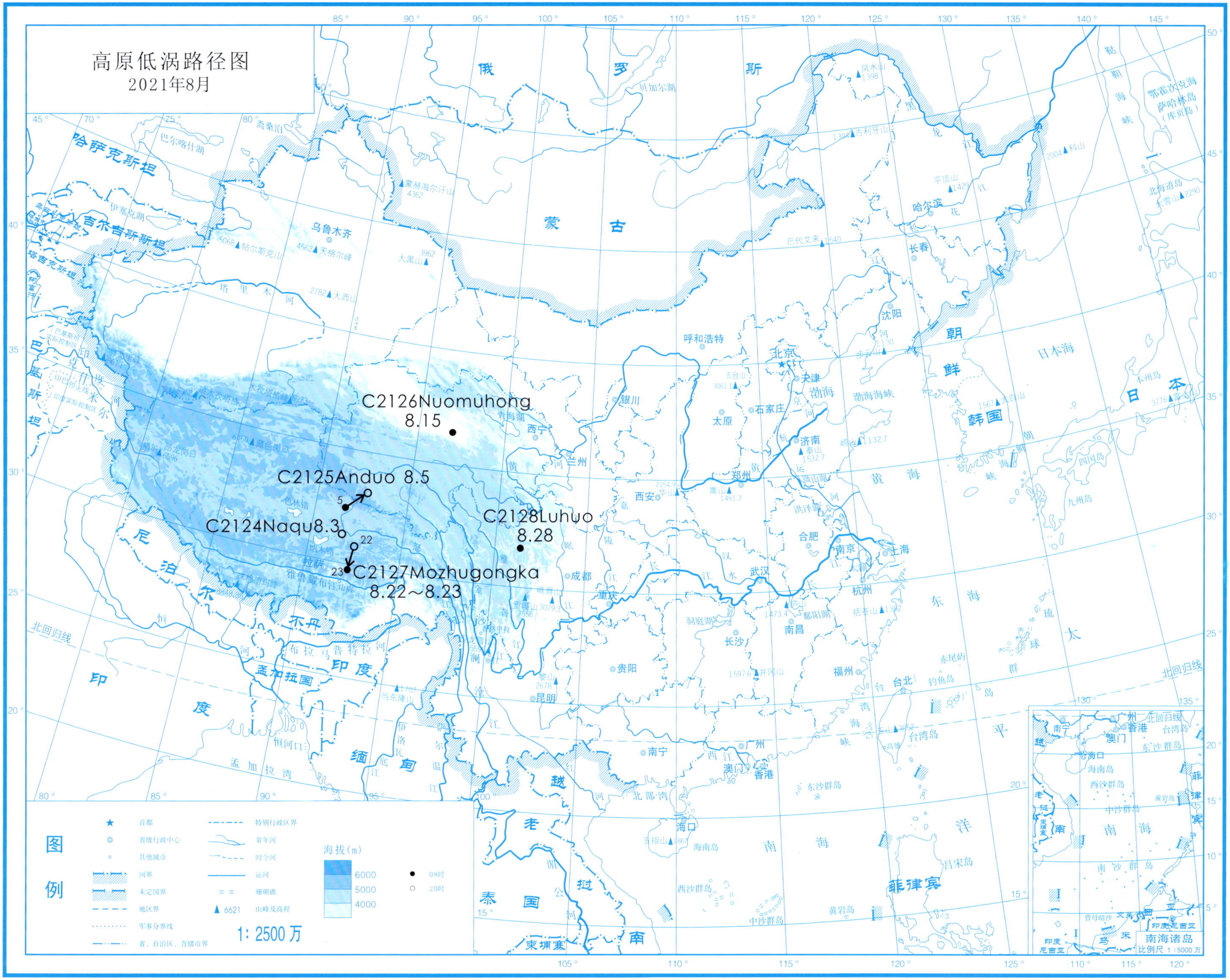

C2124Naqu8.3

C2125Anduo 8.5

C2126Nuomuhong
8.15

C2127Mozhugongka
8.22～8.23

C2128Luhuo
8.28

图例

★ 首都
◎ 省级行政中心
○ 其他城市
国界
未定国界
地区界
军事分界线
省、自治区、直辖市界
特别行政区界
常年河
时令河
运河
珊瑚礁
▲ 6621 山峰及高程

海拔(m)
6000
5000
4000

● 08时
○ 20时

1：2500万

南海诸岛
比例尺 1：5000万

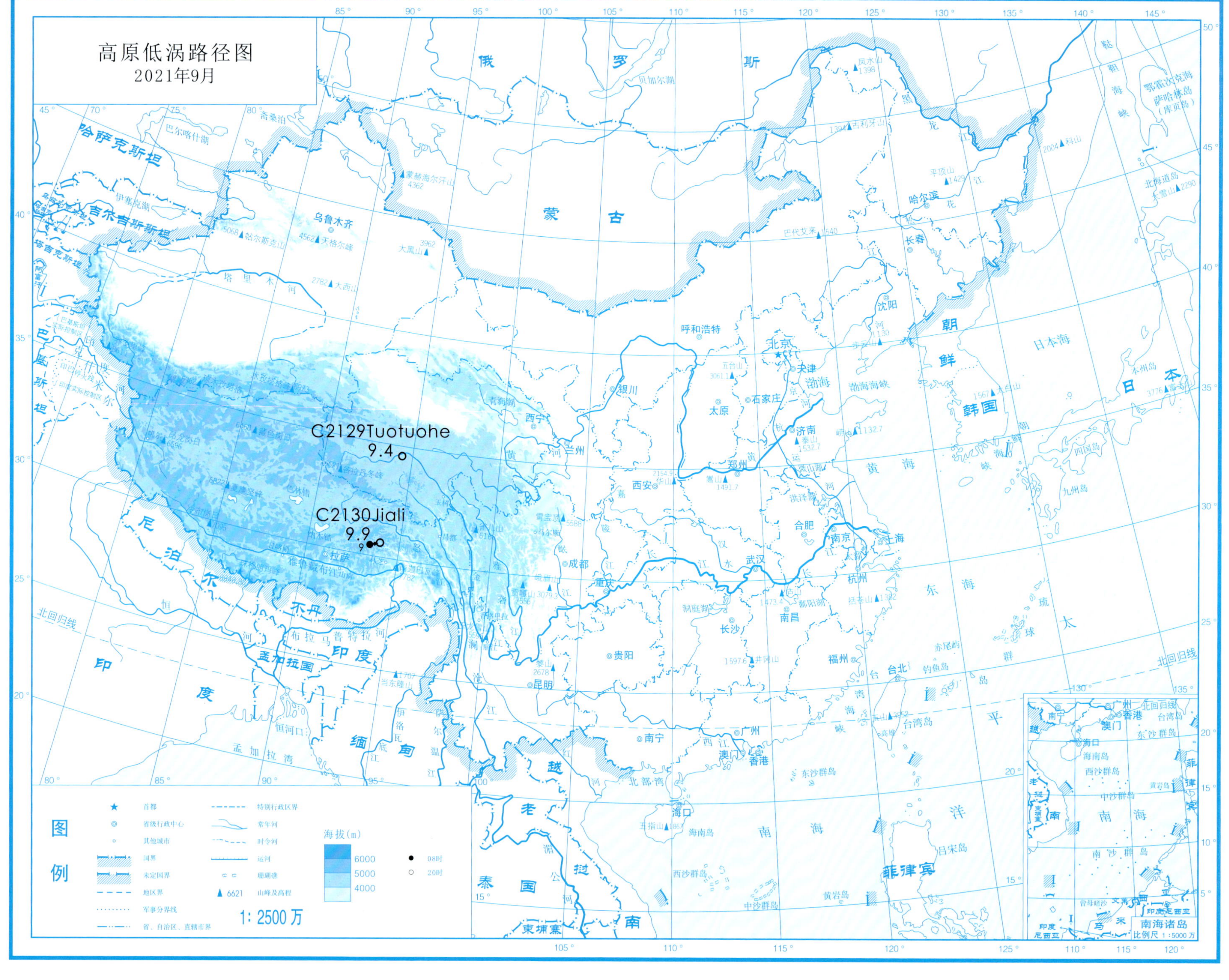

高原低涡路径图
2021年9月
C2129Tuotuohe
9.4
C2130Jiali
9.9
9
图例
首都
省级行政中心
其他城市
国界
未定国界
地区界
军事分界线
省、自治区、直辖市界
特别行政区界
常年河
时令河
运河
珊瑚礁
6621 山峰及高程
海拔(m)
6000
5000
4000
08时
20时
1: 2500 万
南海诸岛
比例尺 1：5000 万

高原低涡路径图

2021年10月

C2131Tuole
10.26～10.28

26

27

28

图例

符号说明	符号说明
首都	特别行政区界
省级行政中心	常年河
其他城市	时令河
国界	运河
未定国界	珊瑚礁
地区界	6621 山峰及高程
军事分界线	
省、自治区、直辖市界	

海拔(m)

6000

5000

4000

● 08时

○ 20时

1：2500万

南海诸岛

比例尺 1：5000万

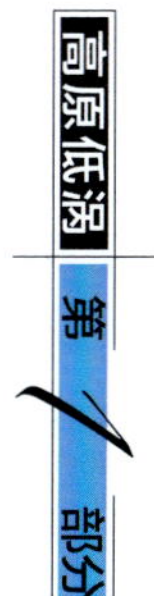

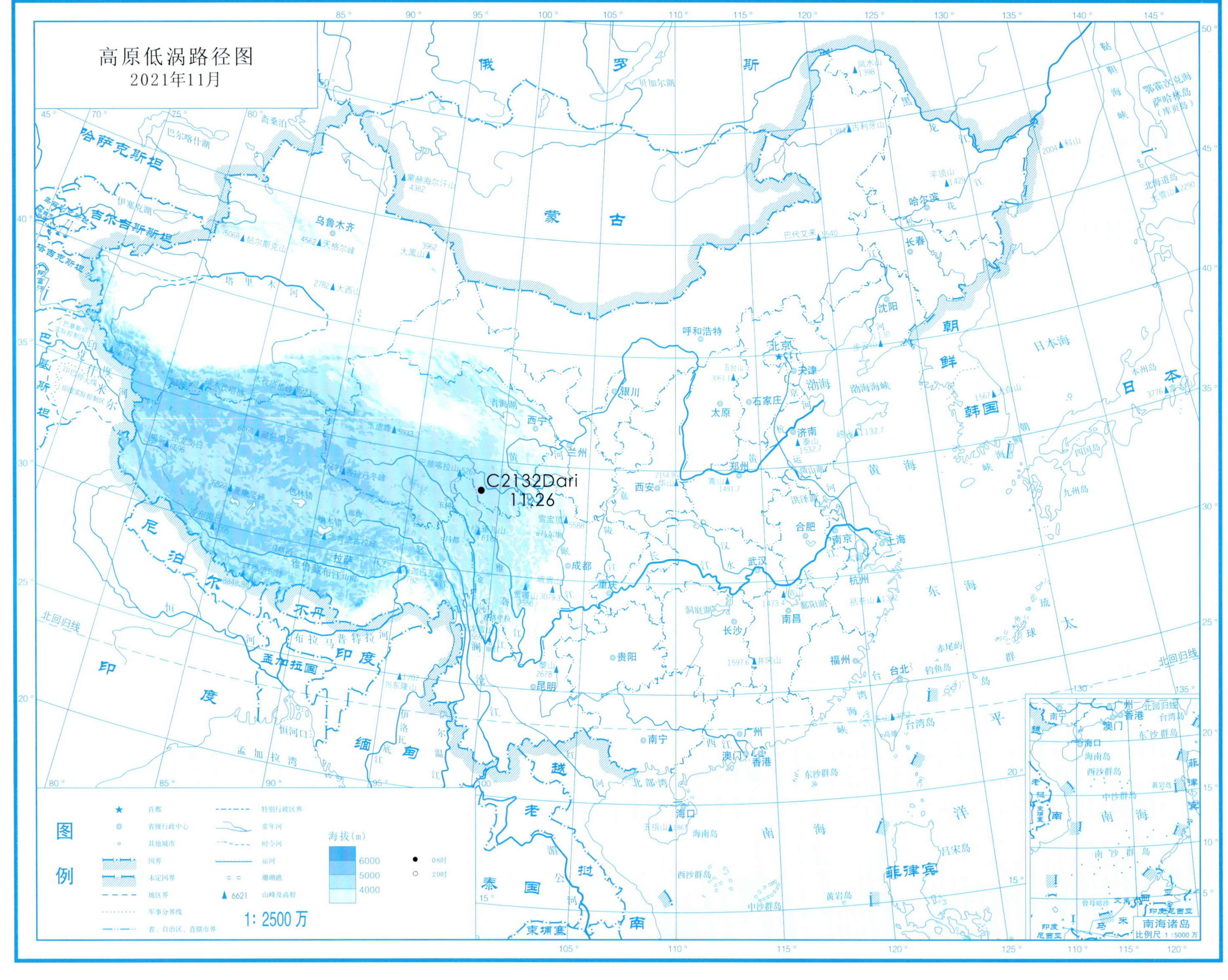

高原低涡路径图
2021年11月
C2132Dari
11.26
图例
首都
省级行政中心
其他城市
国界
未定国界
地区界
军事分界线
省、自治区、直辖市界
特别行政区界
常年河
时令河
运河
珊瑚礁
6621 山峰及高程
海拔(m)
6000
5000
4000
08时
20时
1: 2500 万
南海诸岛
比例尺 1:5000 万

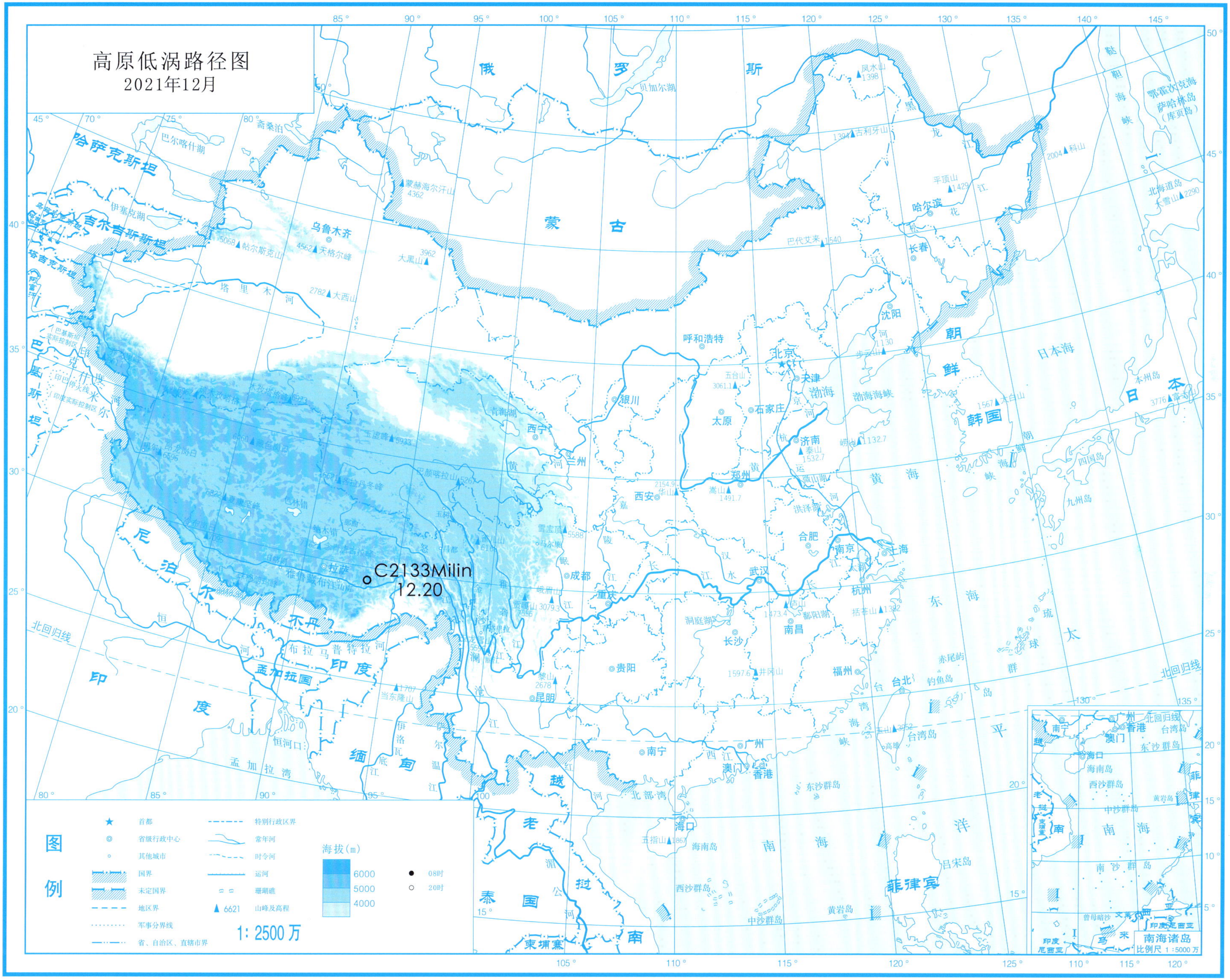

高原低涡路径图

2021年12月

C2133Milin
12.20

图例

★ 首都
◎ 省级行政中心
○ 其他城市
国界
未定国界
地区界
军事分界线
省、自治区、直辖市界
特别行政区界
常年河
时令河
运河
珊瑚礁
▲ 6621 山峰及高程

海拔(m)
6000
5000
4000

● 08时
○ 20时

1：2500 万

南海诸岛
比例尺 1：5000 万

青 藏 高 原 低 涡 降 水 资 料

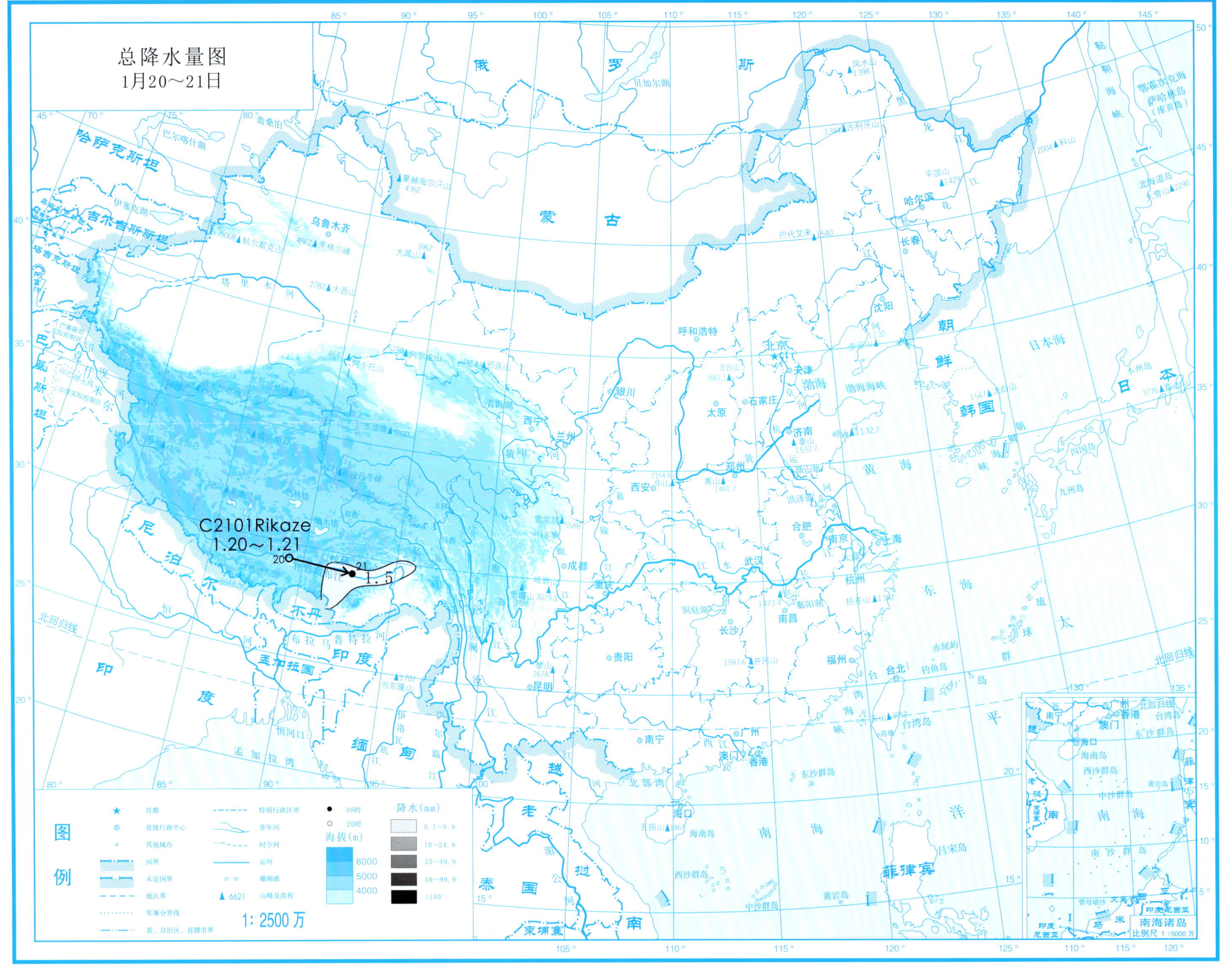
总降水量图
1月20～21日
C2101Rikaze
1.20～1.21
20
21
1.5
图例
首都
省级行政中心
其他城市
国界
未定国界
地区界
军事分界线
省、自治区、直辖市界
特别行政区界
常年河
时令河
运河
珊瑚礁
6621 山峰及高程
08时
20时
海拔(m)
6000
5000
4000
降水(mm)
0.1～9.9
10～24.9
25～49.9
50～99.9
>100
1: 2500 万
南海诸岛
比例尺 1:5000 万

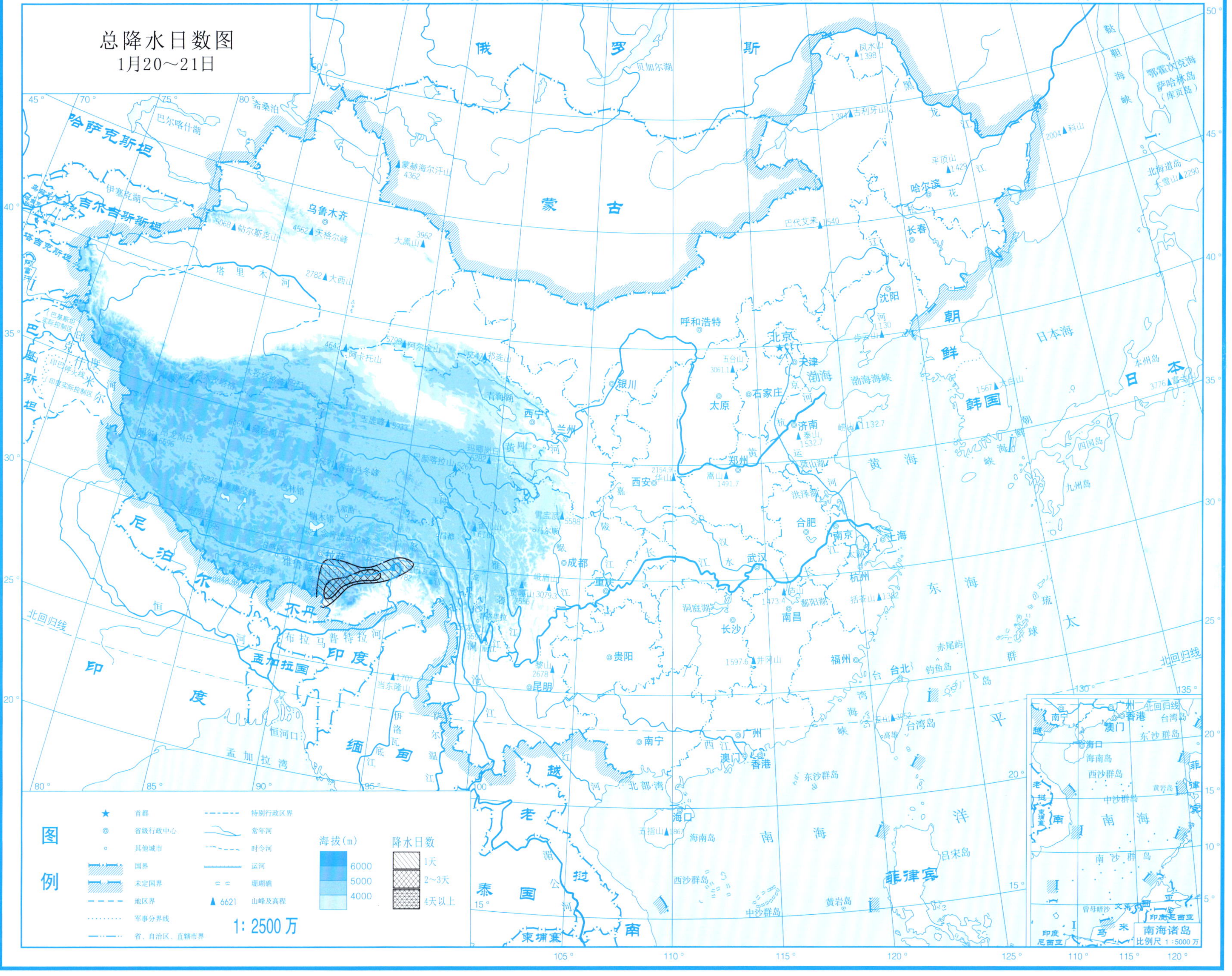
总降水日数图
1月20～21日
图例
首都
省级行政中心
其他城市
国界
未定国界
地区界
军事分界线
省、自治区、直辖市界
特别行政区界
常年河
时令河
运河
珊瑚礁
6621 山峰及高程
海拔(m)
6000
5000
4000
降水日数
1天
2～3天
4天以上
1: 2500万
俄罗斯
蒙古
哈萨克斯坦
吉尔吉斯斯坦
塔吉克斯坦
巴基斯坦
尼泊尔
不丹
印度
孟加拉国
缅甸
老挝
泰国
越南
柬埔寨
朝鲜
韩国
日本
菲律宾
北京
天津
石家庄
太原
呼和浩特
沈阳
长春
哈尔滨
济南
郑州
西安
银川
兰州
西宁
乌鲁木齐
成都
重庆
贵阳
昆明
南宁
广州
香港
澳门
海口
长沙
武汉
南昌
合肥
南京
上海
杭州
福州
台北
渤海
黄海
东海
南海
日本海
太平洋
北回归线
南海诸岛
比例尺 1:5000万

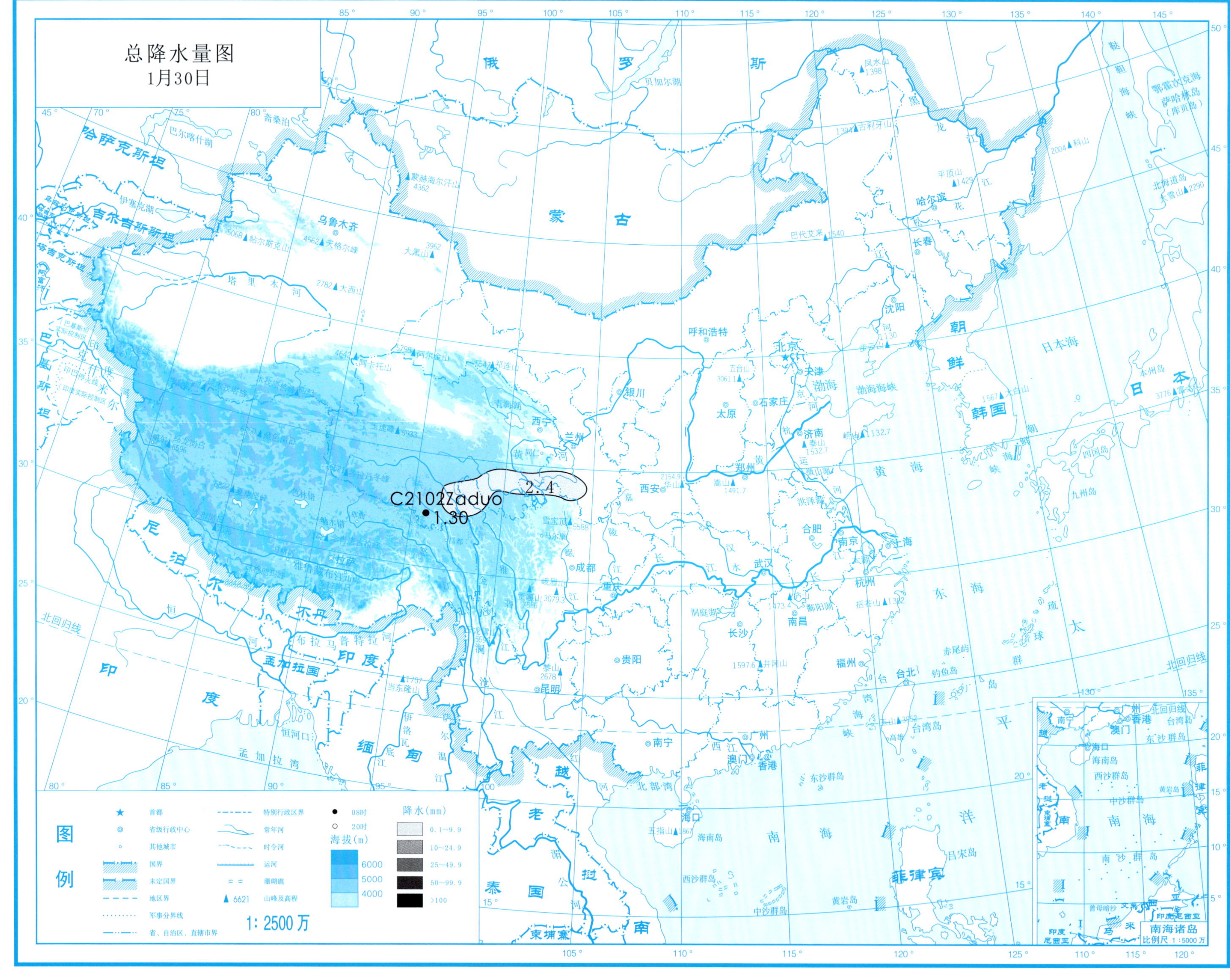
总降水量图
1月30日
C2102Zaduo
1.30
2.4
图例
首都
省级行政中心
其他城市
国界
未定国界
地区界
军事分界线
省、自治区、直辖市界
特别行政区界
常年河
时令河
运河
珊瑚礁
6621 山峰及高程
08时
20时
海拔(m)
6000
5000
4000
降水(mm)
0.1~9.9
10~24.9
25~49.9
50~99.9
>100
1: 2500万
南海诸岛
比例尺 1:5000万

总降水日数图

1月30日

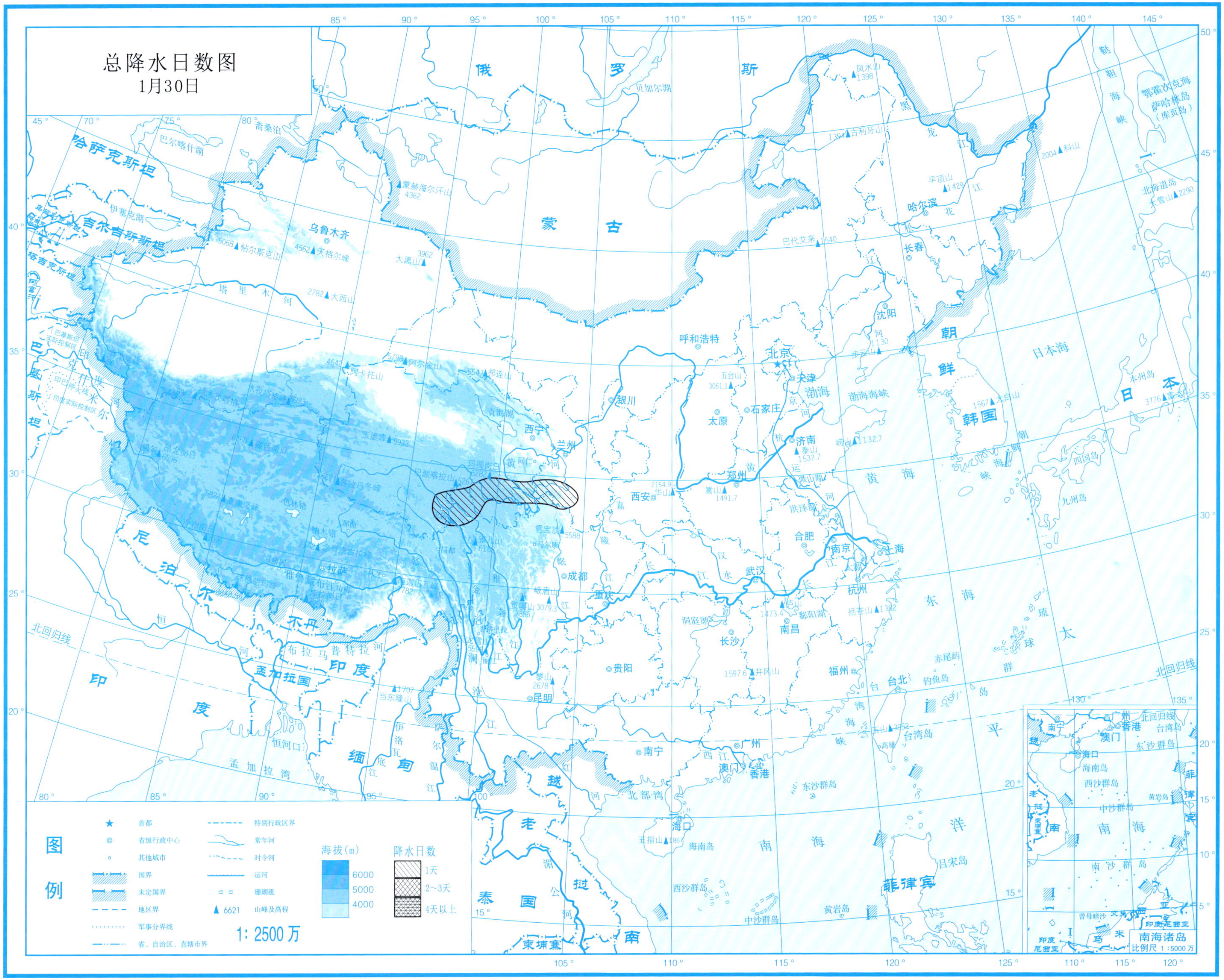

图例

首都
省级行政中心
其他城市
国界
未定国界
地区界
军事分界线
省、自治区、直辖市界
特别行政区界
常年河
时令河
运河
珊瑚礁
6621 山峰及高程

海拔(m)
6000
5000
4000

降水日数
1天
2~3天
4天以上

1: 2500万

南海诸岛
比例尺 1：5000万

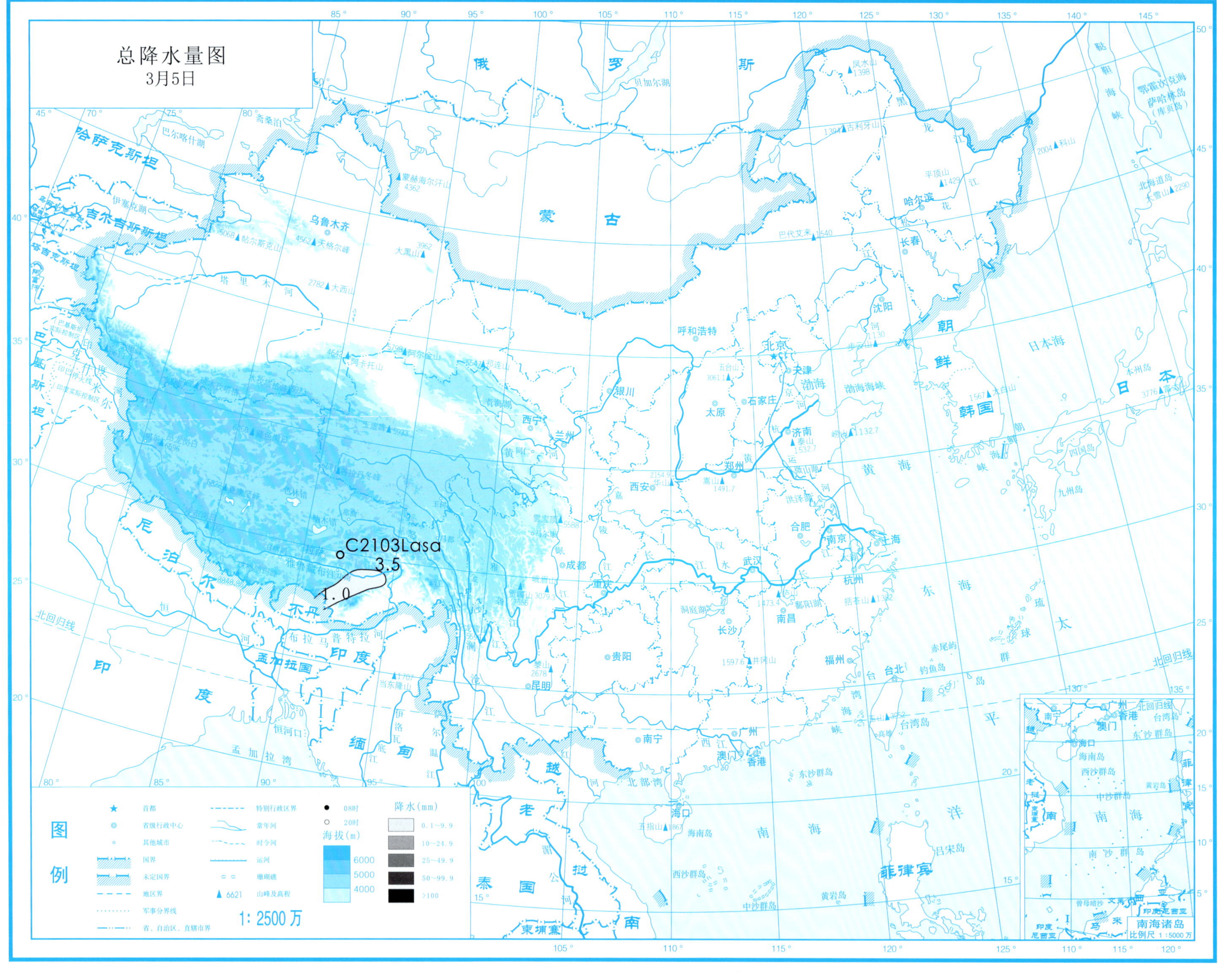
总降水量图
3月5日
C2103Lasa
3.5
1.0
图例
首都
省级行政中心
其他城市
国界
未定国界
地区界
军事分界线
省、自治区、直辖市界
特别行政区界
常年河
时令河
运河
珊瑚礁
6621 山峰及高程
08时
20时
海拔(m)
6000
5000
4000
降水(mm)
0.1~9.9
10~24.9
25~49.9
50~99.9
>100
1: 2500万
南海诸岛
比例尺 1:5000万

总降水日数图

3月5日

图例

符号	说明	符号	说明
★	首都		特别行政区界
◎	省级行政中心		常年河
○	其他城市		时令河
	国界		运河
	未定国界		珊瑚礁
	地区界	▲ 6621	山峰及高程
	军事分界线		
	省、自治区、直辖市界		

海拔(m)：6000、5000、4000

降水日数：1天、2～3天、4天以上

1：2500万

南海诸岛 比例尺 1：5000万

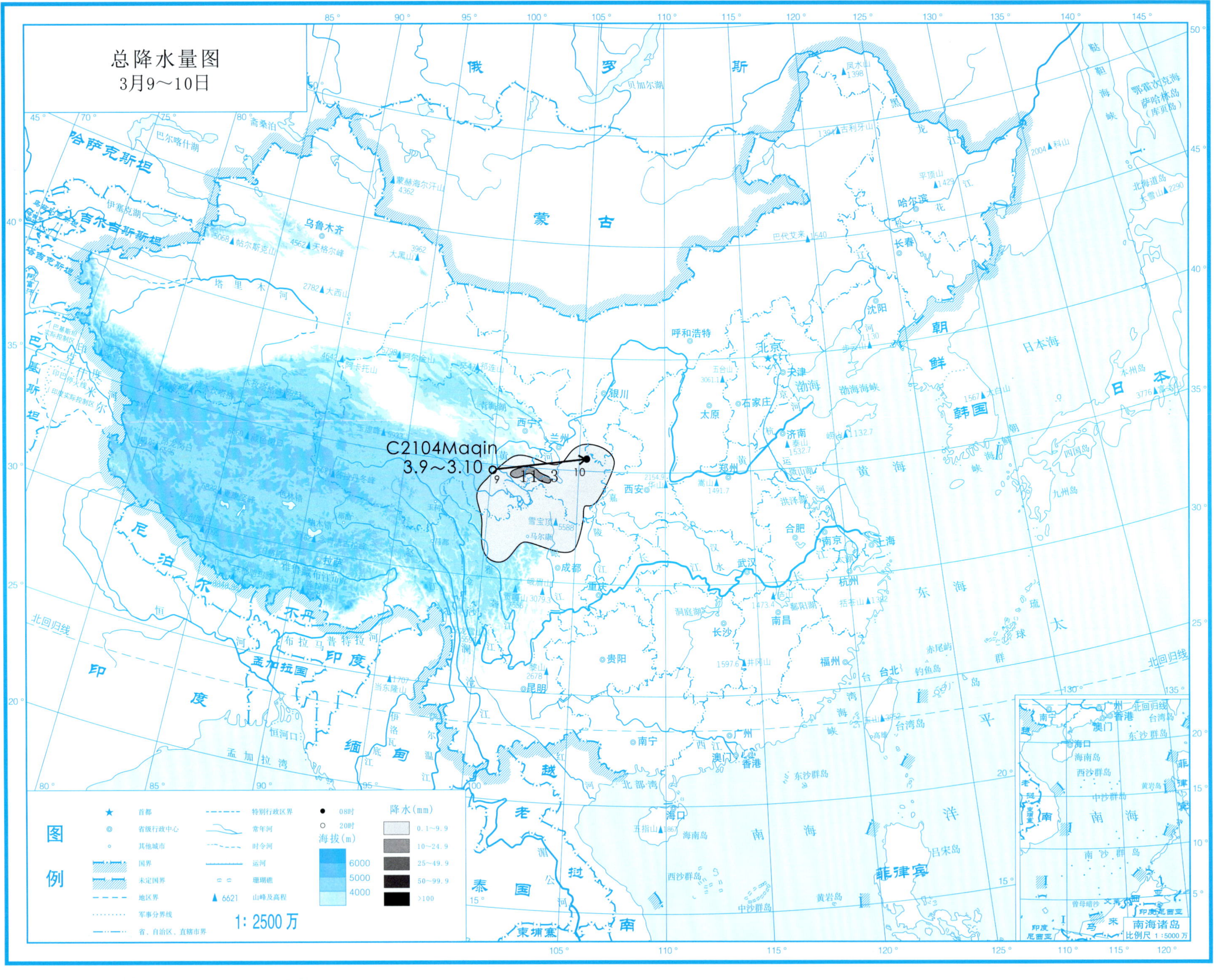
总降水量图
3月9～10日
C2104Maqin
3.9～3.10
9
11
3
10
图例
首都
省级行政中心
其他城市
国界
未定国界
地区界
军事分界线
省、自治区、直辖市界
特别行政区界
常年河
时令河
运河
珊瑚礁
6621 山峰及高程
08时
20时
海拔(m)
6000
5000
4000
降水(mm)
0.1～9.9
10～24.9
25～49.9
50～99.9
>100
1: 2500万
南海诸岛
比例尺 1:5000万

总降水日数图

3月9～10日

图例

符号	说明
★	首都
◎	省级行政中心
○	其他城市
	国界
	未定国界
	地区界
	军事分界线
	省、自治区、直辖市界
	特别行政区界
	常年河
	时令河
	运河
	珊瑚礁
▲ 6621	山峰及高程

1：2500万

海拔(m)
6000
5000
4000

降水日数
1天
2～3天
4天以上

南海诸岛

比例尺 1：5000万

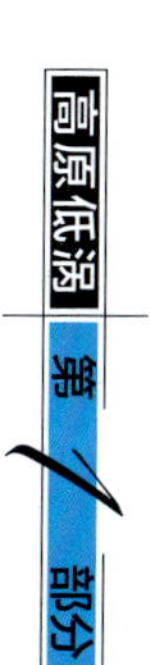

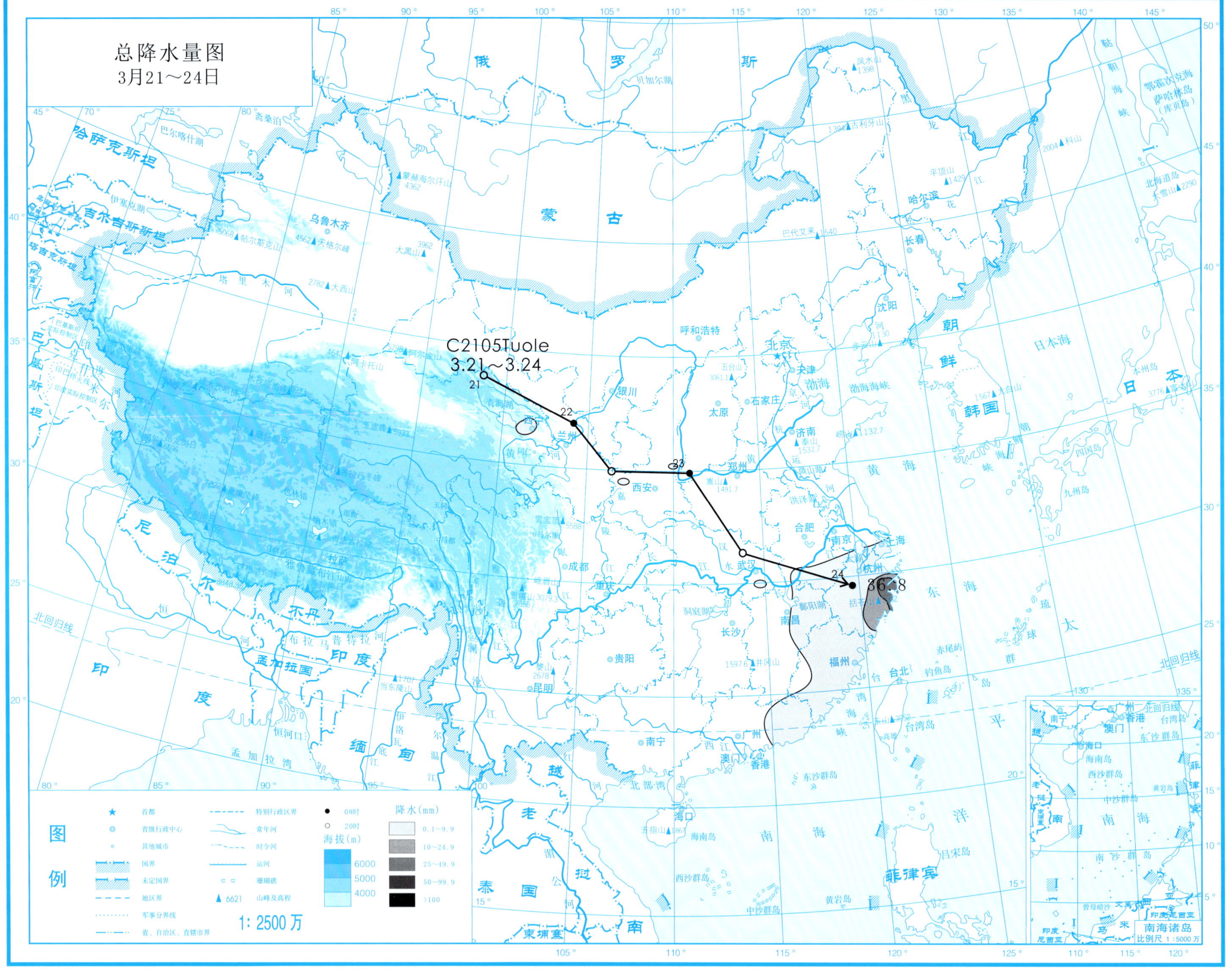
总降水量图
3月21～24日
C2105Tuole
3.21～3.24
21
22
23
24
36.8
图例
首都
省级行政中心
其他城市
国界
未定国界
地区界
军事分界线
省、自治区、直辖市界
特别行政区界
常年河
时令河
运河
珊瑚礁
6621 山峰及高程
08时
20时
海拔(m)
6000
5000
4000
降水(mm)
0.1～9.9
10～24.9
25～49.9
50～99.9
>100
1: 2500万
南海诸岛
比例尺 1:5000万

总降水日数图

3月21～24日

图例

符号	说明
★	首都
◎	省级行政中心
∘	其他城市
	国界
	未定国界
	地区界
	军事分界线
	省、自治区、直辖市界
	特别行政区界
	常年河
	时令河
	运河
	珊瑚礁
▲ 6621	山峰及高程

海拔(m)：6000、5000、4000

降水日数：1天、2～3天、4天以上

1：2500万

南海诸岛 比例尺 1：5000万

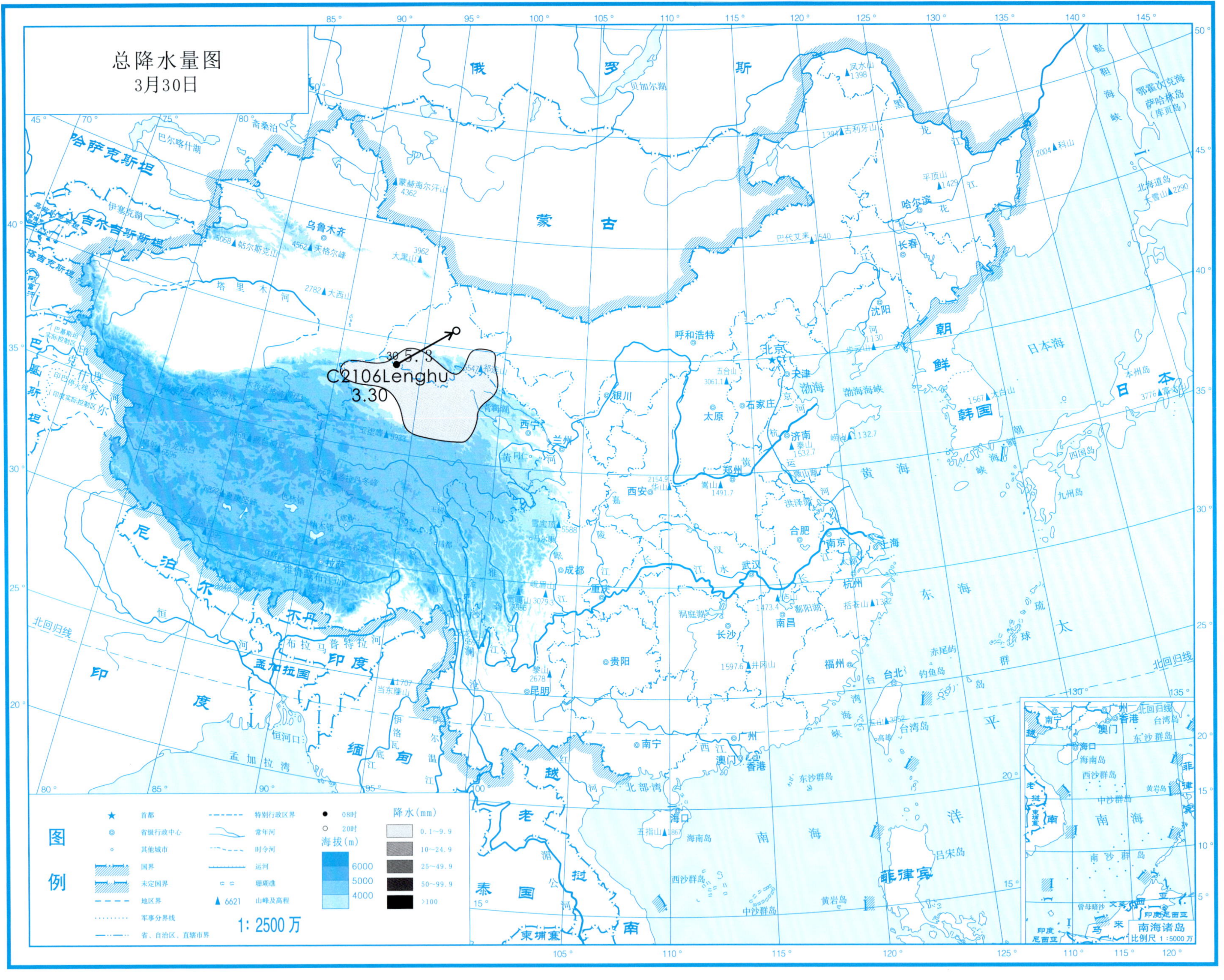
总降水量图
3月30日
C2106Lenghu
3.30
图例
首都
省级行政中心
其他城市
国界
未定国界
地区界
军事分界线
省、自治区、直辖市界
特别行政区界
常年河
时令河
运河
珊瑚礁
6621 山峰及高程
08时
20时
海拔(m)
6000
5000
4000
降水(mm)
0.1~9.9
10~24.9
25~49.9
50~99.9
>100
1: 2500 万
南海诸岛
比例尺 1:5000 万

总降水日数图

3月30日

图例

符号	说明	符号	说明
★	首都		特别行政区界
◎	省级行政中心		常年河
∘	其他城市		时令河
	国界		运河
	未定国界		珊瑚礁
	地区界	▲ 6621	山峰及高程
	军事分界线		
	省、自治区、直辖市界		

海拔(m)：6000、5000、4000

降水日数：1天、2~3天、4天以上

1：2500万

南海诸岛 比例尺 1：5000万

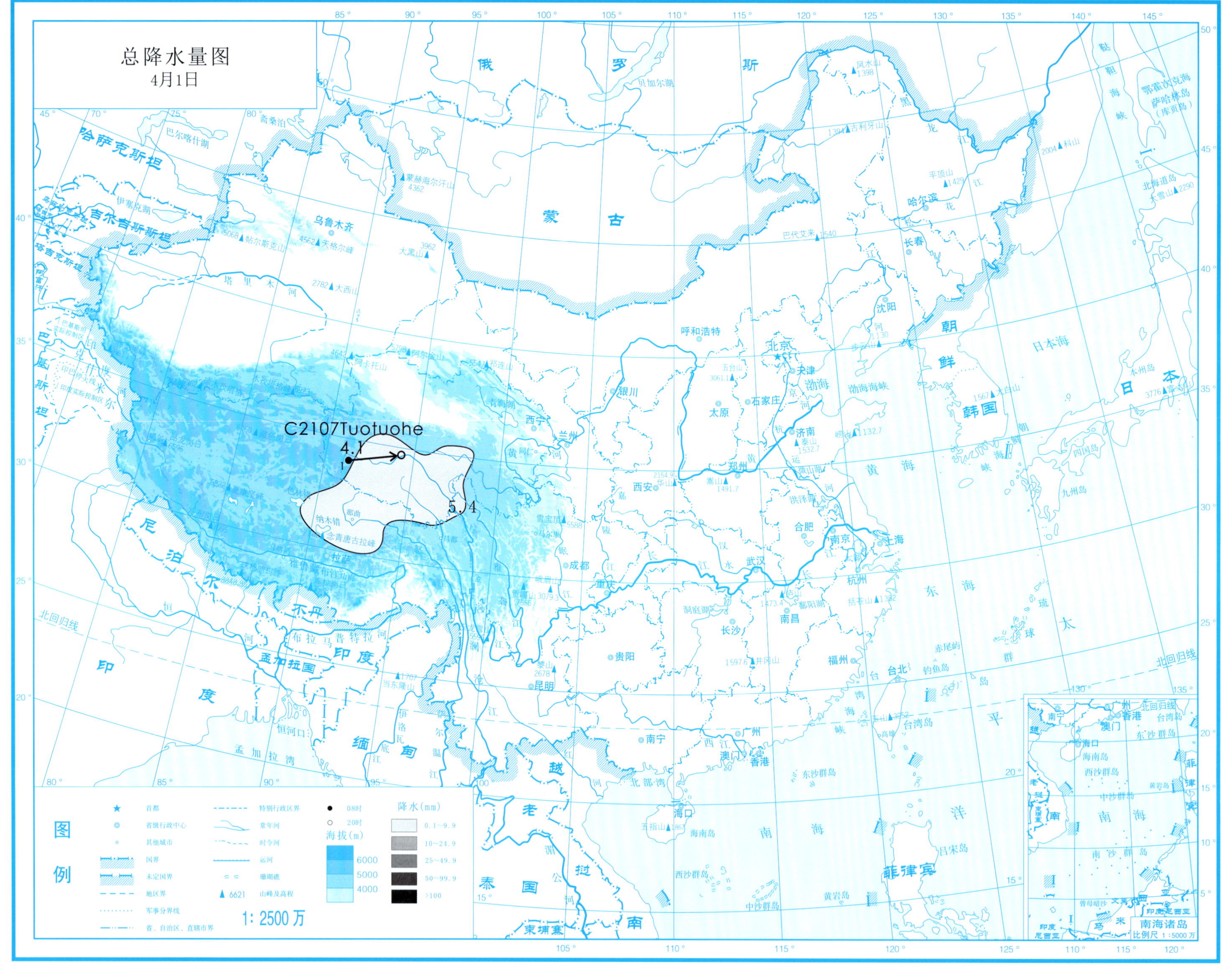
总降水量图
4月1日
C2107Tuotuohe
4.1
5.4
图例
首都
省级行政中心
其他城市
国界
未定国界
地区界
军事分界线
省、自治区、直辖市界
特别行政区界
常年河
时令河
运河
珊瑚礁
6621 山峰及高程
08时
20时
海拔(m)
6000
5000
4000
降水(mm)
0.1~9.9
10~24.9
25~49.9
50~99.9
>100
1:2500万
南海诸岛
比例尺 1:5000万

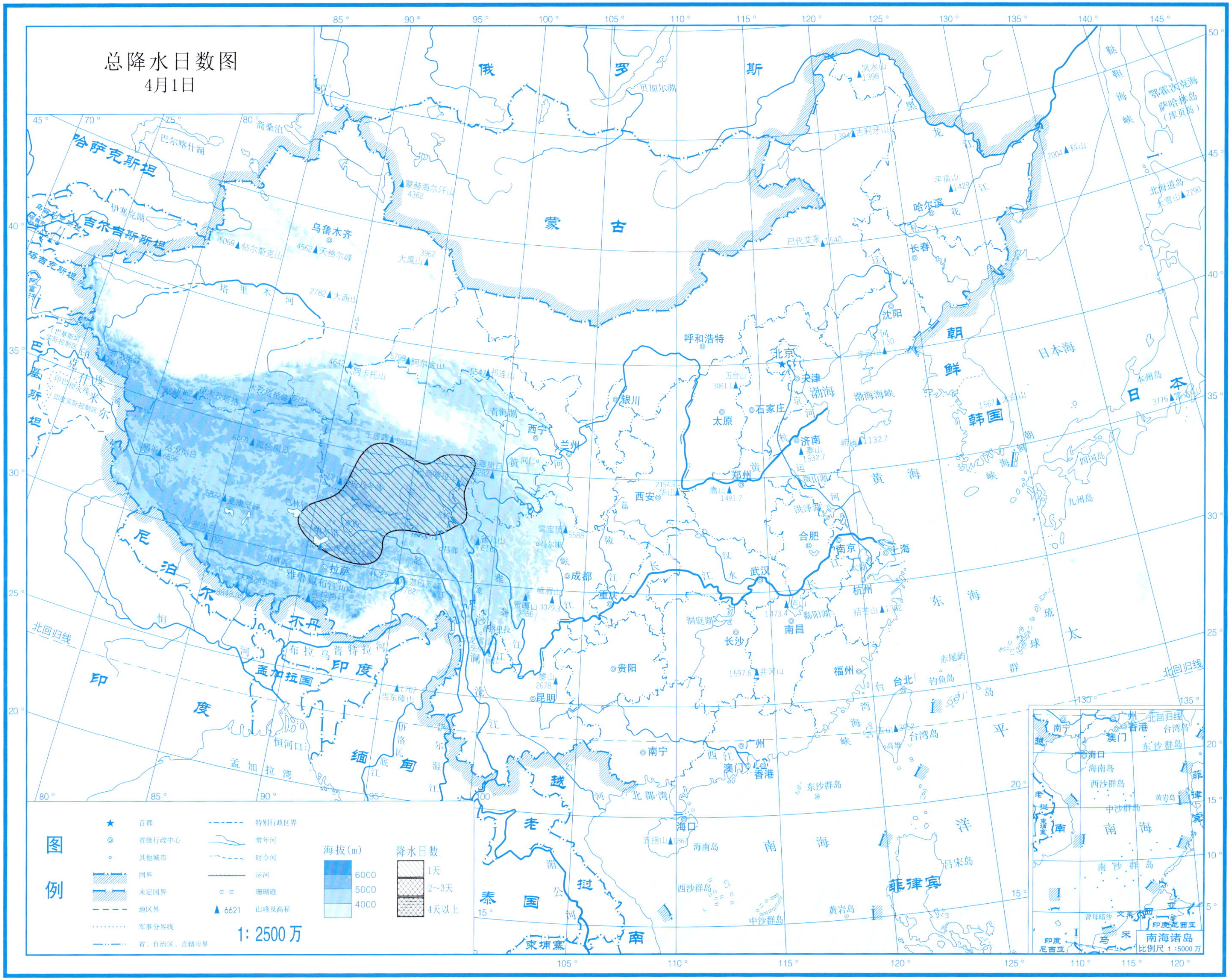

总降水日数图

4月1日

图例

- ★ 首都
- ◎ 省级行政中心
- ○ 其他城市
- 国界
- 未定国界
- 地区界
- 军事分界线
- 省、自治区、直辖市界
- 特别行政区界
- 常年河
- 时令河
- 运河
- 珊瑚礁
- ▲ 6621 山峰及高程

海拔(m)

- 6000
- 5000
- 4000

降水日数

- 1天
- 2~3天
- 4天以上

1:2500万

南海诸岛
比例尺 1:5000万

高原低涡 第1部分

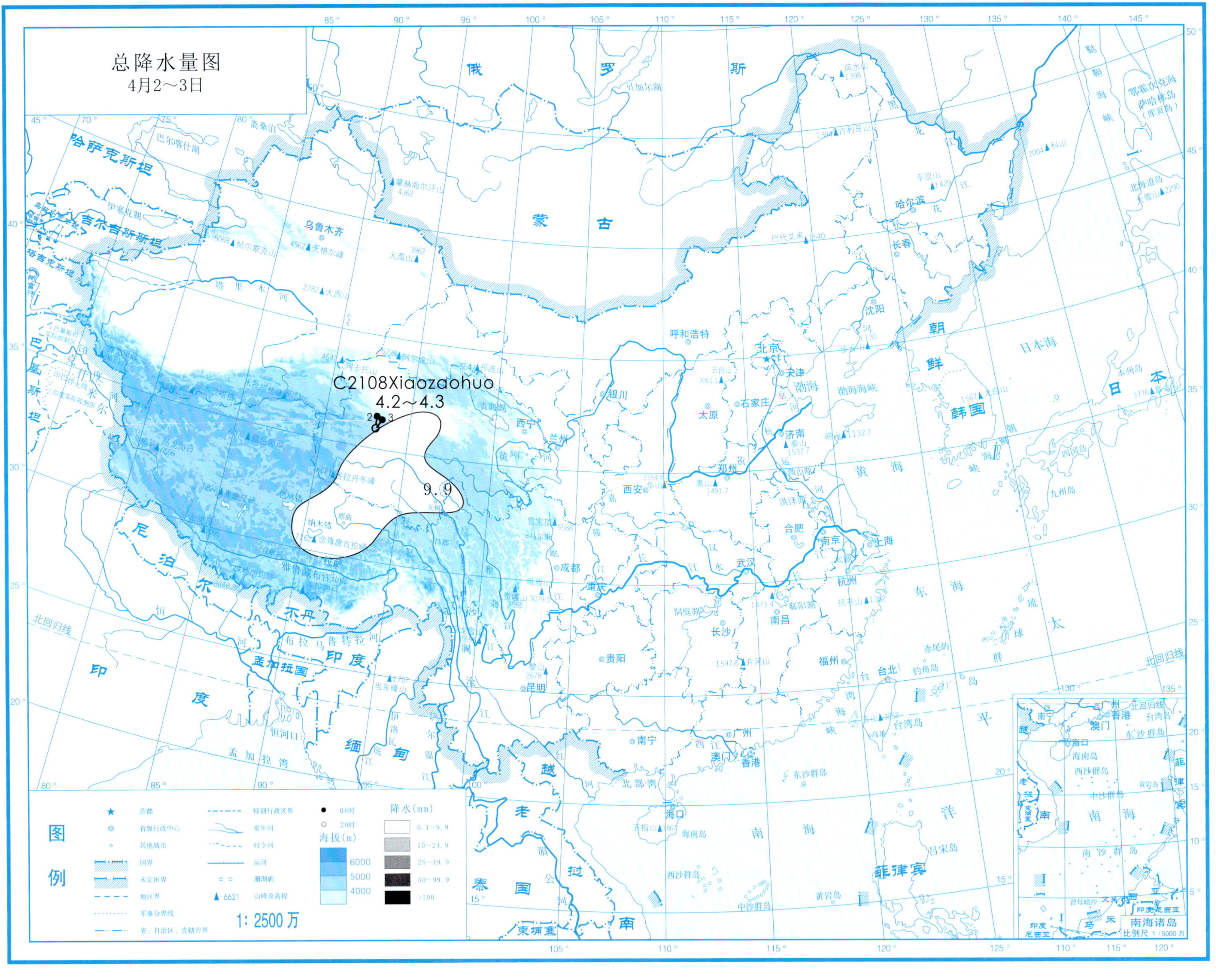

总降水量图
4月2～3日
C2108Xiaozaohuo
4.2～4.3
9.9
图例
降水(mm)
0.1～9.9
10～24.9
25～49.9
50～99.9
>100
海拔(m)
6000
5000
4000
1: 2500万
南海诸岛

总降水日数图

4月2～3日

图例

- ★ 首都
- ◎ 省级行政中心
- ○ 其他城市
- 国界
- 未定国界
- 地区界
- 军事分界线
- 省、自治区、直辖市界
- 特别行政区界
- 常年河
- 时令河
- 运河
- 珊瑚礁
- ▲ 6621 山峰及高程

海拔（m）：6000、5000、4000

降水日数：1天、2～3天、4天以上

1：2500万

南海诸岛 比例尺 1：5000万

高原低涡 第1部分

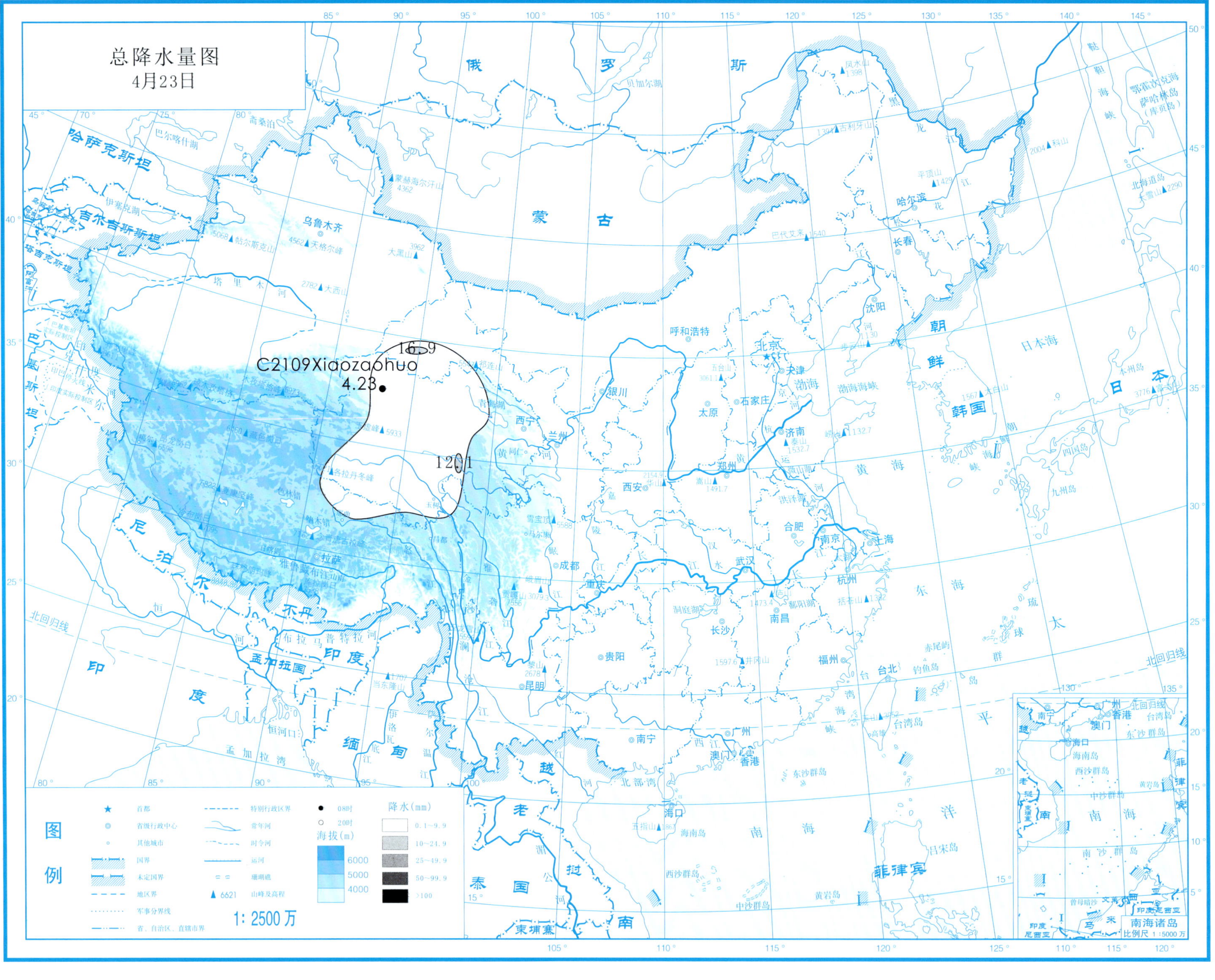
总降水量图
4月23日
C2109Xiaozaohuo
4.23
16.9
12.1
图例
首都
省级行政中心
其他城市
国界
未定国界
地区界
军事分界线
省、自治区、直辖市界
特别行政区界
常年河
时令河
运河
珊瑚礁
山峰及高程
08时
20时
海拔(m)
6000
5000
4000
降水(mm)
0.1~9.9
10~24.9
25~49.9
50~99.9
>100
1: 2500万
南海诸岛
比例尺 1:5000万

总降水日数图

4月23日

图例

- ★ 首都
- ◎ 省级行政中心
- ○ 其他城市
- 国界
- 未定国界
- 地区界
- 军事分界线
- 省、自治区、直辖市界
- 特别行政区界
- 常年河
- 时令河
- 运河
- 珊瑚礁
- ▲ 6621 山峰及高程

海拔（m）：6000、5000、4000

降水日数：1天、2~3天、4天以上

1：2500万

南海诸岛 比例尺 1：5000万

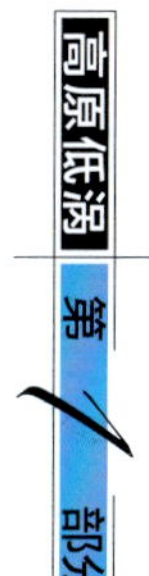

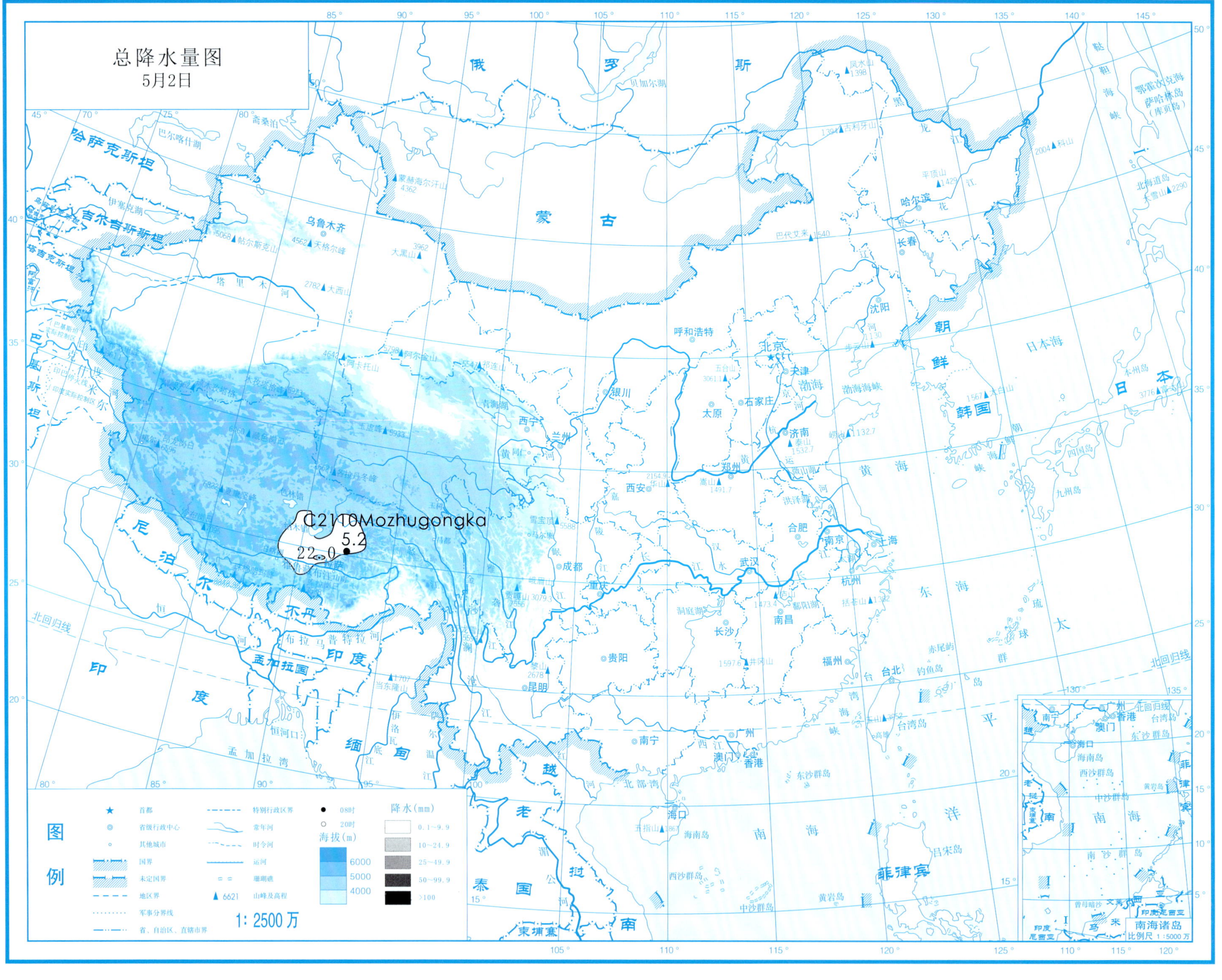
总降水量图
5月2日
C2110Mozhugongka
5.2
22.0
图例
首都
省级行政中心
其他城市
国界
未定国界
地区界
军事分界线
省、自治区、直辖市界
特别行政区界
常年河
时令河
运河
珊瑚礁
6621 山峰及高程
08时
20时
海拔(m)
6000
5000
4000
降水(mm)
0.1~9.9
10~24.9
25~49.9
50~99.9
>100
1: 2500万
南海诸岛
比例尺 1:5000万

总降水日数图

5月2日

图例

★ 首都
◎ 省级行政中心
○ 其他城市
国界
未定国界
地区界
军事分界线
省、自治区、直辖市界
特别行政区界
常年河
时令河
运河
珊瑚礁
▲6621 山峰及高程

海拔(m)
6000
5000
4000

降水日数
1天
2~3天
4天以上

1: 2500万

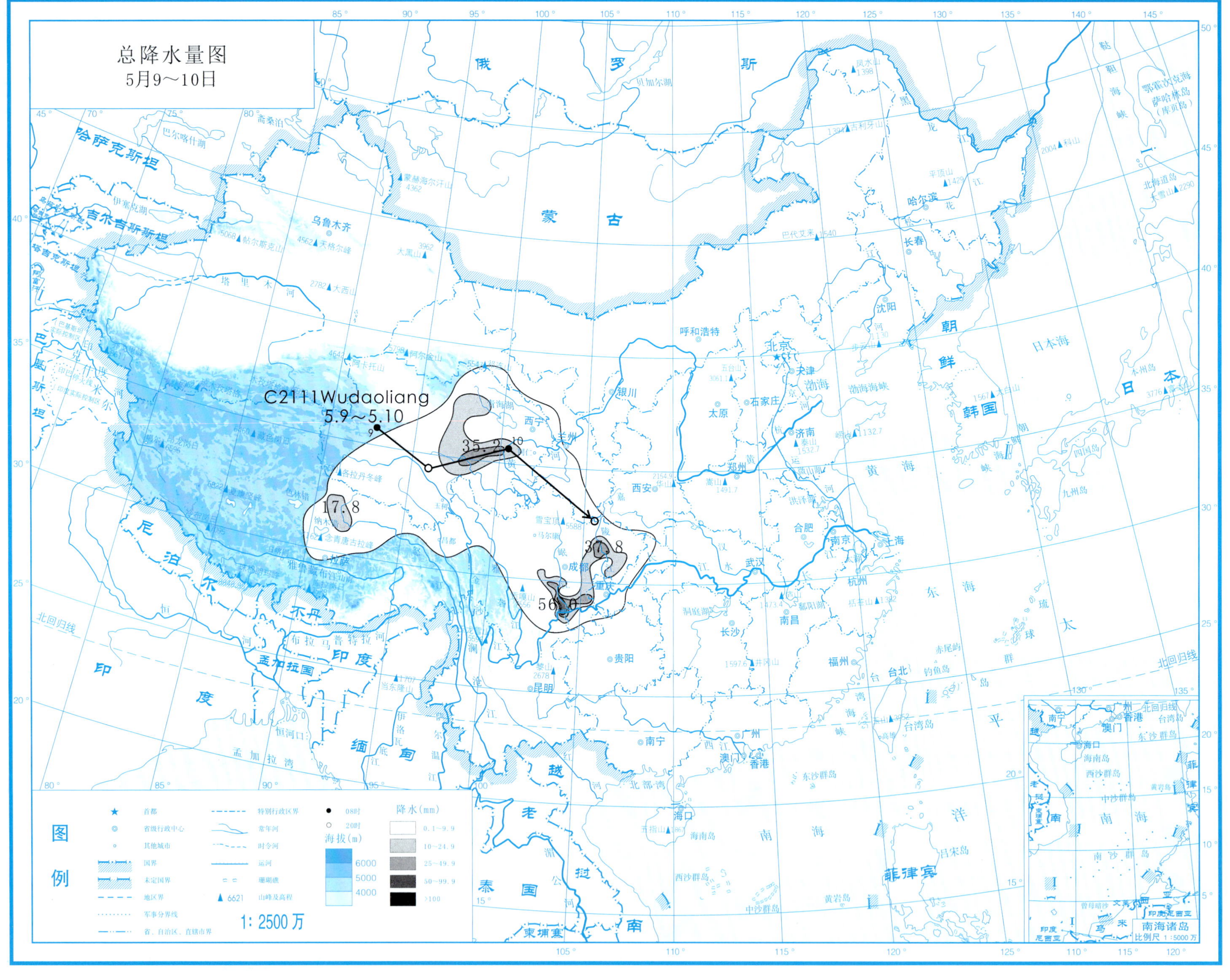
总降水量图
5月9~10日
C2111Wudaoliang
5.9~5.10
35.2
17.8
37.8
图例
首都
省级行政中心
其他城市
国界
未定国界
地区界
军事分界线
省、自治区、直辖市界
特别行政区界
常年河
时令河
运河
珊瑚礁
6621 山峰及高程
08时
20时
海拔(m)
6000
5000
4000
降水(mm)
0.1~9.9
10~24.9
25~49.9
50~99.9
≥100
1: 2500万
南海诸岛
比例尺 1:5000万

总降水日数图

5月9～10日

图例

符号	说明	符号	说明
★	首都		特别行政区界
◎	省级行政中心		常年河
∘	其他城市		时令河
	国界		运河
	未定国界		珊瑚礁
	地区界	▲ 6621	山峰及高程
	军事分界线		
	省、自治区、直辖市界		

海拔（m）：6000、5000、4000

降水日数：1天、2～3天、4天以上

1：2500万

南海诸岛 比例尺 1：5000万

高原低涡 第1部分

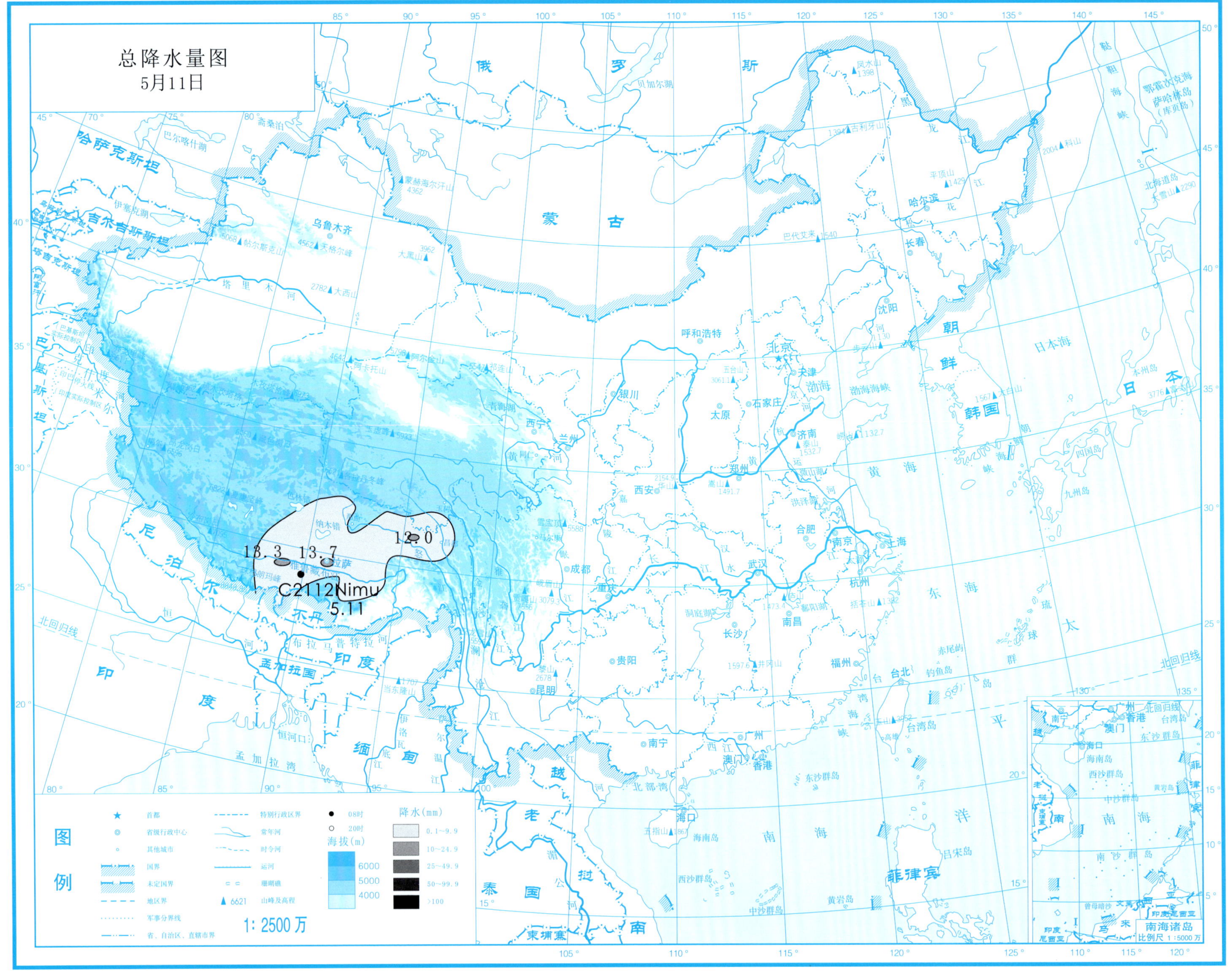

总降水量图
5月11日
13.3
13.7
12.0
C2112Nimu
5.11
图例
首都
省级行政中心
其他城市
国界
未定国界
地区界
军事分界线
省、自治区、直辖市界
特别行政区界
常年河
时令河
运河
珊瑚礁
山峰及高程
08时
20时
海拔(m)
6000
5000
4000
降水(mm)
0.1~9.9
10~24.9
25~49.9
50~99.9
>100
1: 2500 万
南海诸岛
比例尺 1:5000 万

总降水日数图

5月11日

图例

- ★ 首都
- ◎ 省级行政中心
- ○ 其他城市
- 国界
- 未定国界
- 地区界
- 军事分界线
- 省、自治区、直辖市界
- 特别行政区界
- 常年河
- 时令河
- 运河
- 珊瑚礁
- ▲ 6621 山峰及高程

海拔(m)：6000、5000、4000

降水日数：1天、2~3天、4天以上

1：2500万

南海诸岛 比例尺 1：5000万

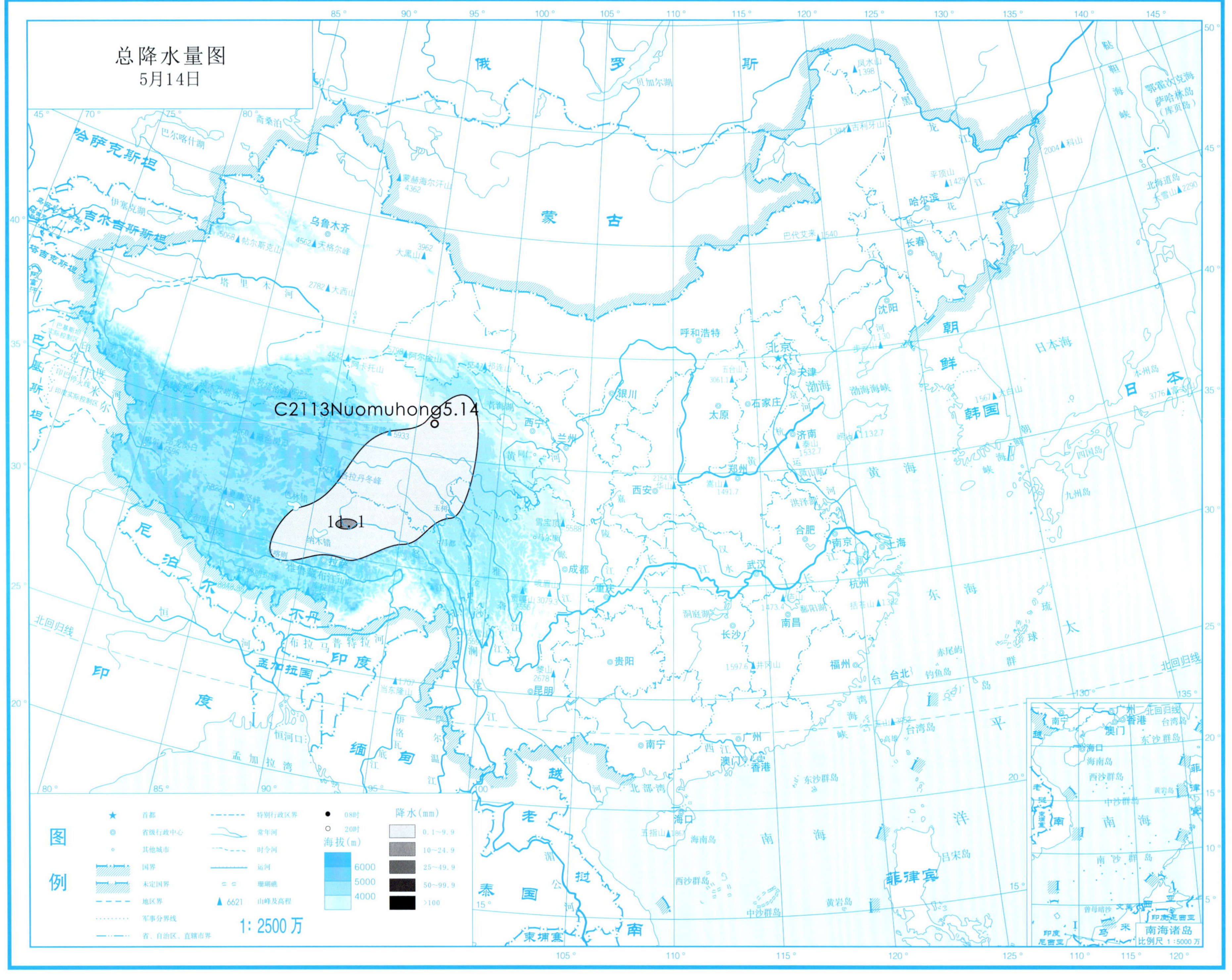
总降水量图
5月14日
C2113Nuomuhong5.14
11.1
图例
首都
省级行政中心
其他城市
国界
未定国界
地区界
军事分界线
省、自治区、直辖市界
特别行政区界
常年河
时令河
运河
珊瑚礁
6621 山峰及高程
1: 2500 万
08时
20时
海拔(m)
6000
5000
4000
降水(mm)
0.1～9.9
10～24.9
25～49.9
50～99.9
>100
南海诸岛
比例尺 1:5000 万

总降水日数图

5月14日

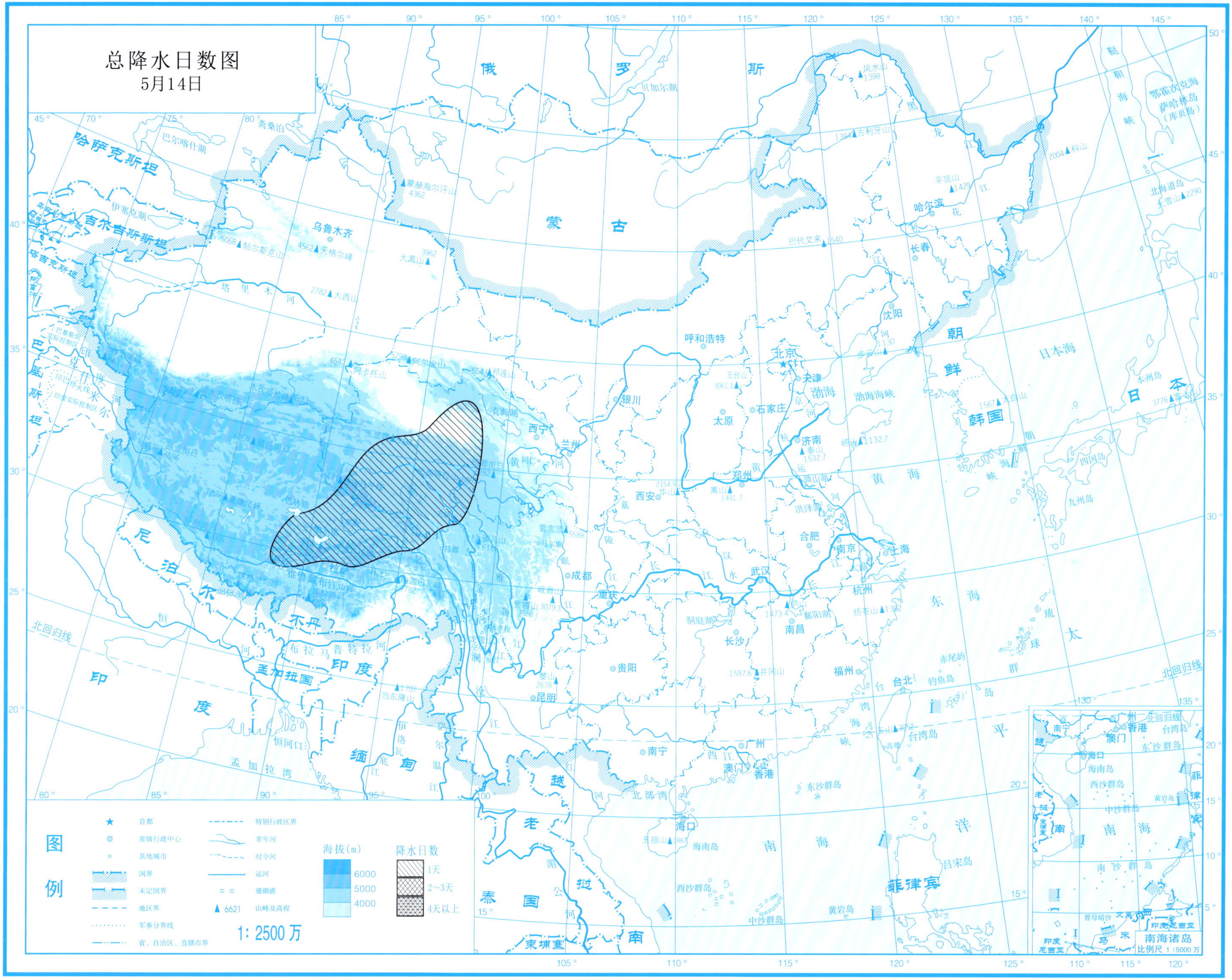

图例

降水日数：1天；2~3天；4天以上

海拔（m）：6000；5000；4000

1：2500万

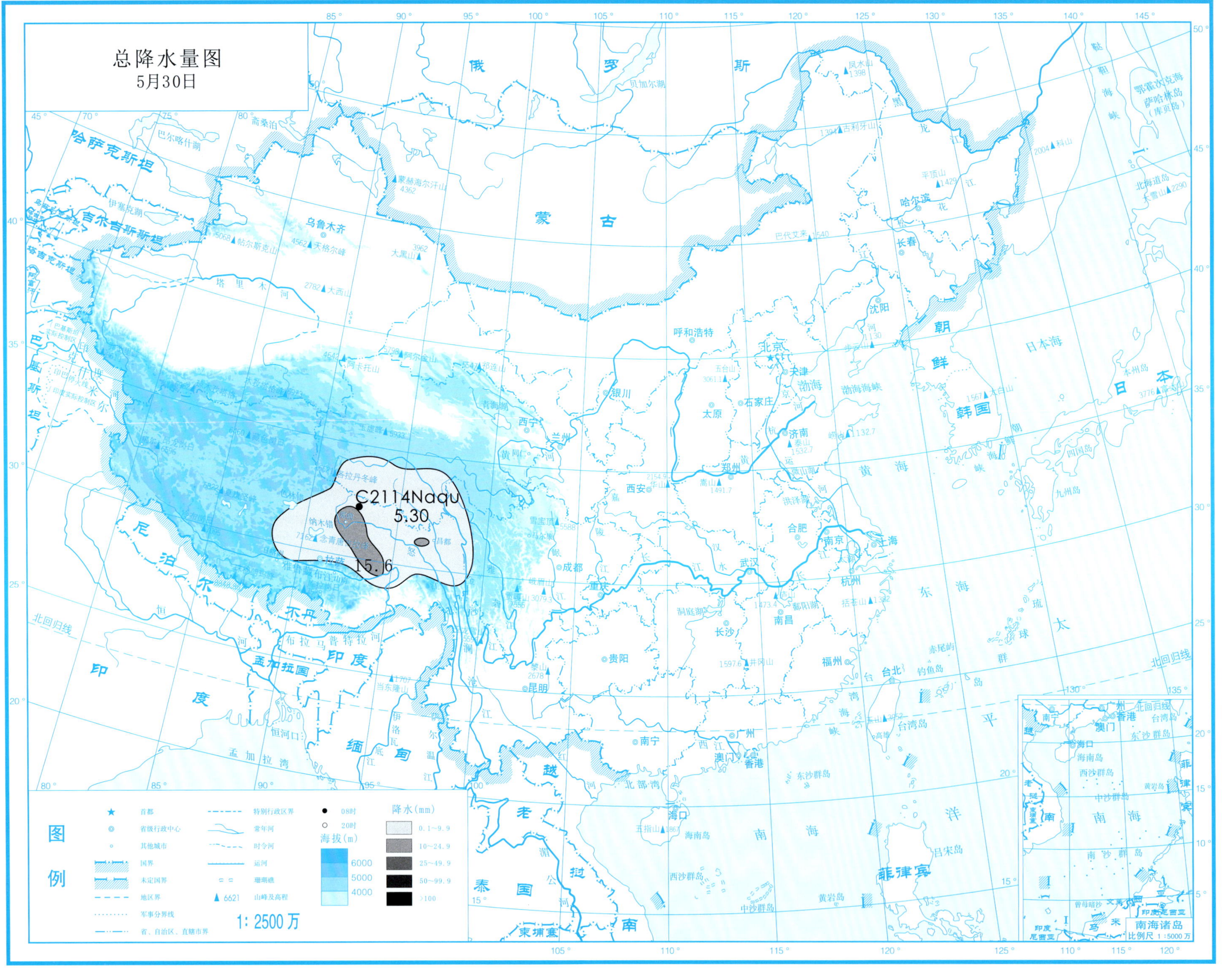
总降水量图
5月30日
C2114Naqu
5.30
15.6
图例
首都
省级行政中心
其他城市
国界
未定国界
地区界
军事分界线
省、自治区、直辖市界
特别行政区界
常年河
时令河
运河
珊瑚礁
6621 山峰及高程
08时
20时
海拔(m)
6000
5000
4000
降水(mm)
0.1~9.9
10~24.9
25~49.9
50~99.9
>100
1: 2500万
南海诸岛
比例尺 1:5000万

总降水日数图
5月30日

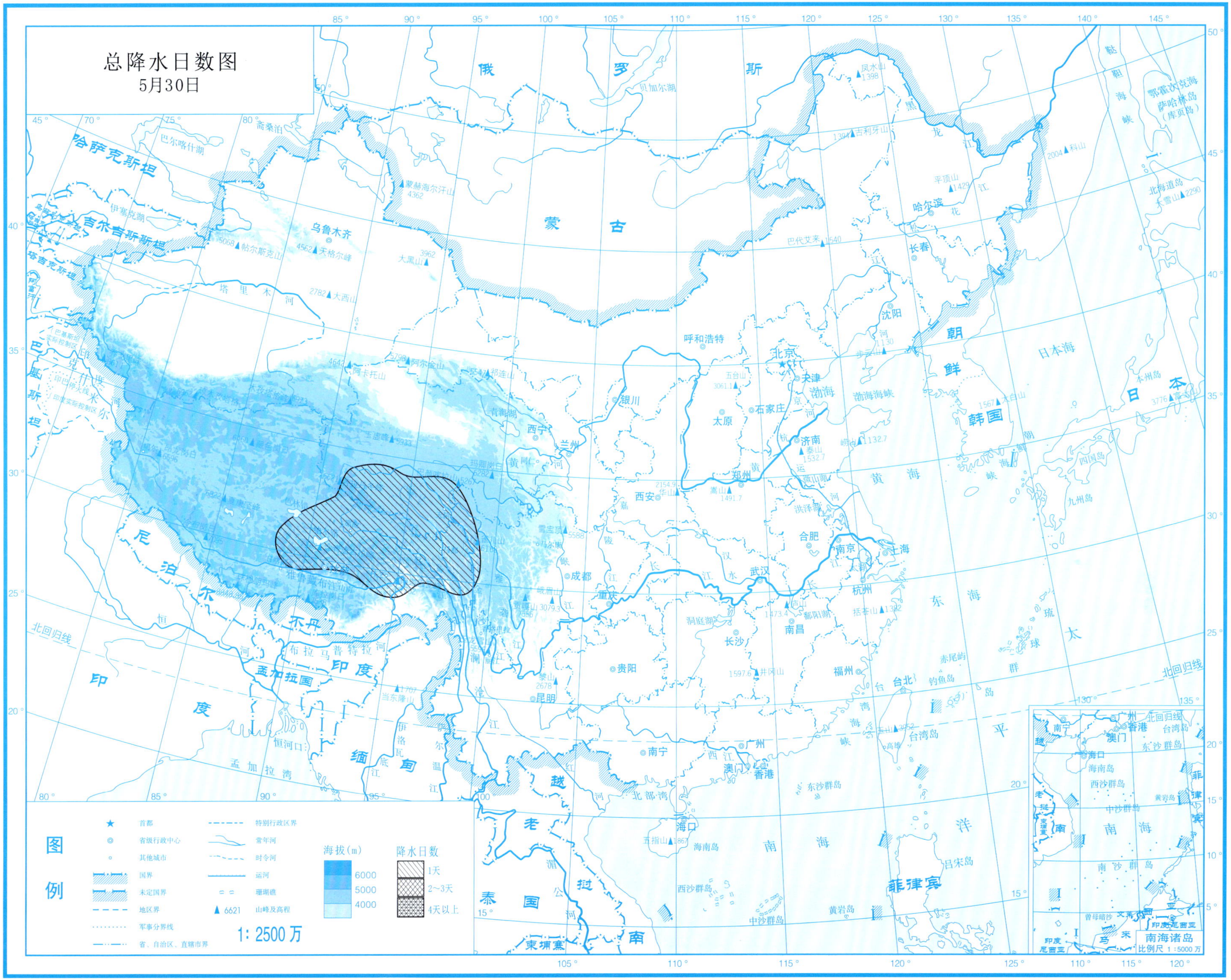

俄 罗 斯
蒙 古
哈萨克斯坦
吉尔吉斯斯坦
塔吉克斯坦
巴基斯坦
尼泊尔
不丹
印度
孟加拉国
缅甸
老挝
泰国
越南
柬埔寨
朝鲜
韩国
日本
菲律宾
乌鲁木齐
呼和浩特
北京
天津
石家庄
太原
银川
西宁
兰州
济南
郑州
西安
合肥
南京
上海
杭州
武汉
成都
重庆
长沙
南昌
福州
贵阳
昆明
南宁
广州
香港
澳门
海口
台北
哈尔滨
长春
沈阳
黄海
东海
渤海
日本海
南海
太平洋
南海诸岛
比例尺 1:5000万
北回归线
图例
首都
省级行政中心
其他城市
国界
未定国界
地区界
军事分界线
省、自治区、直辖市界
特别行政区界
常年河
时令河
运河
珊瑚礁
山峰及高程
海拔(m)
6000
5000
4000
降水日数
1天
2~3天
4天以上
1: 2500 万

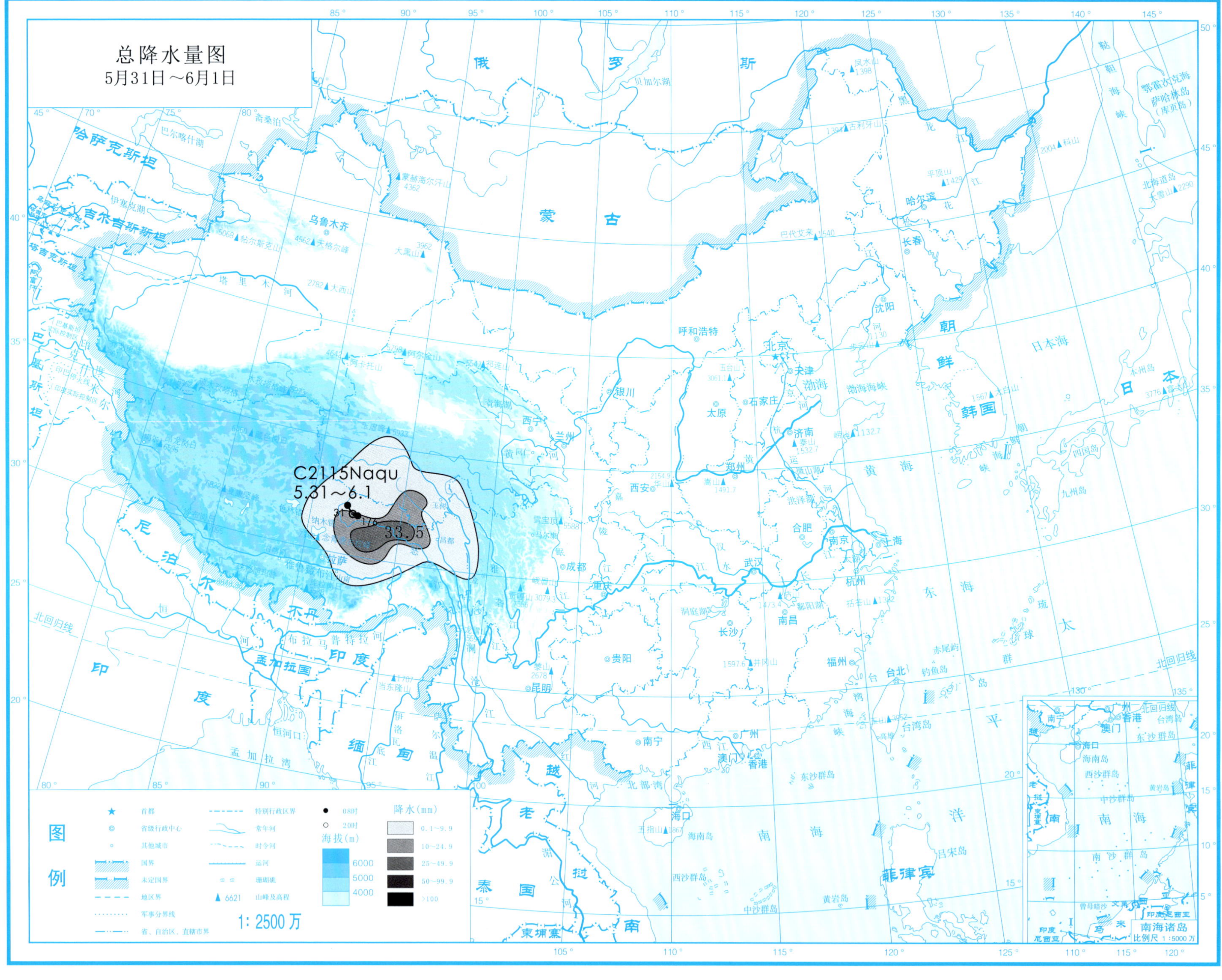
总降水量图
5月31日～6月1日
C2115Naqu
5.31～6.1
31日
1日
33.5
图例
首都
省级行政中心
其他城市
国界
未定国界
地区界
军事分界线
省、自治区、直辖市界
特别行政区界
常年河
时令河
运河
珊瑚礁
6621 山峰及高程
08时
20时
海拔(m)
6000
5000
4000
降水(mm)
0.1～9.9
10～24.9
25～49.9
50～99.9
>100
1: 2500 万
南海诸岛
比例尺 1:5000 万

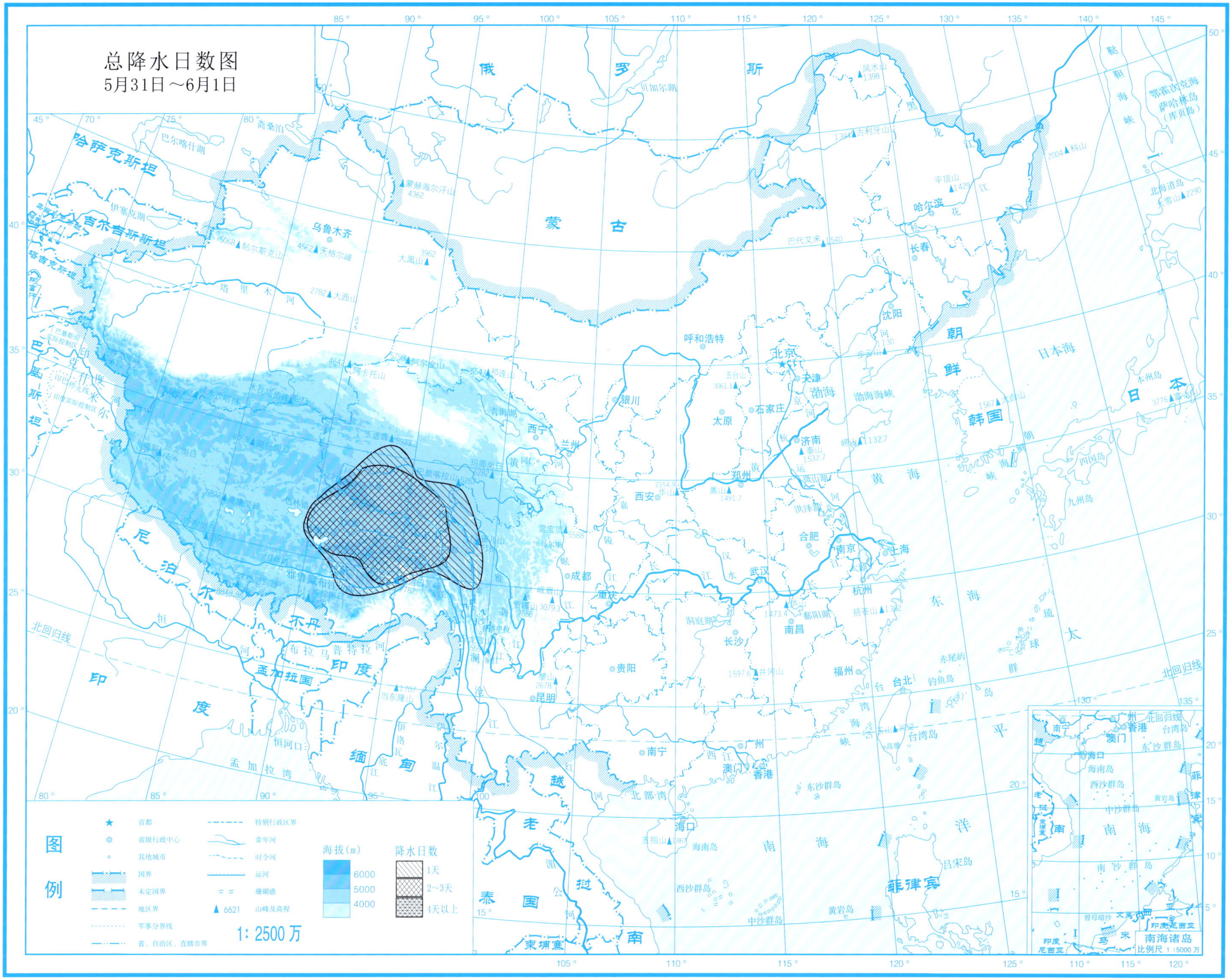

总降水日数图

5月31日～6月1日

图例

★ 首都
◎ 省级行政中心
○ 其他城市
国界
未定国界
地区界
军事分界线
省、自治区、直辖市界
特别行政区界
常年河
时令河
运河
珊瑚礁
▲6621 山峰及高程

海拔(m)
6000
5000
4000

降水日数
1天
2～3天
4天以上

1:2500万

南海诸岛
比例尺 1:5000万

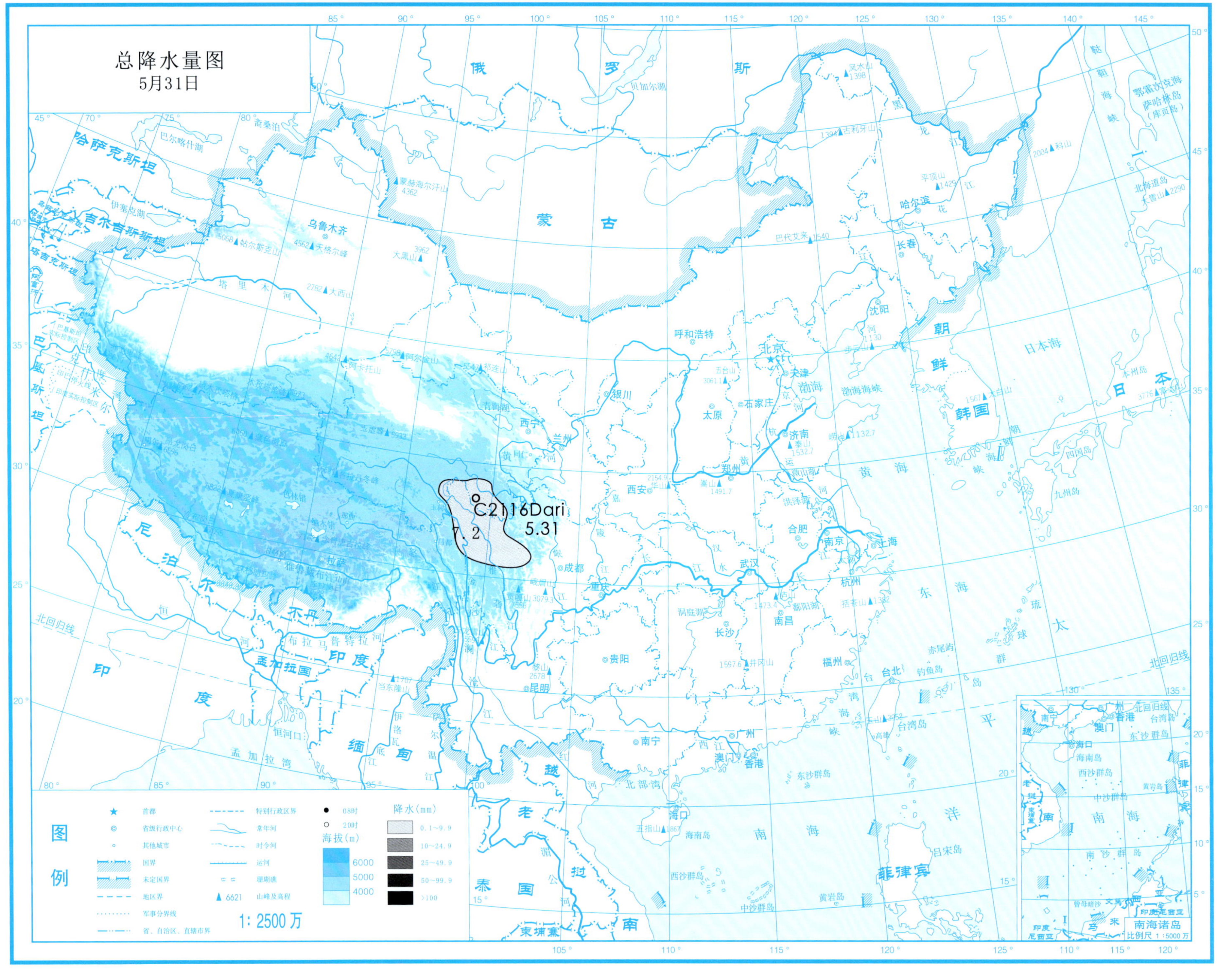
总降水量图
5月31日
C2116Dari
5.31
图例
降水(mm)
0.1～9.9
10～24.9
25～49.9
50～99.9
>100
海拔(m)
6000
5000
4000
1: 2500万

总降水日数图

5月31日

图例

★ 首都	特别行政区界		
◎ 省级行政中心	常年河		
○ 其他城市	时令河		
国界	运河		
未定国界	珊瑚礁		
地区界	▲6621 山峰及高程		
军事分界线			
省、自治区、直辖市界			

海拔(m)：6000、5000、4000

降水日数：1天、2~3天、4天以上

1:2500万

南海诸岛 比例尺 1:5000万

高原低涡

第1部分

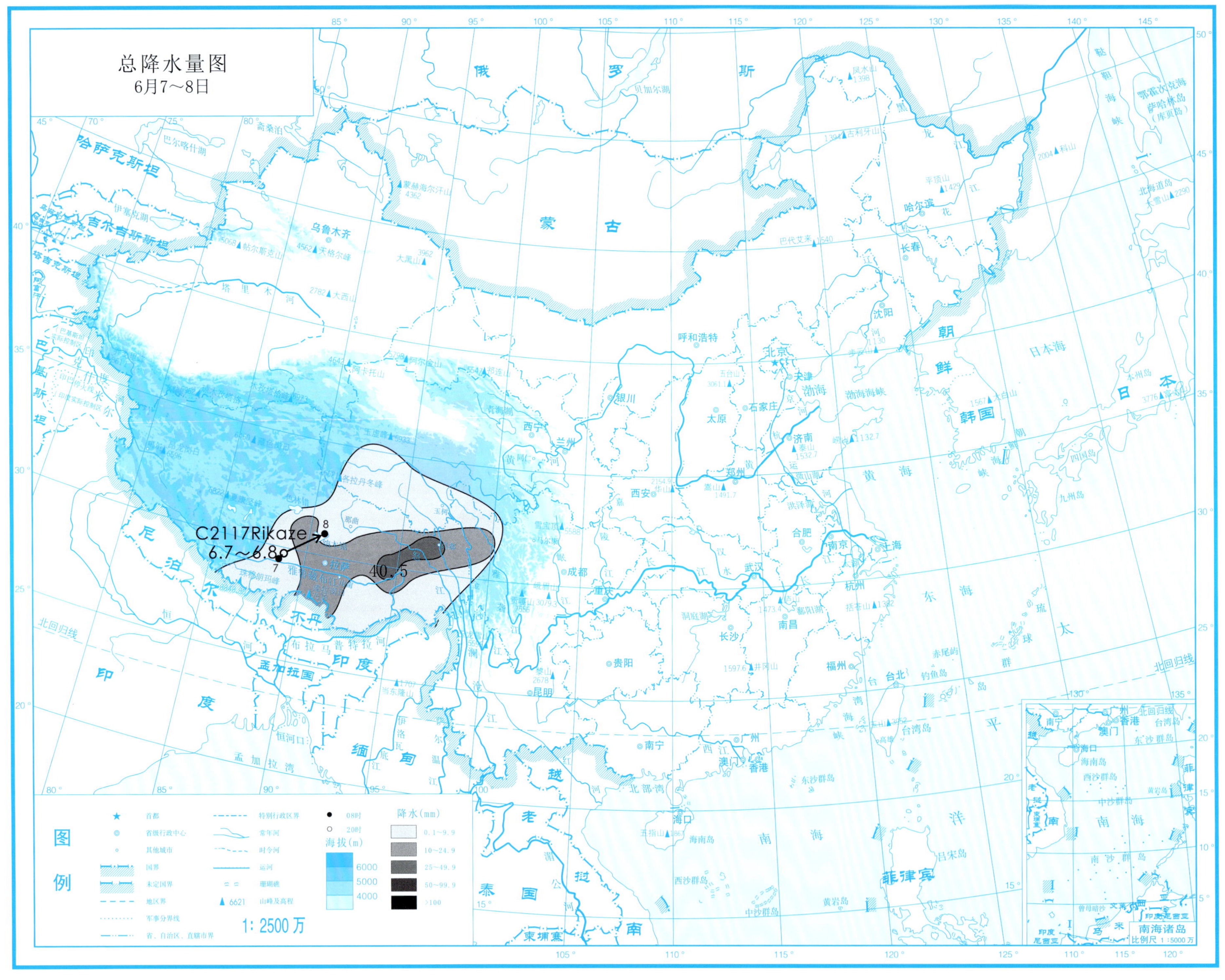
总降水量图
6月7~8日
C2117Rikaze
6.7~6.8
40.5
图例
首都
省级行政中心
其他城市
国界
未定国界
地区界
军事分界线
特别行政区界
常年河
时令河
运河
珊瑚礁
山峰及高程
省、自治区、直辖市界
08时
20时
海拔(m)
6000
5000
4000
降水(mm)
0.1~9.9
10~24.9
25~49.9
50~99.9
>100
1: 2500 万
南海诸岛
比例尺 1:5000 万

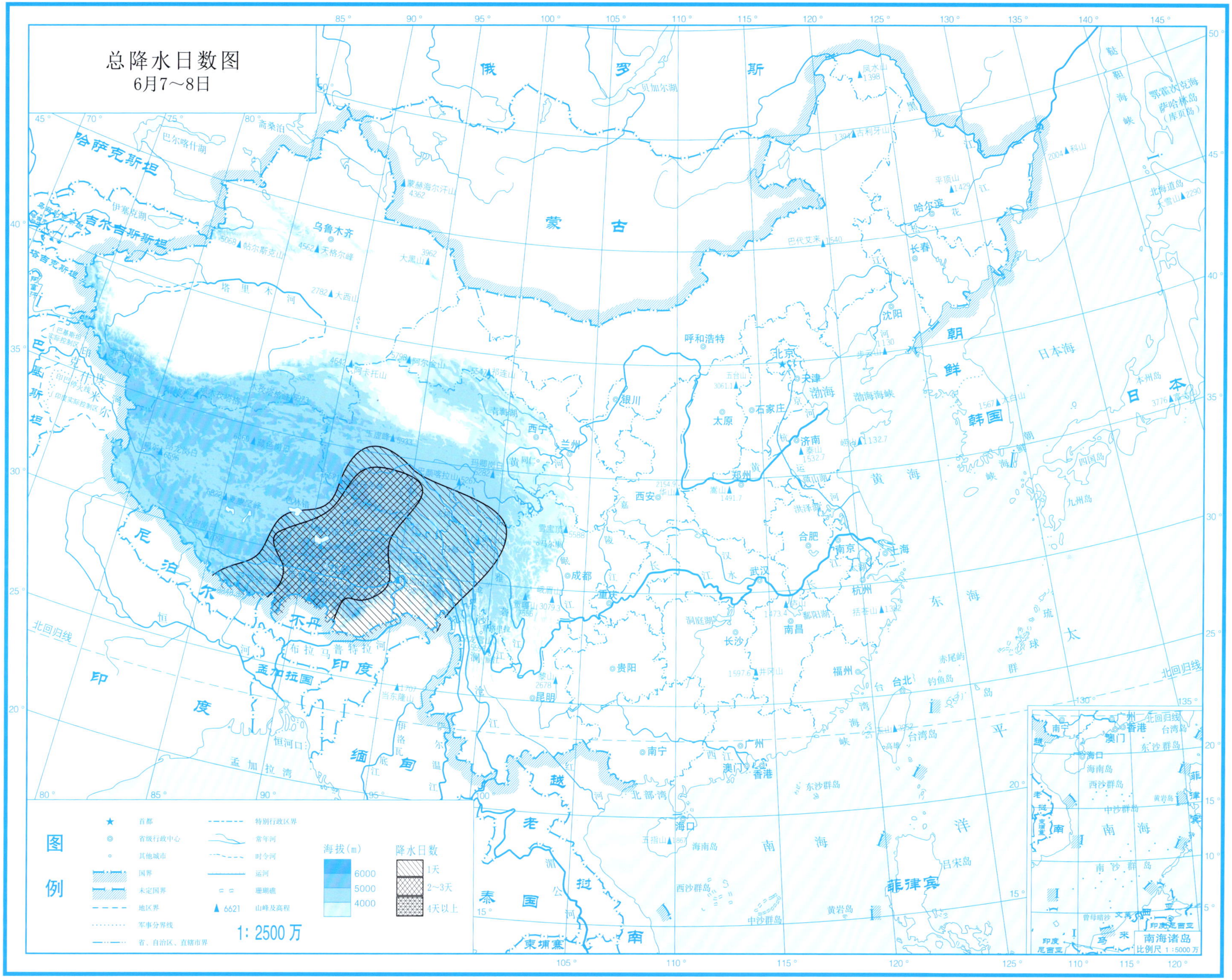

总降水日数图

6月7～8日

图例

- ★ 首都
- ◎ 省级行政中心
- ○ 其他城市
- 国界
- 未定国界
- 地区界
- 军事分界线
- 省、自治区、直辖市界
- 特别行政区界
- 常年河
- 时令河
- 运河
- 珊瑚礁
- ▲ 6621 山峰及高程

海拔（m）

- 6000
- 5000
- 4000

降水日数

- 1天
- 2～3天
- 4天以上

1：2500万

南海诸岛 比例尺 1：5000万

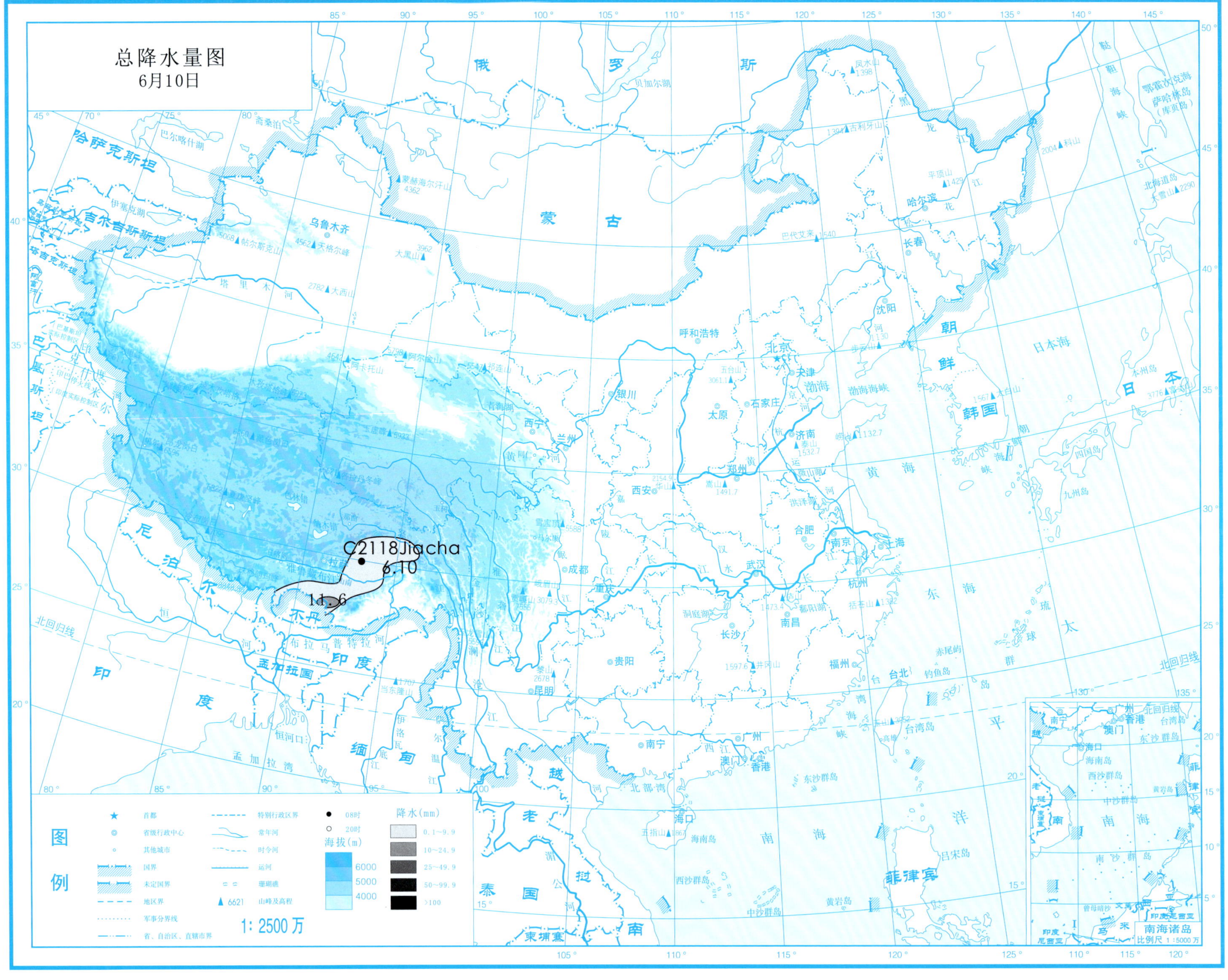
总降水量图
6月10日
C2118Jiacha
6.10
11.6
图例
首都
省级行政中心
其他城市
国界
未定国界
地区界
军事分界线
省、自治区、直辖市界
特别行政区界
常年河
时令河
运河
珊瑚礁
6621 山峰及高程
08时
20时
降水(mm)
0.1~9.9
10~24.9
25~49.9
50~99.9
>100
海拔(m)
6000
5000
4000
1: 2500万
南海诸岛
比例尺 1:5000万

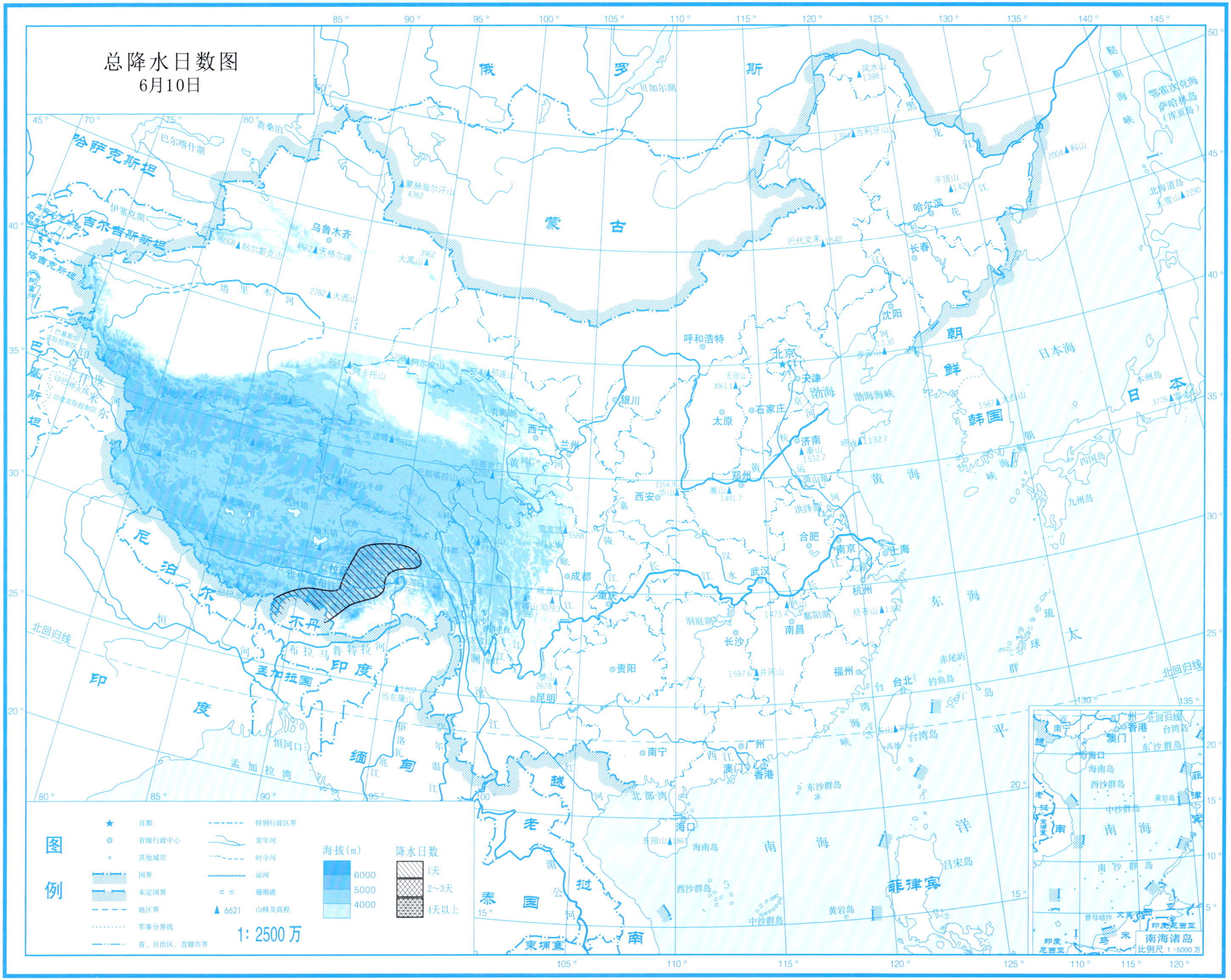

总降水日数图

6月10日

图例

- ★ 首都
- ◎ 省级行政中心
- ○ 其他城市
- 国界
- 未定国界
- 地区界
- 军事分界线
- 省、自治区、直辖市界
- 特别行政区界
- 常年河
- 时令河
- 运河
- 珊瑚礁
- ▲6621 山峰及高程

海拔(m)：6000、5000、4000

降水日数：1天、2~3天、4天以上

1：2500万

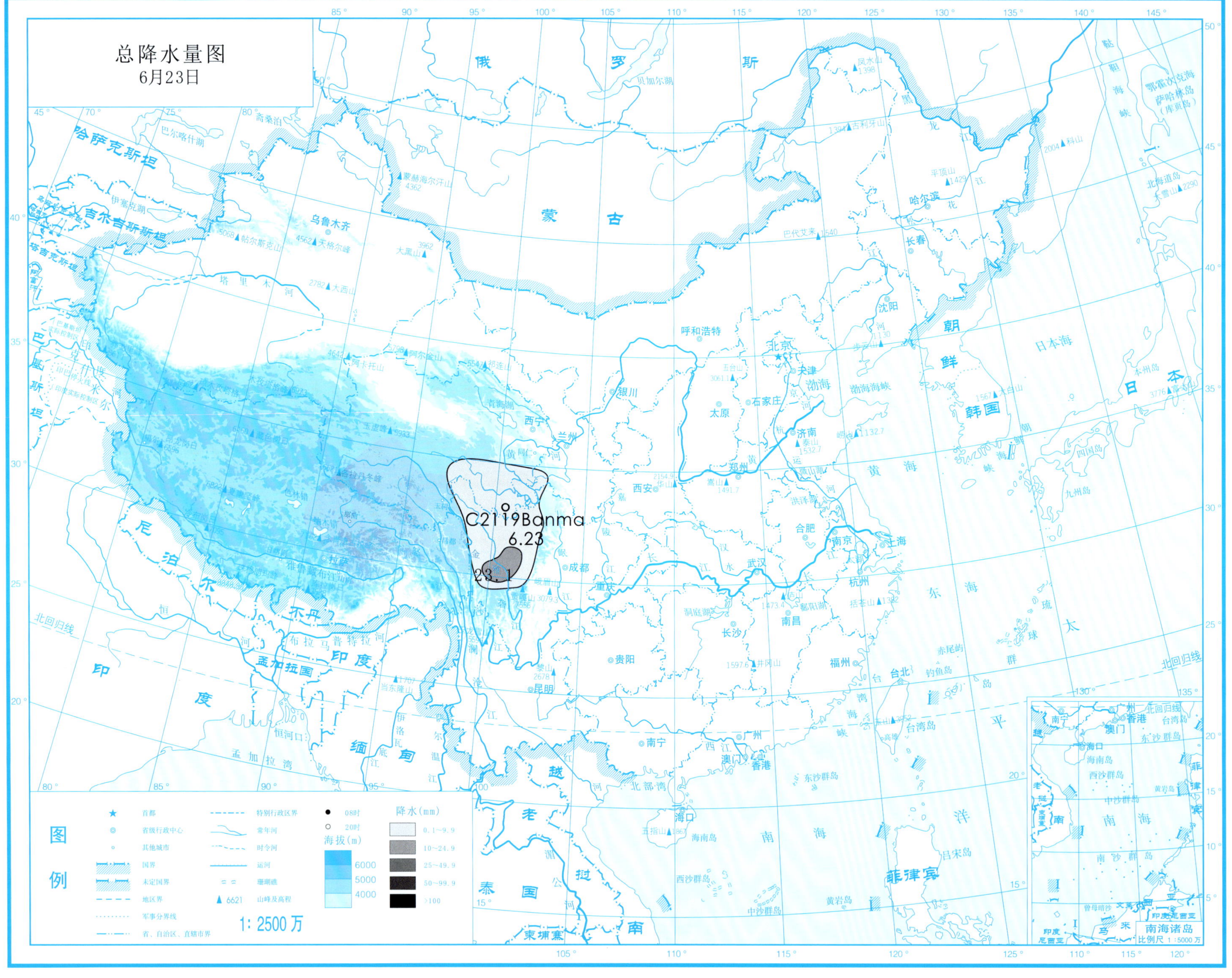
总降水量图
6月23日
C2119Banma
6.23
23.1
图例
首都
省级行政中心
其他城市
国界
未定国界
地区界
军事分界线
省、自治区、直辖市界
特别行政区界
常年河
时令河
运河
珊瑚礁
山峰及高程
08时
20时
海拔(m)
6000
5000
4000
降水(mm)
0.1~9.9
10~24.9
25~49.9
50~99.9
≥100
1: 2500 万
南海诸岛
比例尺 1:5000 万

总降水日数图

6月23日

图例

★ 首都

◎ 省级行政中心

○ 其他城市

国界

未定国界

地区界

军事分界线

省、自治区、直辖市界

特别行政区界

常年河

时令河

运河

珊瑚礁

▲ 6621 山峰及高程

海拔(m)

6000

5000

4000

降水日数

1天

2~3天

4天以上

1：2500万

南海诸岛

比例尺 1：5000万

俄罗斯 蒙古 哈萨克斯坦 吉尔吉斯斯坦 塔吉克斯坦 巴基斯坦 尼泊尔 不丹 印度 孟加拉国 缅甸 老挝 泰国 越南 柬埔寨 朝鲜 韩国 日本 菲律宾

北京 天津 石家庄 太原 呼和浩特 沈阳 长春 哈尔滨 济南 郑州 西安 银川 西宁 兰州 成都 重庆 武汉 合肥 南京 上海 杭州 南昌 长沙 福州 台北 贵阳 昆明 南宁 广州 香港 澳门 海口 拉萨 乌鲁木齐

北回归线

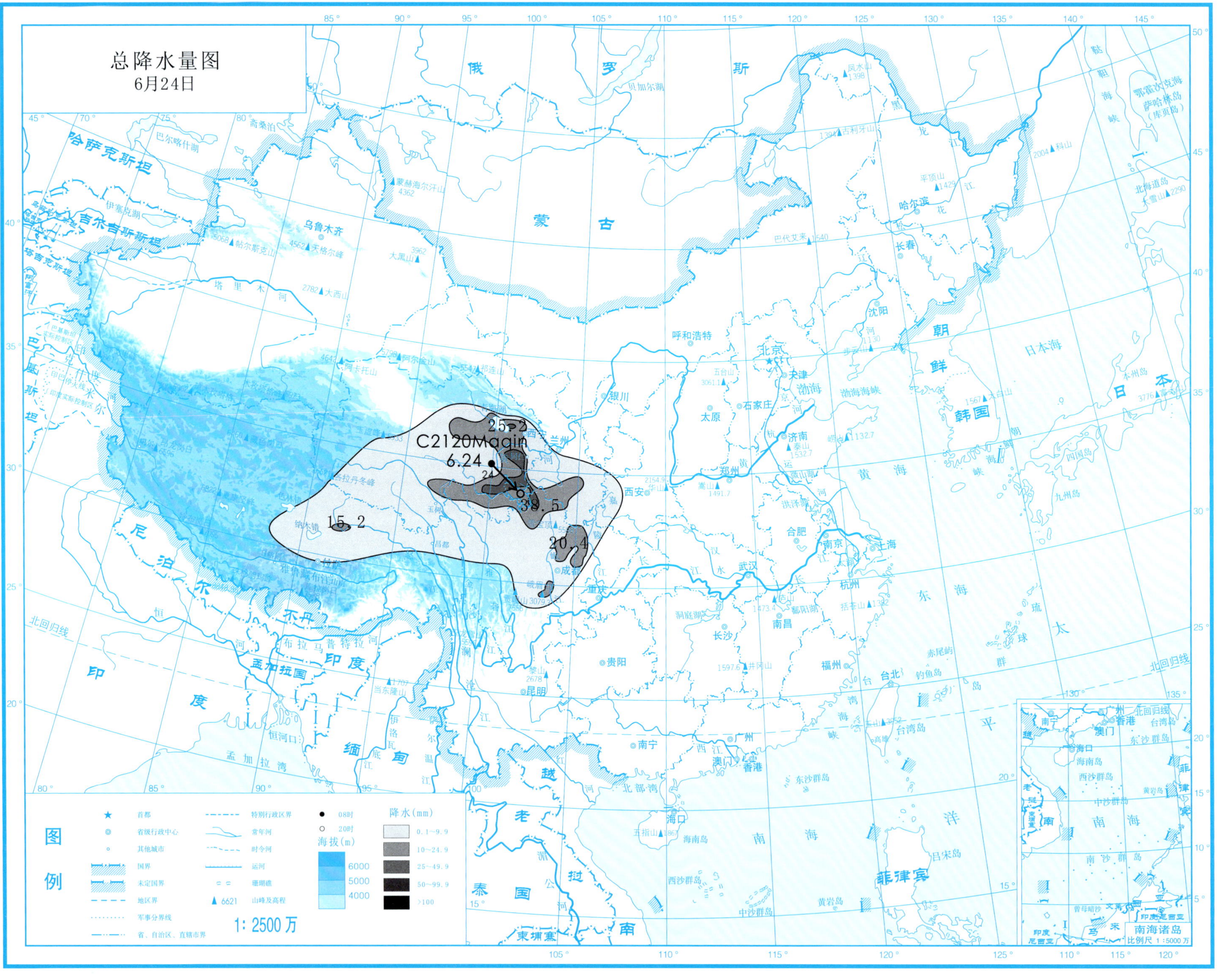
总降水量图
6月24日
25.2
C2120Maqin
6.24
24
61
38.5
15.2
20.4
图例
首都
省级行政中心
其他城市
国界
未定国界
地区界
军事分界线
特别行政区界
常年河
时令河
运河
珊瑚礁
6621 山峰及高程
省、自治区、直辖市界
08时
20时
海拔(m)
6000
5000
4000
降水(mm)
0.1~9.9
10~24.9
25~49.9
50~99.9
>100
1: 2500 万
南海诸岛
比例尺 1:5000 万

总降水日数图
6月24日

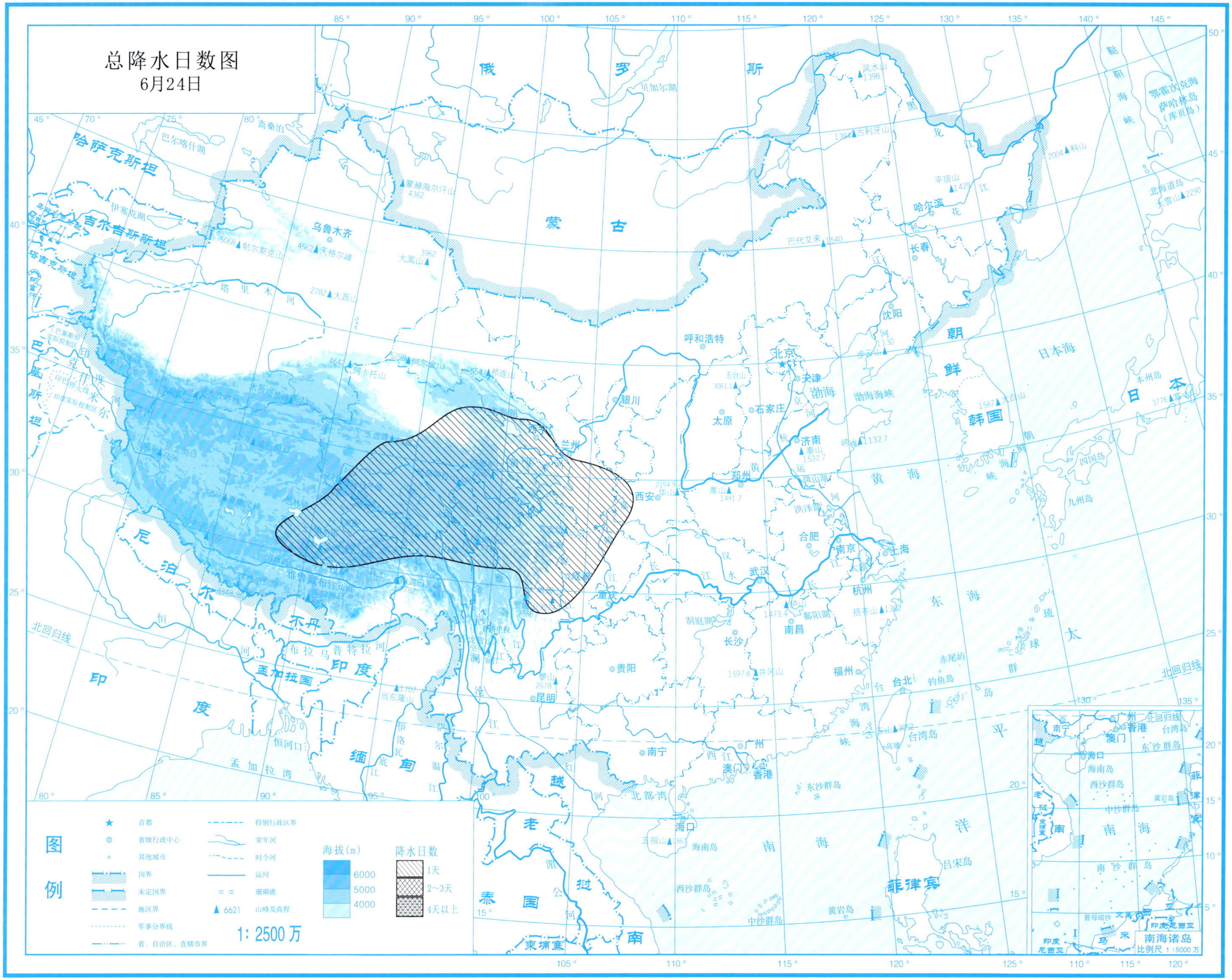

图例
首都
省级行政中心
其他城市
国界
未定国界
地区界
军事分界线
省、自治区、直辖市界
特别行政区界
常年河
时令河
运河
珊瑚礁
6621 山峰及高程
海拔(m)
6000
5000
4000
降水日数
1天
2~3天
4天以上
1: 2500 万
俄罗斯
蒙古
哈萨克斯坦
吉尔吉斯斯坦
塔吉克斯坦
巴基斯坦
尼泊尔
不丹
孟加拉国
印度
缅甸
老挝
泰国
柬埔寨
越南
朝鲜
韩国
日本
菲律宾
乌鲁木齐
呼和浩特
北京
天津
银川
西宁
兰州
太原
石家庄
济南
郑州
西安
成都
重庆
武汉
合肥
南京
上海
杭州
南昌
长沙
贵阳
昆明
福州
台北
南宁
广州
香港
澳门
海口
哈尔滨
长春
沈阳
渤海
黄海
东海
南海
日本海
太平洋
南海诸岛
比例尺 1:5000 万

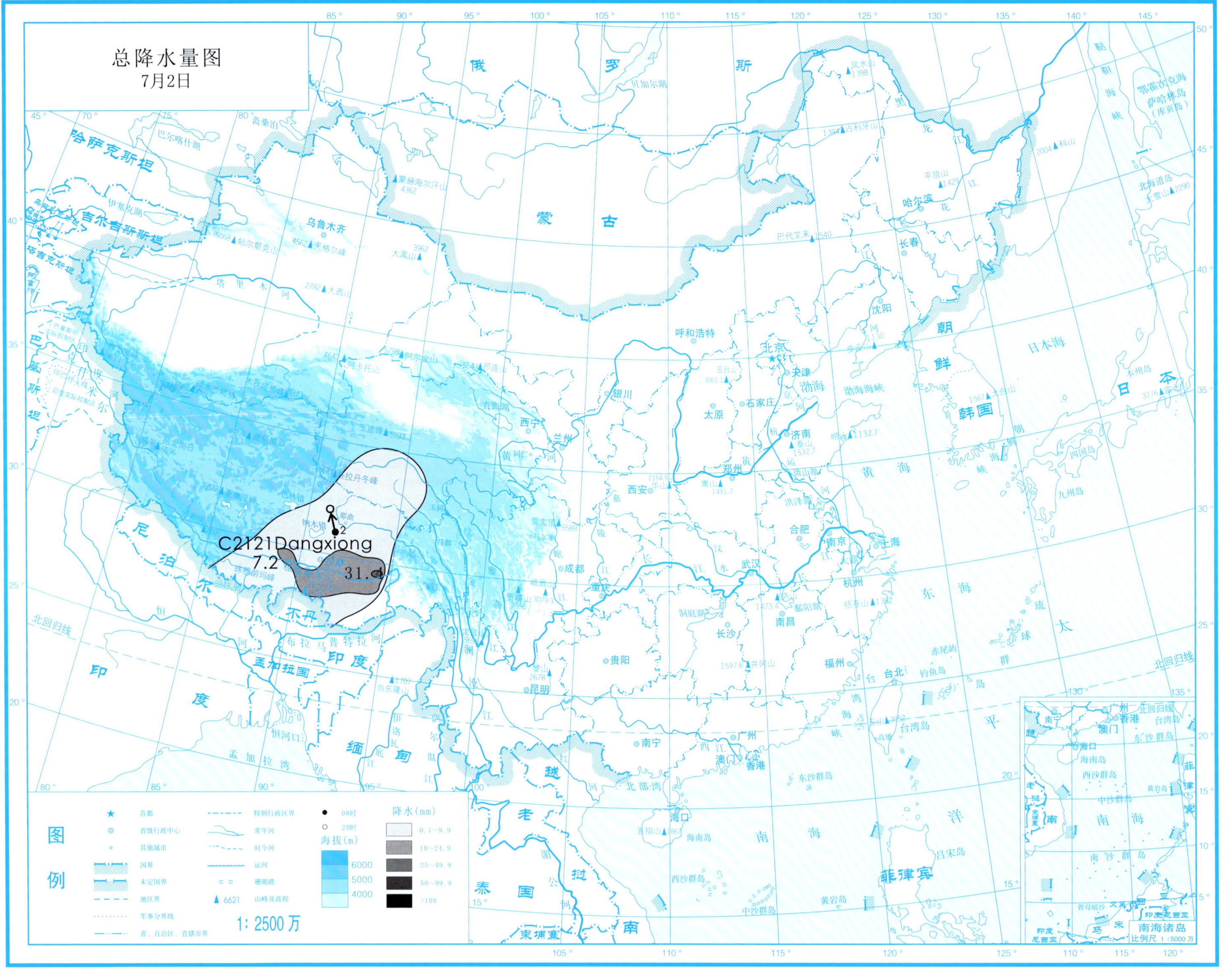
总降水量图
7月2日
C2121Dangxiong
7.2
31.4
图例
首都
省级行政中心
其他城市
国界
未定国界
地区界
军事分界线
省、自治区、直辖市界
特别行政区界
常年河
时令河
运河
珊瑚礁
6621 山峰及高程
08时
20时
海拔(m)
6000
5000
4000
降水(mm)
0.1~9.9
10~24.9
25~49.9
50~99.9
>100
1: 2500万
南海诸岛
比例尺 1:5000万

总降水日数图

7月2日

图例

符号	说明	符号	说明
★	首都		特别行政区界
◎	省级行政中心		常年河
○	其他城市		时令河
	国界		运河
	未定国界		珊瑚礁
	地区界	▲ 6621	山峰及高程
	军事分界线		
	省、自治区、直辖市界		

海拔(m)：6000、5000、4000

降水日数：1天、2~3天、4天以上

1∶2500万

南海诸岛 比例尺 1∶5000万

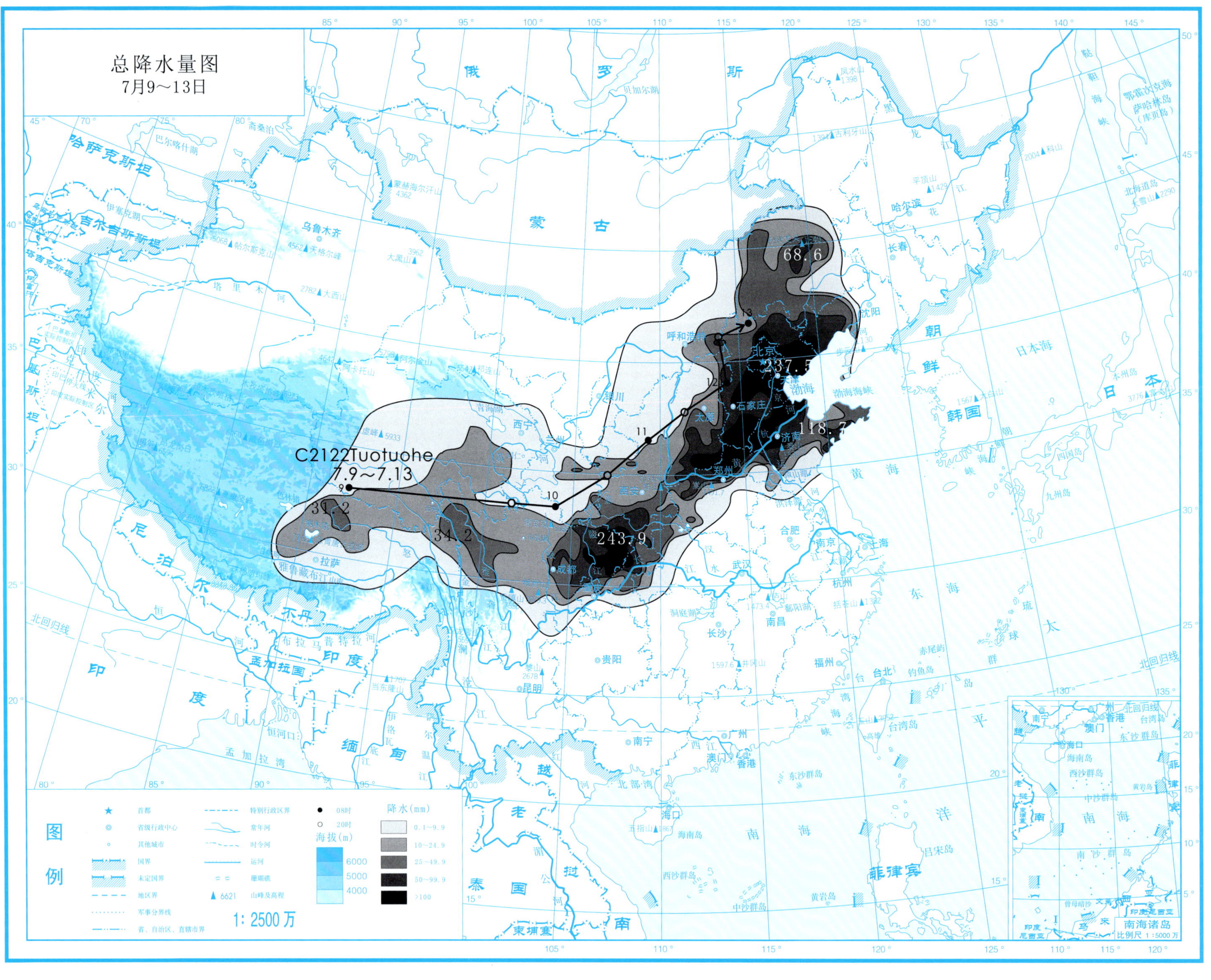
总降水量图
7月9～13日
C2122Tuotuohe
7.9～7.13
68.6
237.5
118.7
31.2
34.2
243.9
图例
首都
省级行政中心
其他城市
国界
未定国界
地区界
军事分界线
省、自治区、直辖市界
特别行政区界
常年河
时令河
运河
珊瑚礁
山峰及高程
08时
20时
海拔(m)
6000
5000
4000
降水(mm)
0.1～9.9
10～24.9
25～49.9
50～99.9
>100
1: 2500万
南海诸岛
比例尺 1:5000万

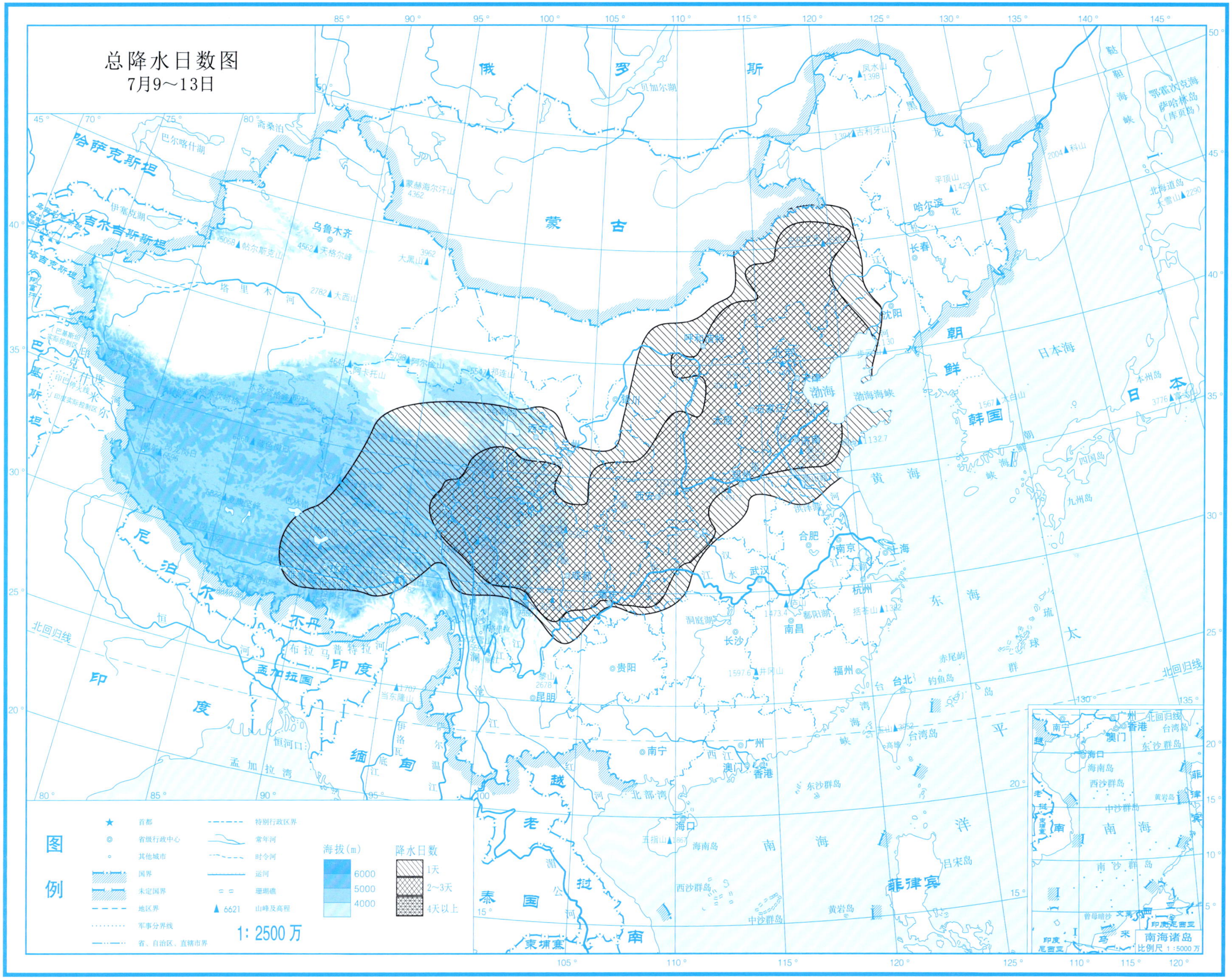

总降水日数图
7月9～13日
图例
首都
省级行政中心
其他城市
国界
未定国界
地区界
军事分界线
省、自治区、直辖市界
特别行政区界
常年河
时令河
运河
珊瑚礁
6621 山峰及高程
1：2500万
海拔(m)
6000
5000
4000
降水日数
1天
2～3天
4天以上
南海诸岛
比例尺 1：5000万
俄罗斯
蒙古
哈萨克斯坦
吉尔吉斯斯坦
塔吉克斯坦
尼泊尔
不丹
孟加拉国
印度
缅甸
老挝
越南
泰国
柬埔寨
菲律宾
朝鲜
韩国
日本
日本海
渤海
黄海
东海
南海
太平洋
北京
天津
石家庄
太原
呼和浩特
济南
郑州
西安
兰州
西宁
银川
成都
重庆
贵阳
昆明
南宁
广州
长沙
武汉
南昌
合肥
南京
上海
杭州
福州
台北
海口
香港
澳门
沈阳
长春
哈尔滨
乌鲁木齐

高原低涡

第1部分

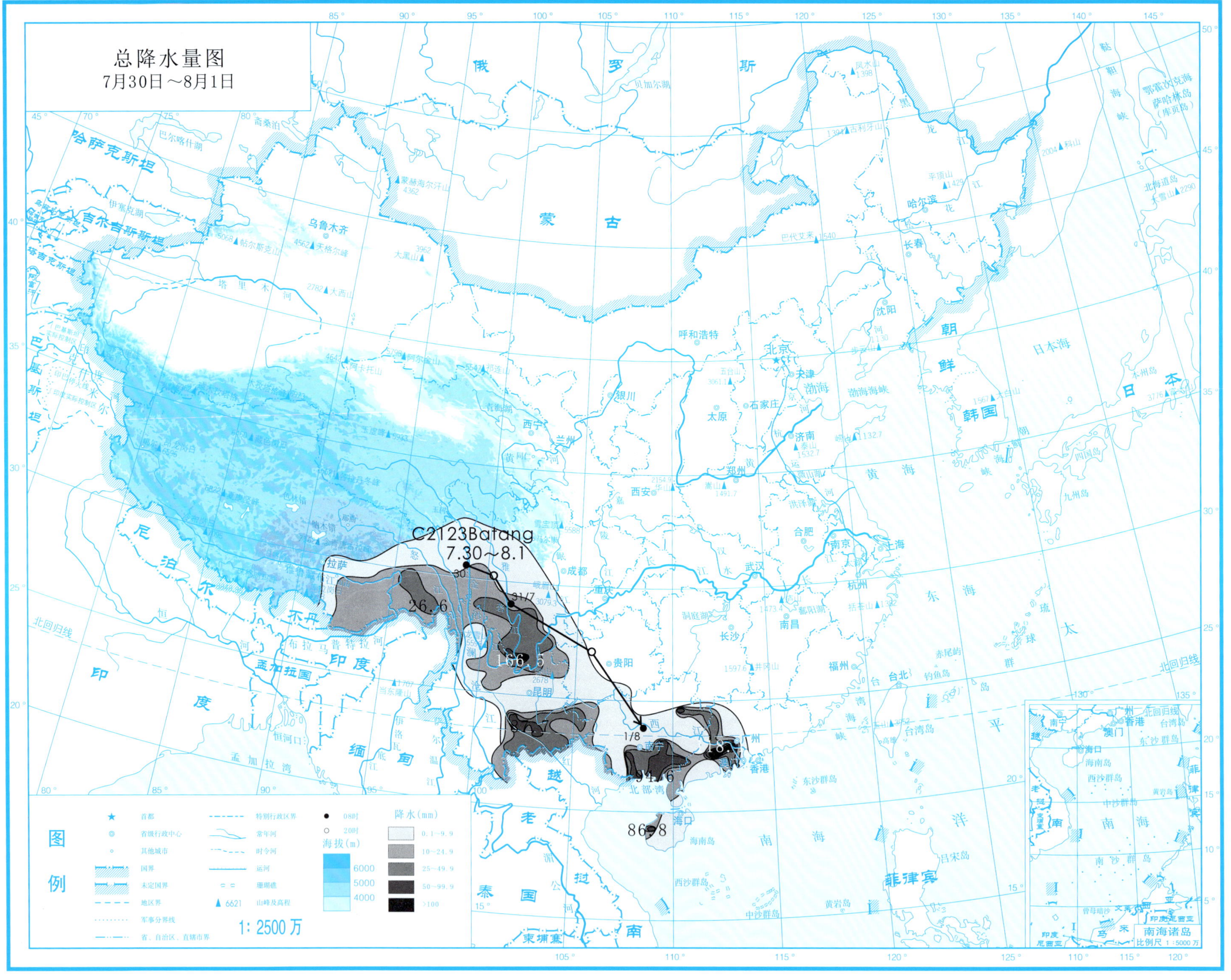

总降水量图
7月30日～8月1日
C2123Batang
7.30～8.1
30
31/7
1/8
26.6
166.5
37.
94.6
18.
86.8
图例
首都
省级行政中心
其他城市
国界
未定国界
地区界
军事分界线
省、自治区、直辖市界
特别行政区界
常年河
时令河
运河
珊瑚礁
6621 山峰及高程
08时
20时
海拔(m)
6000
5000
4000
降水(mm)
0.1～9.9
10～24.9
25～49.9
50～99.9
>100
1:2500万
南海诸岛
比例尺 1:5000万

总降水日数图
7月30日～8月1日

图例

首都	特别行政区界		
省级行政中心	常年河		
其他城市	时令河		
国界	运河		
未定国界	珊瑚礁		
地区界	6621 山峰及高程		
军事分界线			
省、自治区、直辖市界			

1: 2500万

海拔(m)	降水日数
6000	1天
5000	2~3天
4000	4天以上

南海诸岛
比例尺 1:5000万

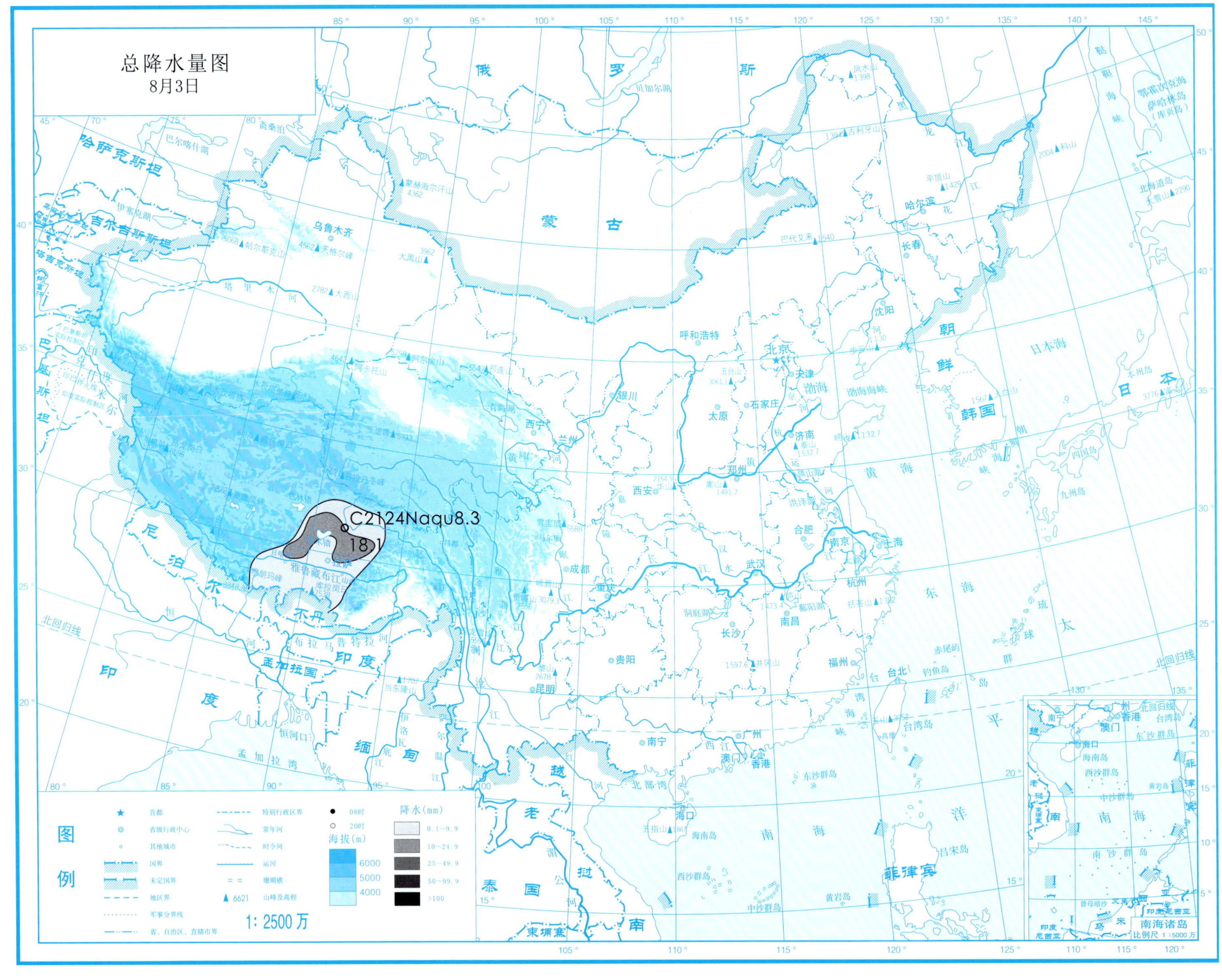

总降水量图
8月3日
C2124Naqu8.3
18.1
图例
首都
省级行政中心
其他城市
国界
未定国界
地区界
军事分界线
省、自治区、直辖市界
特别行政区界
常年河
时令河
运河
珊瑚礁
6621 山峰及高程
1: 2500万
08时
20时
海拔(m)
6000
5000
4000
降水(mm)
0.1～9.9
10～24.9
25～49.9
50～99.9
>100
南海诸岛
比例尺 1:5000万

总降水日数图
8月3日

图例

符号	说明	符号	说明
★	首都		特别行政区界
◎	省级行政中心		常年河
∘	其他城市		时令河
	国界		运河
	未定国界		珊瑚礁
	地区界	▲ 6621	山峰及高程
	军事分界线		
	省、自治区、直辖市界		

1∶2500万

海拔（m）

6000
5000
4000

降水日数

1天
2~3天
4天以上

南海诸岛
比例尺 1∶5000万

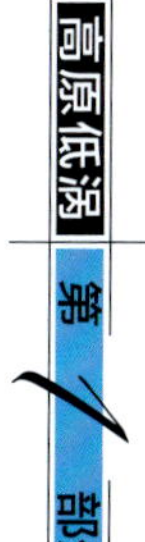

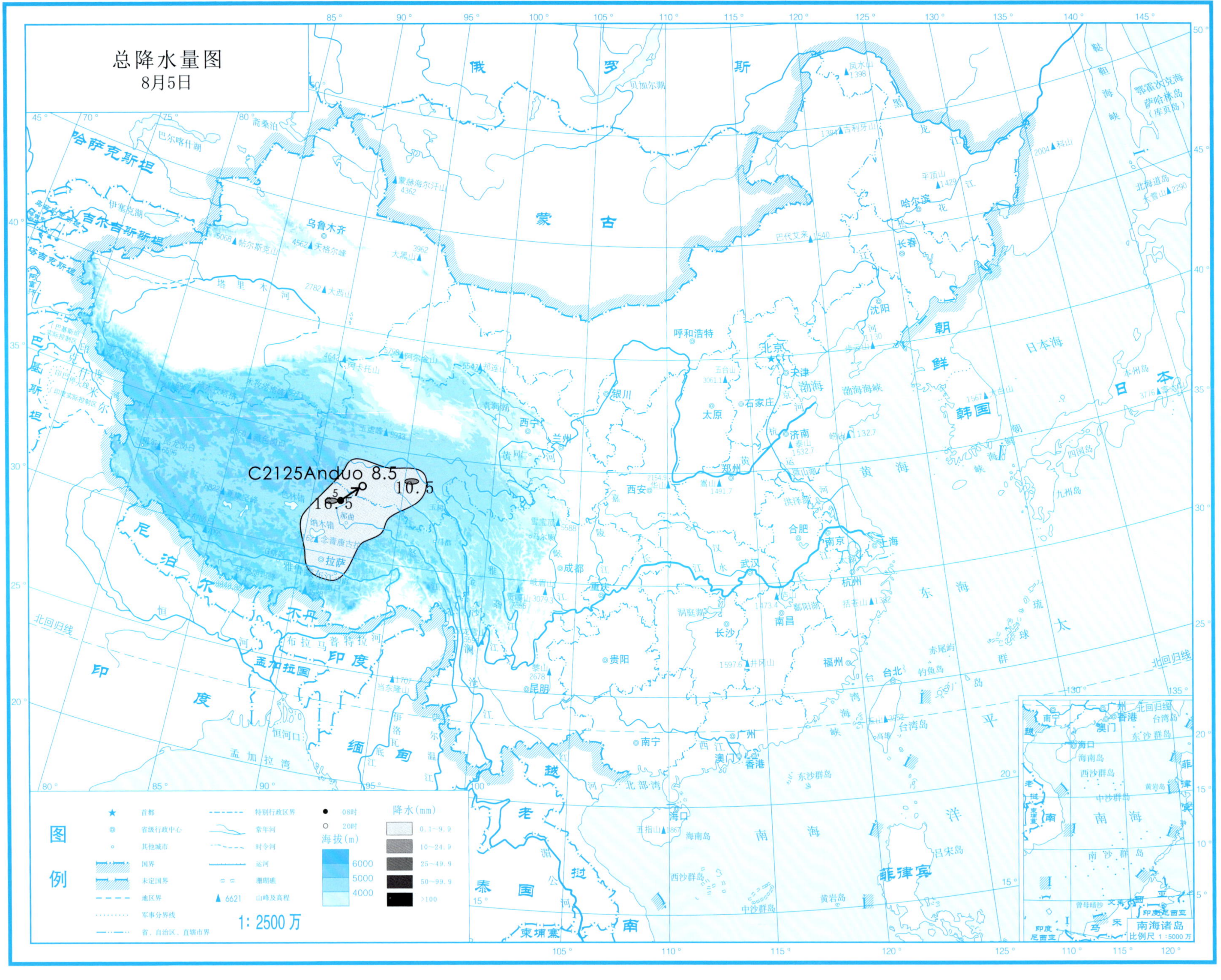

总降水量图
8月5日
C2125Anduo 8.5
10.5
10.5
5
图例
首都
省级行政中心
其他城市
国界
未定国界
地区界
军事分界线
省、自治区、直辖市界
特别行政区界
常年河
时令河
运河
珊瑚礁
6621 山峰及高程
1:2500万
08时
20时
海拔(m)
6000
5000
4000
降水(mm)
0.1~9.9
10~24.9
25~49.9
50~99.9
>100
南海诸岛
比例尺 1:5000万

总降水日数图

8月5日

图例

- ★ 首都
- ◎ 省级行政中心
- ○ 其他城市
- 国界
- 未定国界
- 地区界
- 军事分界线
- 省、自治区、直辖市界
- 特别行政区界
- 常年河
- 时令河
- 运河
- 珊瑚礁
- ▲ 6621 山峰及高程

海拔(m)

- 6000
- 5000
- 4000

降水日数

- 1天
- 2~3天
- 4天以上

1: 2500万

南海诸岛

比例尺 1:5000万

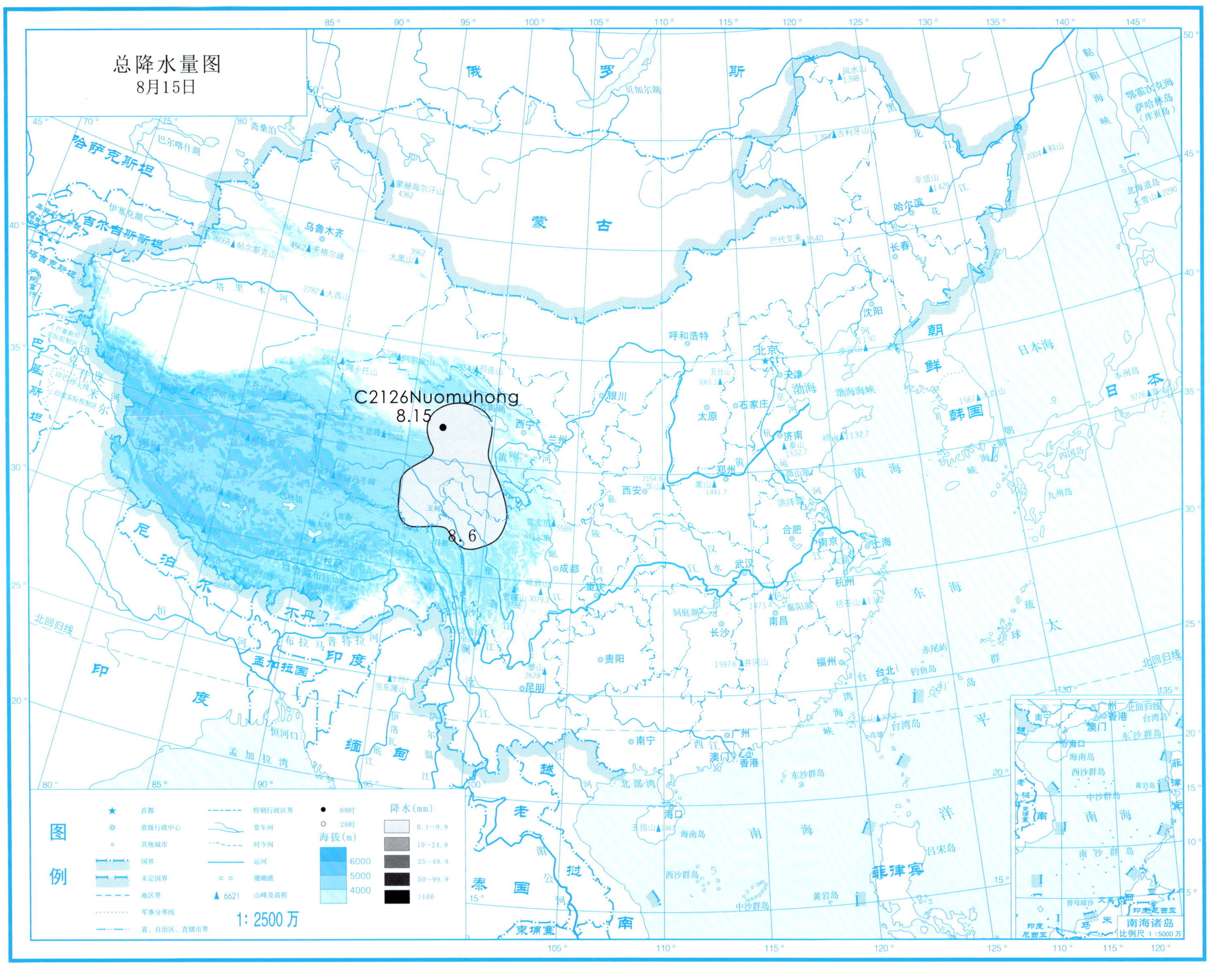
总降水量图
8月15日
C2126Nuomuhong
8.15
8.6
图例
首都
省级行政中心
其他城市
国界
未定国界
地区界
军事分界线
省、自治区、直辖市界
特别行政区界
常年河
时令河
运河
珊瑚礁
山峰及高程
08时
20时
海拔(m)
6000
5000
4000
降水(mm)
0.1~9.9
10~24.9
25~49.9
50~99.9
>100
1:2500万
南海诸岛
比例尺 1:5000万

总降水日数图

8月15日

图例

符号	说明	符号	说明
★	首都		特别行政区界
◎	省级行政中心		常年河
○	其他城市		时令河
	国界		运河
	未定国界		珊瑚礁
	地区界	▲ 6621	山峰及高程
	军事分界线		
	省、自治区、直辖市界		

海拔（m）：6000、5000、4000

降水日数：1天、2~3天、4天以上

1：2500万

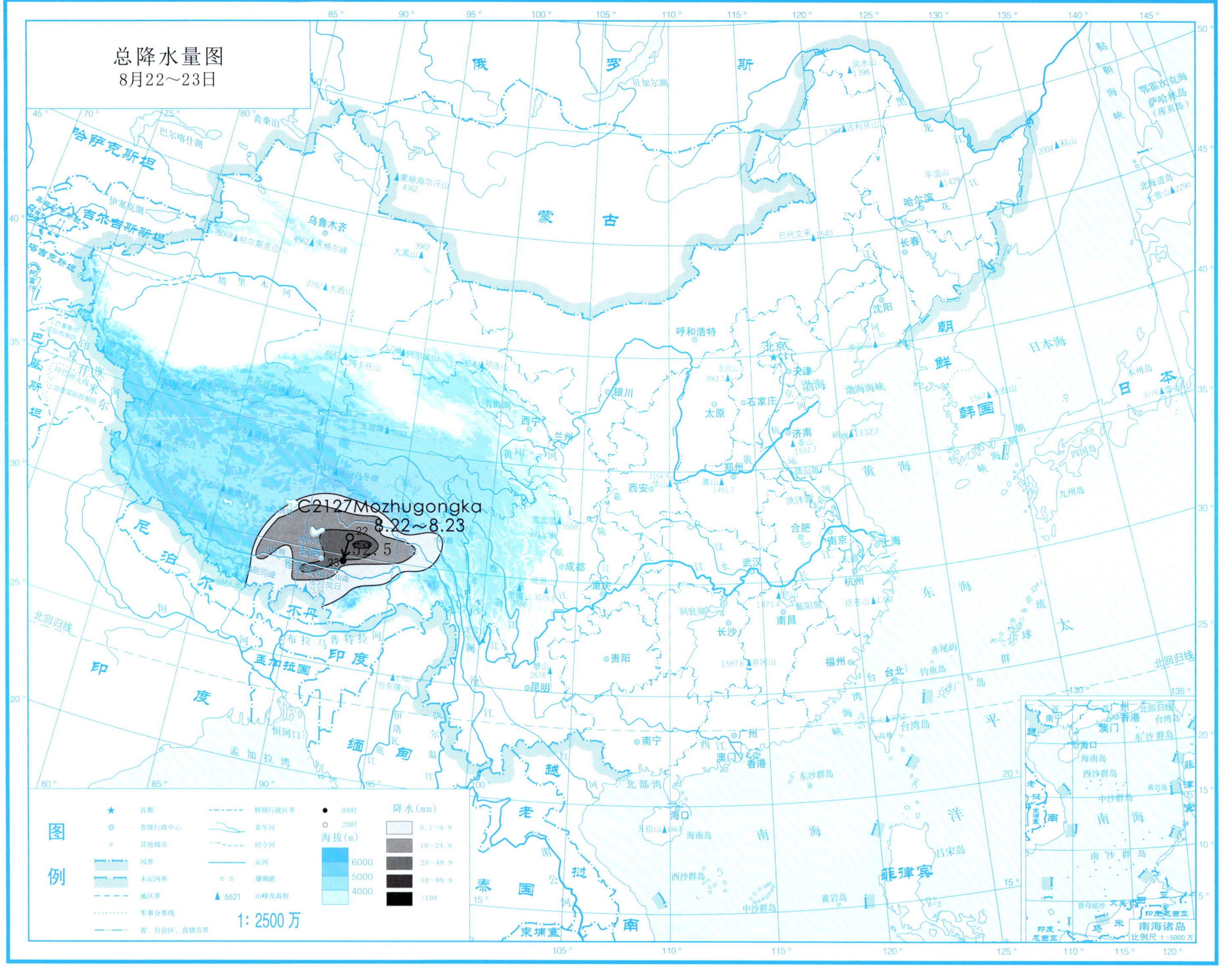
总降水量图
8月22～23日
C2127Mozhugongka
8.22～8.23
32.5
图例
首都
省级行政中心
其他城市
国界
未定国界
地区界
军事分界线
省、自治区、直辖市界
特别行政区界
常年河
时令河
运河
珊瑚礁
山峰及高程
08时
20时
海拔(m)
6000
5000
4000
降水(mm)
0.1～9.9
10～24.9
25～49.9
50～99.9
>100
1: 2500万
南海诸岛
比例尺 1:5000万

总降水日数图

8月22～23日

图例

- ★ 首都
- ◎ 省级行政中心
- ○ 其他城市
- 国界
- 未定国界
- 地区界
- 军事分界线
- 省、自治区、直辖市界
- 特别行政区界
- 常年河
- 时令河
- 运河
- 珊瑚礁
- ▲ 6621 山峰及高程

海拔（m）：6000、5000、4000

降水日数：1天、2～3天、4天以上

1：2500万

南海诸岛 比例尺 1：5000万

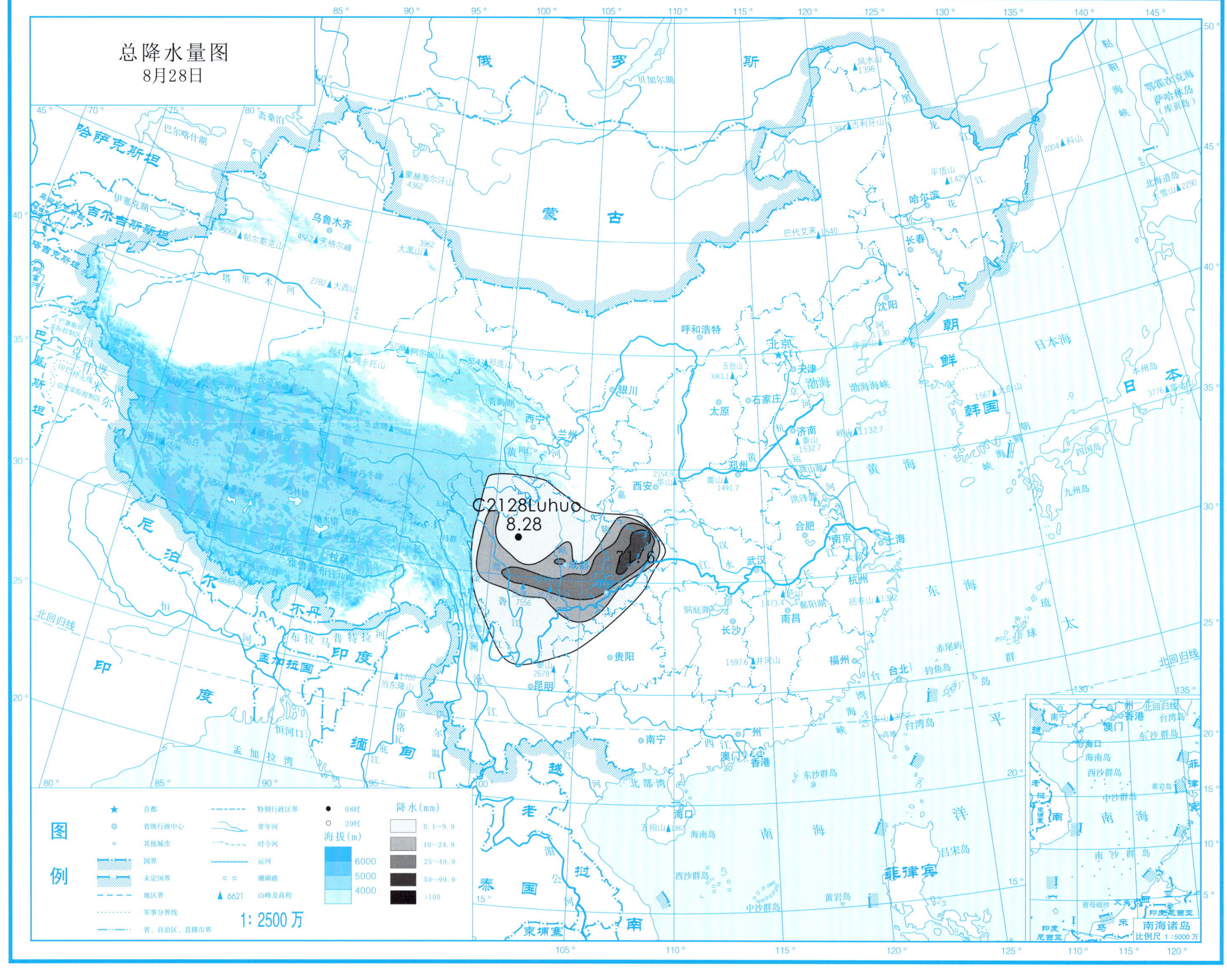
总降水量图
8月28日
C2128Luhuo
8.28
71.6
图例
首都
省级行政中心
其他城市
国界
未定国界
地区界
军事分界线
省、自治区、直辖市界
特别行政区界
常年河
时令河
运河
珊瑚礁
6621 山峰及高程
08时
20时
海拔(m)
6000
5000
4000
降水(mm)
0.1~9.9
10~24.9
25~49.9
50~99.9
>100
1:2500万
南海诸岛
比例尺 1:5000万

总降水日数图

8月28日

图例

- ★ 首都
- ◎ 省级行政中心
- ○ 其他城市
- 国界
- 未定国界
- 地区界
- 军事分界线
- 省、自治区、直辖市界
- 特别行政区界
- 常年河
- 时令河
- 运河
- 珊瑚礁
- ▲6621 山峰及高程

海拔（m）：6000、5000、4000

降水日数：1天、2~3天、4天以上

1：2500万

南海诸岛 比例尺 1：5000万

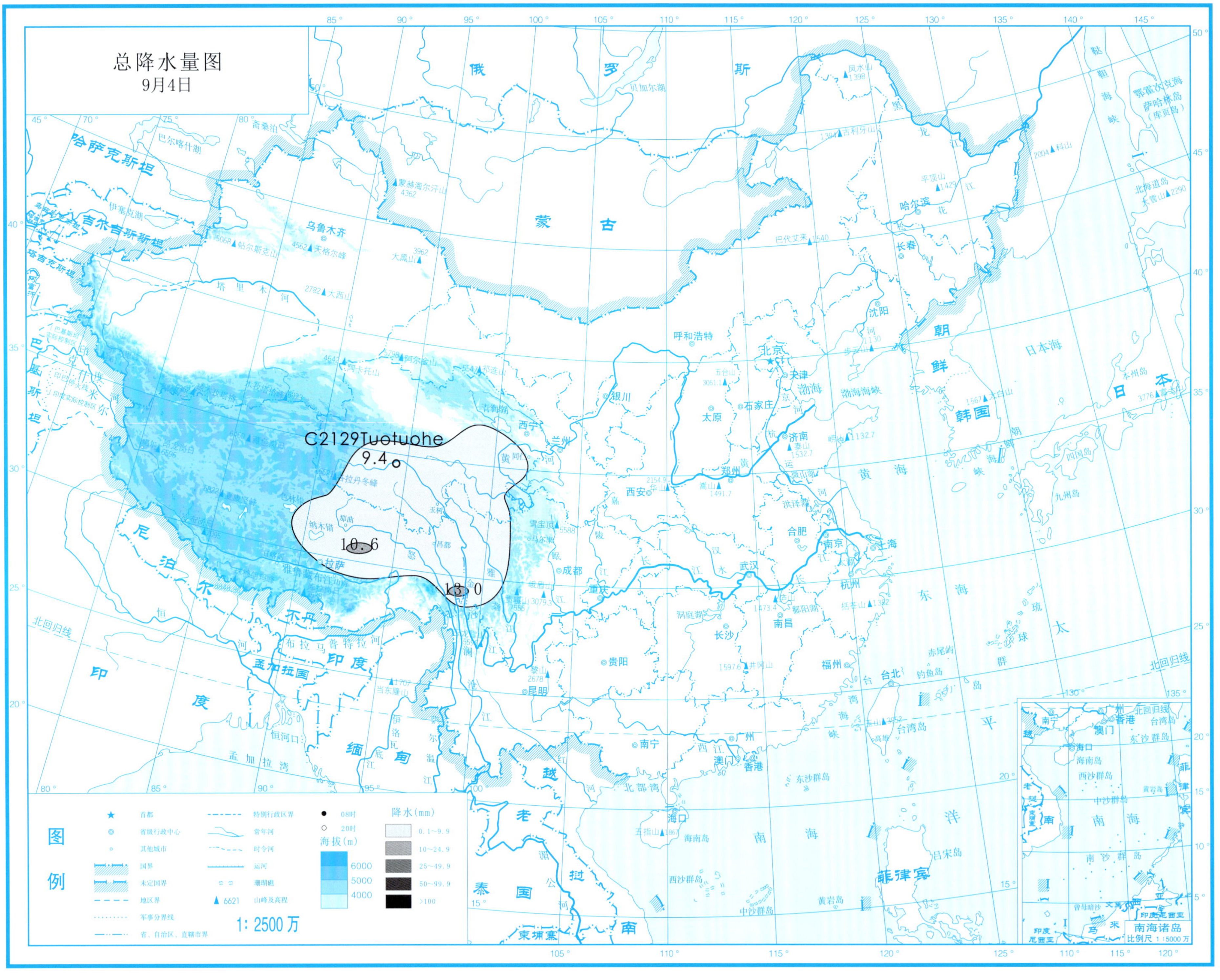
总降水量图
9月4日
C2129Tuotuohe
9.4
10.6
13.0
图例
首都
省级行政中心
其他城市
国界
未定国界
地区界
军事分界线
省、自治区、直辖市界
特别行政区界
常年河
时令河
运河
珊瑚礁
6621 山峰及高程
08时
20时
海拔(m)
6000
5000
4000
降水(mm)
0.1~9.9
10~24.9
25~49.9
50~99.9
≥100
1：2500万
南海诸岛
比例尺 1：5000万

总降水日数图

9月4日

图例

符号	说明	符号	说明
★	首都		特别行政区界
◎	省级行政中心		常年河
○	其他城市		时令河
	国界		运河
	未定国界		珊瑚礁
	地区界	▲ 6621	山峰及高程
	军事分界线		
	省、自治区、直辖市界		

海拔(m)：6000　5000　4000

降水日数：1天　2~3天　4天以上

1: 2500万

南海诸岛 比例尺 1：5000万

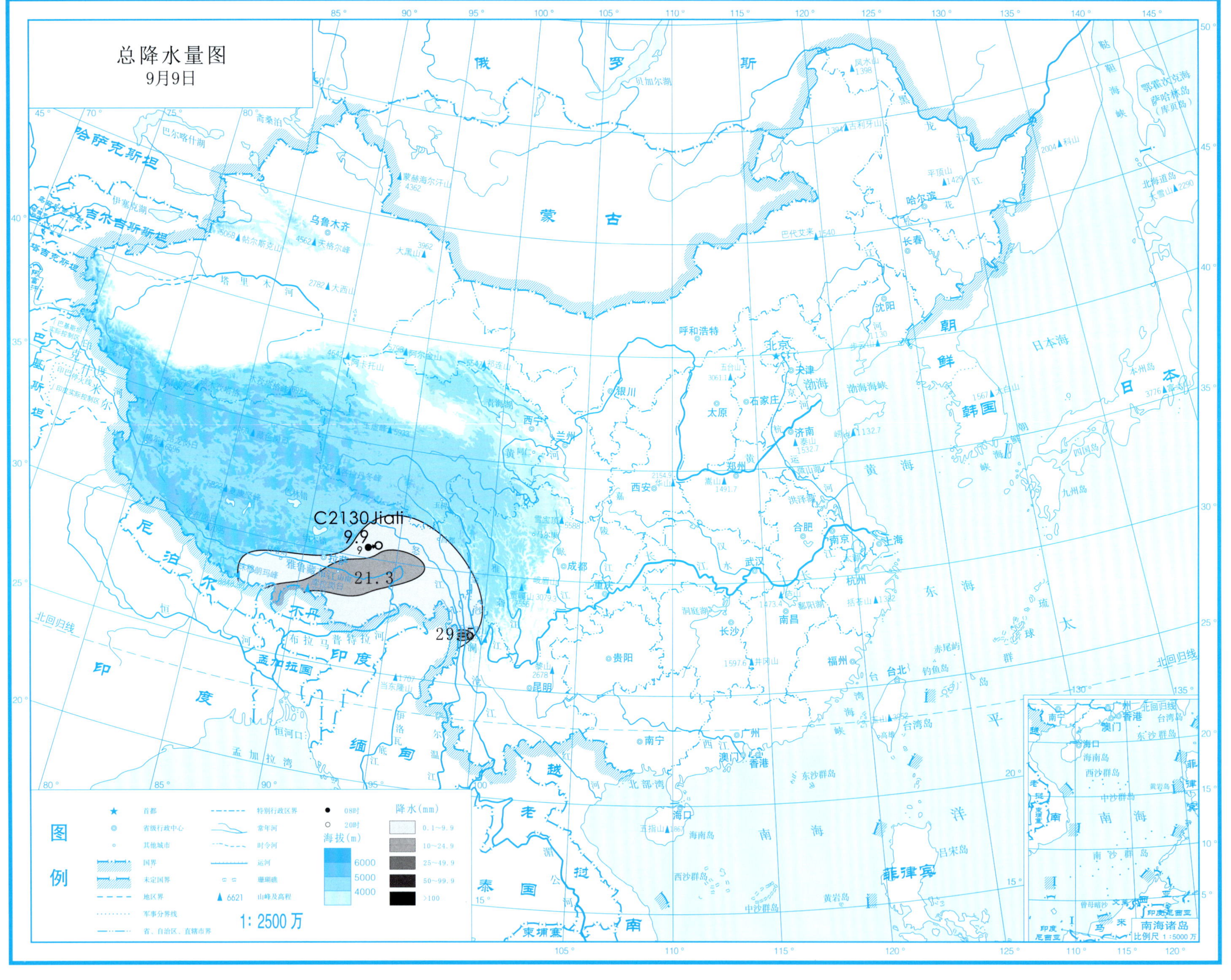
总降水量图
9月9日
C2130Jiali
9.9
21.3
图例
首都
省级行政中心
其他城市
国界
未定国界
地区界
军事分界线
省、自治区、直辖市界
特别行政区界
常年河
时令河
运河
珊瑚礁
山峰及高程
08时
20时
海拔(m)
6000
5000
4000
降水(mm)
0.1~9.9
10~24.9
25~49.9
50~99.9
>100
1:2500万
南海诸岛
比例尺 1:5000万

总降水日数图

9月9日

图例

★ 首都
◎ 省级行政中心
◦ 其他城市
国界
未定国界
地区界
军事分界线
省、自治区、直辖市界
特别行政区界
常年河
时令河
运河
珊瑚礁
▲6621 山峰及高程

海拔（m）
6000
5000
4000

降水日数
1天
2~3天
4天以上

1：2500万

南海诸岛
比例尺 1：5000万

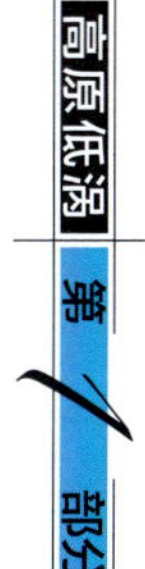

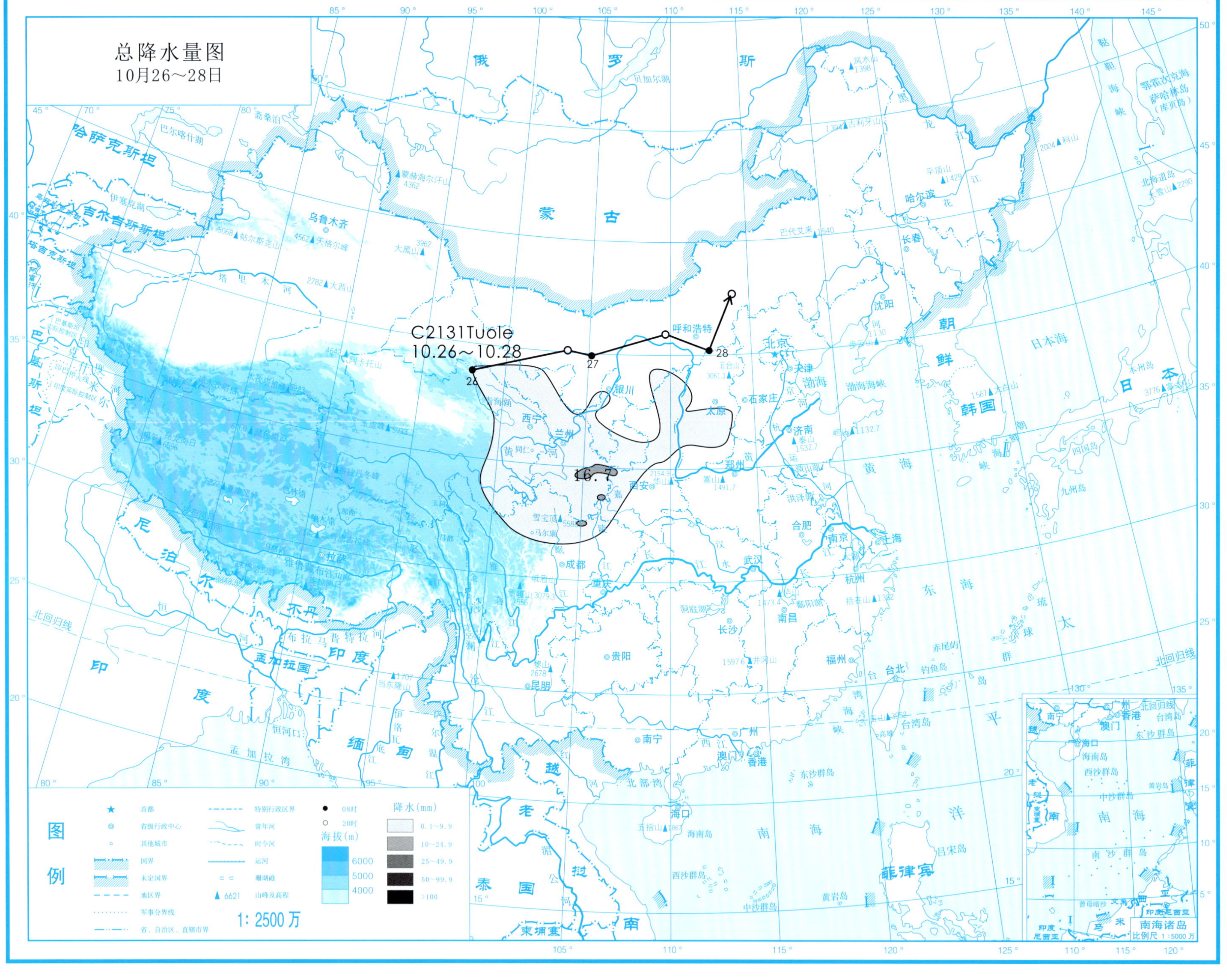
总降水量图
10月26～28日
C2131Tuole
10.26～10.28
16.7
图例
降水(mm)
0.1～9.9
10～24.9
25～49.9
50～99.9
>100
海拔(m)
6000
5000
4000
1: 2500 万
南海诸岛
比例尺 1:5000 万

总降水日数图

10月26～28日

图例

★ 首都
◎ 省级行政中心
○ 其他城市
国界
未定国界
地区界
军事分界线
省、自治区、直辖市界
特别行政区界
常年河
时令河
运河
珊瑚礁
▲ 6621 山峰及高程

海拔（m）
6000
5000
4000

降水日数
1天
2～3天
4天以上

1：2500万

南海诸岛 比例尺 1：5000万

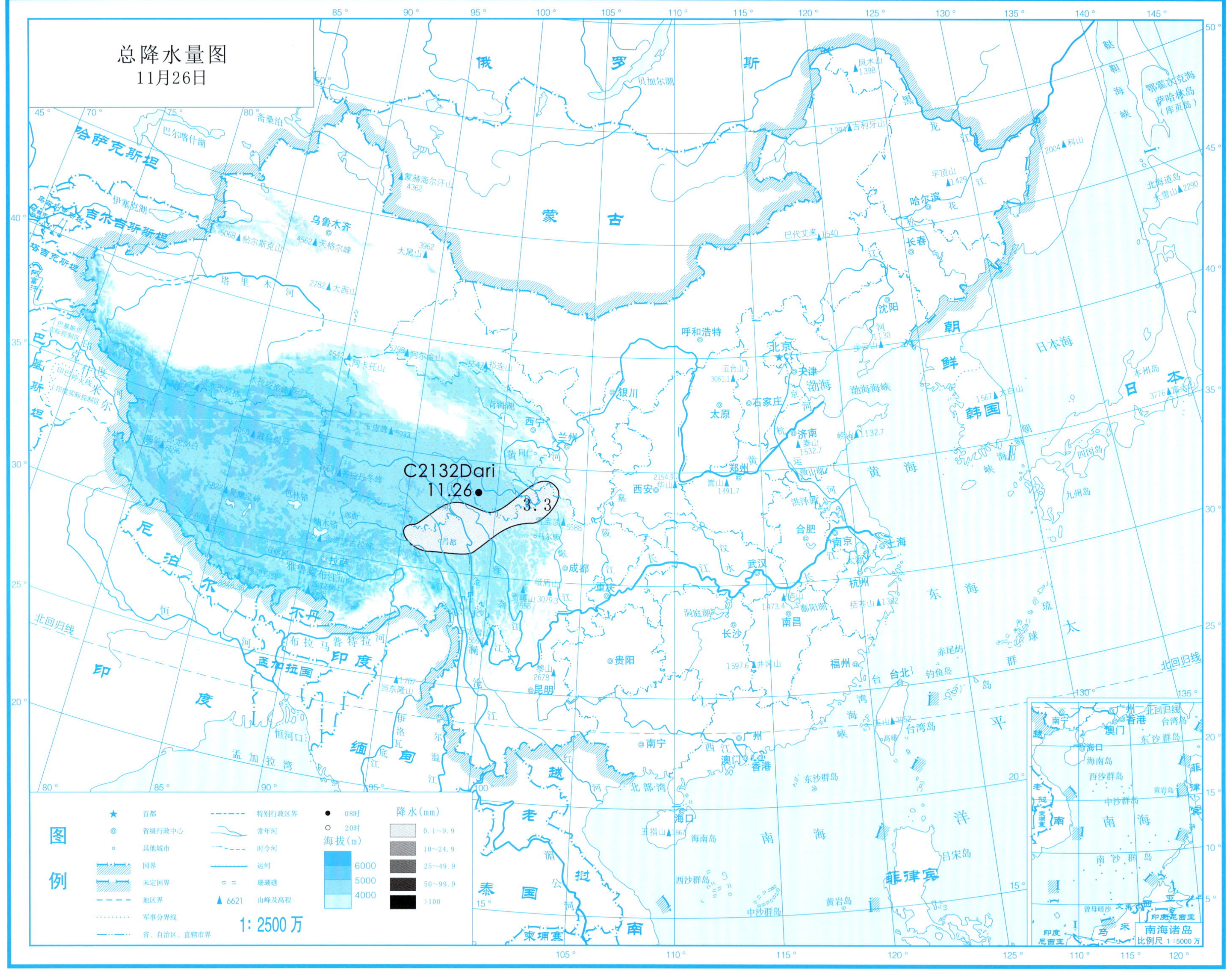
总降水量图
11月26日
C2132Dari
11.26
3.3
图例
1: 2500 万
南海诸岛

总降水日数图

11月26日

图例

符号	说明
★	首都
◎	省级行政中心
◦	其他城市
	国界
	未定国界
	地区界
	军事分界线
	省、自治区、直辖市界
	特别行政区界
	常年河
	时令河
	运河
	珊瑚礁
▲ 6621	山峰及高程

海拔(m)：6000、5000、4000

降水日数：1天、2~3天、4天以上

1: 2500万

南海诸岛 比例尺 1:5000万

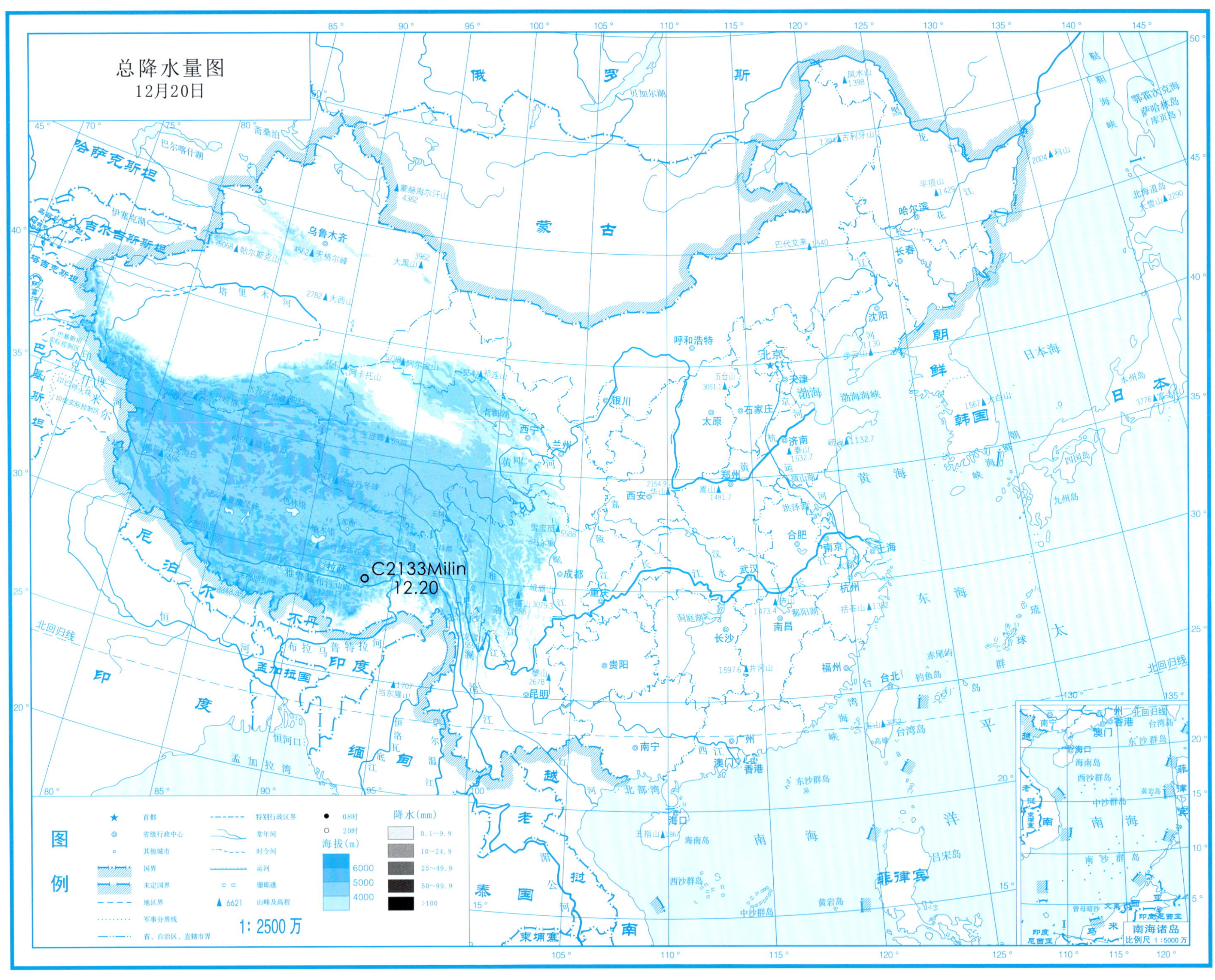

总降水量图
12月20日
C2133Milin
12.20
图例
1: 2500 万
南海诸岛

总降水日数图

12月20日

图例

符号	说明	符号	说明
★	首都		特别行政区界
◎	省级行政中心		常年河
○	其他城市		时令河
	国界		运河
	未定国界		珊瑚礁
	地区界	▲ 6621	山峰及高程
	军事分界线		
	省、自治区、直辖市界		

海拔(m)：6000、5000、4000

降水日数：1天、2~3天、4天以上

1:2500万

南海诸岛 比例尺 1:5000万

Page: 95

高原低洼

第1部分

高原低涡中心位置资料表

月	日	时	中心位置		位势高度/位势什米
			北纬/(°)	东经/(°)	
①1月20～21日 (C2101)日喀则，Rikaze					
1	20	20	29.3	89.1	563
	21	08	29.1	92.6	564
消失					
②1月30日 (C2102)杂多，Zaduo					
1	30	08	32.3	95.7	560
消失					
③3月5日 (C2103)拉萨，Lasa					
3	5	20	29.8	91.9	567
消失					

月	日	时	中心位置		位势高度/位势什米
			北纬/(°)	东经/(°)	
④3月9～10日 (C2104)玛沁，Maqin					
3	9	20	34.7	100.0	569
	10	08	35.5	105.4	567
消失					
⑤3月21～24日 (C2105)托勒，Tuole					
3	21	20	38.7	98.5	566
	22	08	36.9	104.1	567
		20	34.9	106.4	569
	23	08	34.9	110.9	565
		20	31.3	113.8	562
	24	08	29.6	119.6	561
消失					

月	日	时	中心位置		位势高度/位势什米
			北纬/(°)	东经/(°)	
⑥3月30日 (C2106)冷湖，Lenghu					
3	30	08	38.8	93.4	559
		20	40.7	96.7	558
消失					
⑦4月1日 (C2107)沱沱河，Tuotuohe					
4	1	08	34.0	91.2	560
		20	34.7	94.2	560
消失					
⑧4月2～3日 (C2108)小灶火，Xiaozaohuo					
4	2	08	36.4	92.9	563
		20	35.8	92.9	563
	3	08	36.3	93.2	562
消失					

高原低涡中心位置资料表（续-1）

月	日	时	中心位置		位势高度/位势什米
			北纬/(°)	东经/(°)	
⑨ 4月23日					
(C2109)小灶火，Xiaozaohuo					
4	23	08	37.5	93.1	568
消失					
⑩ 5月2日					
(C2110)墨竹工卡，Mozhugongka					
5	2	08	30.1	92.4	581
消失					
⑪ 5月9～10日					
(C2111)五道梁，Wudaoliang					
5	9	08	35.7	92.7	576
		20	34.3	95.9	575
	10	08	35.6	100.4	575
		20	32.7	105.5	574
消失					

月	日	时	中心位置		位势高度/位势什米
			北纬/(°)	东经/(°)	
⑫ 5月11日					
(C2112)尼木，Nimu					
5	11	08	28.8	89.8	577
消失					
⑬ 5月14日					
(C2113)诺木洪，Nuomuhong					
5	14	20	36.4	96.0	570
消失					
⑭ 5月30日					
(C2114)那曲，Naqu					
5	30	08	32.2	92.6	582
消失					

月	日	时	中心位置		位势高度/位势什米
			北纬/(°)	东经/(°)	
⑮ 5月31日～6月1日					
(C2115)那曲，Naqu					
5	31	08	32.1	91.9	579
		20	31.8	92.2	578
6	1	08	31.7	92.5	580
消失					
⑯ 5月31日					
(C2116)达日，Dari					
5	31	20	33.4	99.0	579
消失					
⑰ 6月7～8日					
(C2117)日喀则，Rikaze					
6	7	08	29.4	88.5	583
		20	29.7	88.7	581
	8	08	30.9	90.7	581
消失					

高原低涡中心位置资料表（续-2）

月	日	时	中心位置 北纬/(°)	中心位置 东经/(°)	位势高度/位势什米
⑱ 6月10日 (C2118)加查，Jiacha					
6	10	08	29.9	93.0	584
消失					
⑲ 6月23日 (C2119)班玛，Banma					
6	23	20	33.0	100.5	584
消失					
⑳ 6月24日 (C2120)玛沁，Maqin					
6	24	08	35.1	99.9	584
		20	33.9	101.7	583
消失					

月	日	时	中心位置 北纬/(°)	中心位置 东经/(°)	位势高度/位势什米
㉑ 7月2日 (C2121)当雄，Dangxiong					
7	2	08	31.0	91.6	582
		20	31.9	91.1	581
消失					
㉒ 7月9～13日 (C2122)沱沱河，Tuotuohe					
7	9	08	33.1	92.1	583
		20	33.4	101.4	583
	10	08	33.4	103.9	582
		20	34.9	106.9	582
	11	08	36.5	109.2	580
		20	37.8	111.5	579
	12	08	39.0	114.1	576
		20	41.1	113.7	574
	13	08	41.6	115.6	573
消失					

月	日	时	中心位置 北纬/(°)	中心位置 东经/(°)	位势高度/位势什米
㉓ 7月30日～8月1日 (C2123)巴塘，Batang					
7	30	08	30.5	98.7	583
		20	30.2	100.3	583
	31	08	29.0	101.3	584
		20	27.1	105.7	583
8	1	08	23.8	108.5	582
消失					
㉔ 8月3日 (C2124)那曲，Naqu					
8	3	20	31.2	91.6	585
消失					
㉕ 8月5日 (C2125)安多，Anduo					
8	5	08	32.4	91.5	584
		20	33.2	92.6	583
消失					

高原低涡中心位置资料表（续-3）

月	日	时	中心位置		位势高度/位势什米
			北纬/(°)	东经/(°)	
㉖ 8月15日 (C2126)诺木洪，Nuomuhong					
8	15	08	36.4	96.9	579
消失					
㉗ 8月22～23日 (C2127)墨竹工卡，Mozhugongka					
8	22	20	30.8	92.4	586
	23	08	29.7	92.2	585
消失					
㉘ 8月28日 (C2128)炉霍，Luhuo					
8	28	08	31.7	101.3	582
消失					

月	日	时	中心位置		位势高度/位势什米
			北纬/(°)	东经/(°)	
㉙ 9月4日 (C2129)沱沱河，Tuotuohe					
9	4	20	34.5	94.3	584
消失					
㉚ 9月9日 (C2130)嘉黎，Jiali					
9	9	08	30.4	93.3	586
		20	30.6	93.8	587
消失					
㉛ 10月26～28日 (C2131)托勒，Tuole					
10	26	08	38.8	97.9	570
		20	40.0	103.6	567
	27	08	39.9	105.1	566
		20	40.9	109.6	570
	28	08	40.2	112.3	567
		20	42.6	113.9	565
消失					

月	日	时	中心位置		位势高度/位势什米
			北纬/(°)	东经/(°)	
㉜ 11月26日 (C2132)达日，Dari					
11	26	08	33.6	98.9	570
消失					
㉝ 12月20日 (C2133)米林，Milin					
12	20	20	29.4	93.4	572
消失					

第二部分

高原切变线

Tibetan Plateau Shear Line

2021年 高原切变线概况

2021年发生在青藏高原上的切变线共有51次，其中在青藏高原东部生成的切变线共有50次，在青藏高原西部生成的切变线共有1次（表11~表13）。

2021年初生高原切变线出现在1月中旬，最后一个高原切变线生成在11月中旬（表11）。从月际分布看，8月出现次数最多，有13次；2021年切变线主要集中在5~9月份，约占76%（表11）。移出高原的青藏高原切变线较少，全年仅有2次，出现在6月和7月（表14）。本年度除12月外，每月均有高原切变线生成，且各月生成高原切变线的次数有差异，具体详见表11。

2021年青藏高原切变线源地主要在青藏高原东部(表12)。移出高原的青藏高原切变线共2次（表14~表16），移出高原的地点均在四川（表17）。

本年度高原切变线北、南两侧最大风速最多的频率分别是北侧为4~10m/s，约占84.7%；南侧为4~12m/s，约占85.9%（表18）。夏半年，高原切变线北、南两侧最大风速最多的频率分别是北侧为6~10m/s，约占76.4%；南侧为4~12m/s，约占86.1%（表19）。冬半年，高原切变线北、南两侧最大风速最多的频率分别是北侧为4m/s、8m/s、12m/s，约占84.6%；南侧为8~12m/s，约占69.2%（表20）。

全年除影响青藏高原以外对我国其余地区有影响的高原切变线共有24次。其中3次高原切变线造成的过程降水量在100mm以上，它们是S2121、S2124、S2135高原切变线，分别在四川仁和、四川邻水、四川峨眉造成过程降水量为169.1mm、185.4mm、114.9mm，降水日数为4天、1天、2天。

2021年对我国影响较大的高原切变线主要是S2121、S2124，其中S2121高原切变线是本年度历时最长，大暴雨量级降水站点数量最多的一次过程。6月7日08时在高原东南部黑水到丁青生成的S2121高原切变线，切变线北、南两侧最大风速分别是8m/s、4m/s，此切变线之后东北移；7日20时，切变线移入四川，切变线北、南两侧最大风速分别是8m/s、6m/s，之后切变线转东南移。8日08时，切变线移出高原，切变线北、南两侧最大风速分别是6m/s、8m/s，之后切变线转为西北移；8日20时，切变线位于四川，切变线北、南两侧最大风速分别是6m/s、10m/s，此切变线之后西移。9日08时，切变线北、南两侧最大风速分别是10m/s、8m/s，之后切变线转为西南移；9日20时，切变线北、南两侧最大风速分别是6m/s、10m/s，之后切变线又转东北移。10日08时，切变线北、南两侧最大风速分别是10m/s、12m/s，之后继续东南移；10日20时，切变线北、南两侧最大风速均为10m/s，此切变线之后再转东北移。11日08时，切变线北、南两侧最大风速分别是10m/s、14m/s，之后切变线减弱消失。在此切变线活动过程中，北侧风速先逐渐减弱后增强再减弱又增强，之后保持稳定，南侧风速先逐渐增强再减弱又逐渐增强后减弱再增强。受其影响，四川西南部，贵州东、南部，湖南西部和广西、云南西北部等地区出现暴雨到大暴雨，局部地区有特大暴雨，降水日数1～4天。西藏东部，江西东北部等地区出现大到暴雨，降水日数1～4天。陕西南部，湖北西、南部等地区出现中到大雨，降水日数1～4天。青海南部地区出现小到中雨，降水雨日数1～4天。安徽南部等部分地区出现小雨，降水日数1～3天。7月7日20时生成于高原东部松潘至八宿的S2124高原切变线，是对我国西部地区降水影响较大的高原切变线，该高原切变线生成后东南移转东移移出高原，在切变线移动过程中，北侧最大风速逐渐减弱，南侧风速增强后保持稳定。7日20时高原切变线生成时，切变线北、南两侧最大风速分别为8m/s、6m/s，之后切变线东南移。8日08时切变线北侧最大风速减弱到4m/s、切变线南侧最大风速增强为10m/s，之后切变线向东移移出高原，8日20时切变线北、南侧最大风速分别为2m/s、10m/s，之后切变线减弱消失。受其影响，四川、重庆和湖北等部分地区出现暴雨到大暴雨，局部地区有特大暴雨，降水日数为1～2天。西藏、青海和云南等部分地区出现小到中雨，降水日数为1～2天。甘肃部分地区出现小雨，降水日数为1～2天。

8月23日20时生成于高原南部八宿至当雄的S2142高原切变线，是对青藏高原降水影响最大的高原切变线。23日20时高原切变线生成时，切变线北、南两侧最大风速均为6m/s，之后切变线向西南移。24日08时，切变线北侧最大风速增强为10m/s，南侧最大风速维持为6m/s，之后切变线减弱消失。受其影响，西藏南、中、北、东部地区出现大到暴雨，局部出现大暴雨，降水日数为1～2天。青海西南部地区出现小到中雨，降水日数为1～2天。

表11　高原切变线出现次数

月 / 年	1	2	3	4	5	6	7	8	9	10	11	12	合计
2021	1	2	3	4	7	6	7	13	6	1	1	0	51
几率/%	1.96	3.92	5.88	7.84	13.73	11.76	13.73	25.49	11.76	1.96	1.96	0.00	100

表12　高原东部切变线出现次数

月 / 年	1	2	3	4	5	6	7	8	9	10	11	12	合计
2021	1	2	3	3	7	6	7	13	6	1	1	0	50
几率/%	2.00	4.00	6.00	6.00	14.00	12.00	14.00	26.00	12.00	2.00	2.00	0.00	100

表13　高原西部切变线出现次数

月 / 年	1	2	3	4	5	6	7	8	9	10	11	12	合计
2021	0	0	0	1	0	0	0	0	0	0	0	0	1
几率/%	0.00	0.00	0.00	100	0.00	0.00	0.00	0.00	0.00	0.00	0.00	0.00	100

表14　高原切变线移出高原次数

月 年	1	2	3	4	5	6	7	8	9	10	11	12	合计
2021	0	0	0	0	0	1	1	0	0	0	0	0	2
移出几率/%	0.00	0.00	0.00	0.00	0.00	1.96	1.96	0.00	0.00	0.00	0.00	0.00	3.92
月移出率/%	0.00	0.00	0.00	0.00	0.00	50.00	50.00	0.00	0.00	0.00	0.00	0.00	100

表15　高原东部切变线移出高原次数

月 年	1	2	3	4	5	6	7	8	9	10	11	12	合计
2021	0	0	0	0	0	1	1	0	0	0	0	0	2
移出几率/%	0.00	0.00	0.00	0.00	0.00	2.00	2.00	0.00	0.00	0.00	0.00	0.00	4.00
月移出率/%	0.00	0.00	0.00	0.00	0.00	50.00	50.00	0.00	0.00	0.00	0.00	0.00	100

表16　高原西部切变线移出高原次数

月 年	1	2	3	4	5	6	7	8	9	10	11	12	合计
2021	0	0	0	0	0	0	0	0	0	0	0	0	0
移出几率/%	0.00	0.00	0.00	0.00	0.00	0.00	0.00	0.00	0.00	0.00	0.00	0.00	0.00
月移出率/%	0.00	0.00	0.00	0.00	0.00	0.00	0.00	0.00	0.00	0.00	0.00	0.00	0.00

表17 高原切变线移出高原的地区分布

地区 年	陕西	甘肃	宁夏	四川	重庆	贵州	云南	合计
2021				2				2
出高原率/%				100.00				100

表18 高原切变线两侧最大风速频率分布

最大风速/(m/s)	2	4	6	8	10	12	14	16	18	20	22	合计
北侧/%	3.53	11.76	37.65	22.35	12.94	8.24	3.53	0.00	0.00	0.00	0.00	100
南侧/%	2.35	11.76	20.00	21.18	21.18	11.76	8.24	3.53	0.00	0.00	0.00	100

表19 夏半年高原切变线两侧最大风速频率分布

最大风速/ (m/s)	2	4	6	8	10	12	14	16	18	20	22	合计
北侧/%	4.17	9.72	43.06	18.06	15.28	6.94	2.78	0.00	0.00	0.00	0.00	100
南侧/%	2.78	12.50	22.22	22.22	18.06	11.11	8.33	2.78	0.00	0.00	0.00	100

表20 冬半年高原切变线两侧最大风速频率分布

最大风速/ (m/s)	2	4	6	8	10	12	14	16	18	20	22	合计
北侧/%	0.00	23.08	7.69	46.15	0.00	15.38	7.69	0.00	0.00	0.00	0.00	100
南侧/%	0.00	7.69	7.69	15.38	38.46	15.38	7.69	7.69	0.00	0.00	0.00	100

高原切变线纪要表

序号	编号	中英文名称	起止日期(月.日)	最大风速/(m/s)		发现时起–终点经纬度	移出高原的地区	移出高原的时间	移出高原的风速/(m/s)		路径趋向	影响切变线移出高原的天气系统
				北侧	南侧				北侧	南侧		
1	S2101	石渠–嘉黎, Shiqu–Jiali	1.20	12	4	98.4°E,33.1°N–92.9°E,30.5°N					原地生消	
2	S2102	玛多–墨竹工卡, Maduo–Mozhugongka	2.16	8	10	99.1°E,35.6°N–91.9°E,30.4°N					原地生消	
3	S2103	昌都–那曲, Changdu–Naqu	2.18	4	10	97.6°E,31.8°N–91.8°E,31.7°N					原地生消	
4	S2104	石渠–嘉黎, Shiqu–Jiali	3.2	14	14	97.7°E,32.9°N–93.0°E,30.6°N					原地生消	
5	S2105	昌都–那曲, Changdu–Naqu	3.6	8	8	100.0°E,30.3°N–92.1°E,33.1°N					原地生消	
6	S2106	囊谦–当雄, Nangqian–Dangxiong	3.14	8	10	97.2°E,32.2°N–90.9°E,30.9°N					原地生消	
7	S2107	囊谦–安多, Nangqian–Anduo	4.17	12	10	98.0°E,32.2°N–91.4°E,32.2°N					原地生消	
8	S2108	德令哈–沱沱河, Delingha–Tuotuohe	4.18～4.19	8	16	97.5°E,39.2°N–91.1°E,35.2°N					东南移转西移	
9	S2109	白玉–嘉黎, Baiyu–Jiali	4.26	8	12	99.0°E,31.4°N–93.2°E,30.3°N					原地生消	
10	S2110	林芝–聂拉木, Linzhi–Nielamu	4.28	8	6	93.8°E,29.8°N–86.5°E,28.3°N					原地生消	

高原切变线纪要表（续-1）

序号	编号	中英文名称	起止日期(月.日)	最大风速/(m/s)		发现时起-终点经纬度	移出高原的地区	移出高原的时间	移出高原的风速/(m/s)		路径趋向	影响切变线移出高原的天气系统
				北侧	南侧				北侧	南侧		
11	S2111	丁青–当雄, Dingqing–Dangxiong	5.2～5.3	6	6	97.6°E,32.0°N–91.3°E,30.5°N					西南移	
12	S2112	曲麻莱–安多, Qumalai–Anduo	5.6～5.7	12	14	96.8°E,34.8°N–91.5°E,32.7°N					东南移转西移再转南移	
13	S2113	白玉–当雄, Baiyu–Dangxiong	5.10	8	8	99.2°E,31.0°N–90.9°E,30.5°N					原地生消	
14	S2114	色达–比如, Seda–Biru	5.11	6	6	100.3°E,32.6°N–93.4°E,31.3°N					原地生消	
15	S2115	班玛–那曲, Banma–Naqu	5.26	8	16	100.1°E,33.0°N–91.0°E,31.6°N					东南移	
16	S2116	昌都–安多, Changdu–Anduo	5.29	6	8	100.0°E,31.0°N–91.1°E,31.6°N					北移	
17	S2117	白玉–当雄, Baiyu–Dangxiong	5.30	14	12	98.5°E,31.2°N–91.3°E,30.5°N					原地生消	
18	S2118	兴海–沱沱河, Xinghai–Tuotuohe	6.2～6.3	12	14	99.9°E,35.3°N–92.1°E,33.5°N					西南移	
19	S2119	囊谦–安多, Nangqian–Anduo	6.4	6	2	96.8°E,32.3°N–91.4°E,32.7°N					原地生消	
20	S2120	诺木洪–嘉黎, Nuomuhong–Jiali	6.5～6.6	12	8	96.3°E,36.5°N–92.9°E,30.0°N					东南移	

高原切变线纪要表（续-2）

序号	编号	中英文名称	起止日期(月.日)	最大风速/(m/s)		发现时起-终点经纬度	移出高原的地区	移出高原的时间	移出高原的风速/(m/s)		路径趋向	影响切变线移出高原的天气系统
				北侧	南侧				北侧	南侧		
21	S2121	黑水-丁青, Heishui-Dingqing	6.7～6.11	10	14	103.0°E,31.5°N-94.4°E,30.4°N	简阳	6.8[08]	6	8	东北移转东南移移出高原转西北移转渐西南移转东北移又转东南移再转东北移	青藏高压
22	S2122	囊谦-当雄, Nangqian-Dangxiong	6.27	6	4	97.2°E,32.2°N-91.7°E,30.6°N					原地生消	
23	S2123	林芝-南木林, Linzhi-Nanmulin	6.28	6	6	95.7°E,30.3°N-89.2°E,30.3°N					原地生消	
24	S2124	松潘-八宿, Songpan-Basu	7.7～7.8	8	10	103.8°E,32.5°N-98.3°E,30.5°N	安岳	7.8[20]	2	10	东南移转东移移出高原	青藏高压
25	S2125	白玉-五道梁, Baiyu-Wudaoliang	7.8	8	6	96.2°E,34.7°N-90.7°E,35.3°N					原地生消	
26	S2126	丁青-琼结, Dingqing-Qiongjie	7.10	8	6	96.2°E,31.7°N-90.5°E,28.6°N					原地生消	
27	S2127	色达-安多, Seda-Anduo	7.14	6	10	100.3°E,32.6°N-91.7°E,32.3°N					原地生消	
28	S2128	德令哈-沱沱河, Delingha-Tuotuohe	7.24～7.25	6	10	97.3°E,38.0°N-91.4°E,35.1°N					东南移	
29	S2129	新龙-当雄, Xinlong-Dangxiong	7.26	12	8	100.1°E,30.9°N-91.3°E,30.6°N					东移	
30	S2130	新龙-当雄, Xinlong-Dangxiong	7.29	8	4	100.1°E,30.6°N-90.9°E,30.5°N					原地生消	

高原切变线纪要表（续-3）

序号	编号	中英文名称	起止日期(月.日)	最大风速/(m/s)		发现时起-终点经纬度	移出高原的地区	移出高原的时间	移出高原的风速/(m/s)		路径趋向	影响切变线移出高原的天气系统
				北侧	南侧				北侧	南侧		
31	S2131	刚察–杂多, Gangcha–Zaduo	8.2	6	12	100.5°E,37.1°N–92.1°E,33.6°N					原地生消	
32	S2132	玛曲–沱沱河, Maqu–Tuotuohe	8.4	10	6	101.8°E,33.8°N–91.5°E,33.5°N					原地生消	
33	S2133	囊谦–安多, Nangqian–Anduo	8.8	6	4	97.6°E,32.2°N–91.7°E,32.4°N					原地生消	
34	S2134	化隆–沱沱河, Hualong–Tuotuohe	8.9～8.10	10	12	102.6°E,36.1°N–91.8°E,33.2°N					东移	
35	S2135	色达–安多, Seda–Anduo	8.11～8.12	6	14	100.6°E,32.4°N–91.4°E,32.7°N					东北移转东南移	
36	S2136	色达–当雄, Seda–Dangxiong	8.13	6	8	100.3°E,32.4°N–91.7°E,30.7°N					原地生消	
37	S2137	德令哈–炉霍, Delingha–Luhuo	8.16	6	10	98.1°E,37.8°N–100.7°E,31.6°N					原地生消	
38	S2138	玛多–五道梁, Maduo–Wudaoliang	8.16	4	10	99.0°E,34.9°N–92.6°E,35.3°N					原地生消	
39	S2139	化隆–八宿, Hualong–Basu	8.18～8.19	10	12	102.5°E,36.4°N–97.5°E,30.2°N					东南移转西南移	
40	S2140	久治–囊谦, Jiuzhi–Nangqian	8.20	2	6	102.1°E,33.6°N–96.4°E,32.1°N					原地生消	

高原切变线纪要表（续-4）

序号	编号	中英文名称	起止日期(月.日)	最大风速/(m/s)		发现时起-终点经纬度	移出高原的地区	移出高原的时间	移出高原的风速/(m/s)		路径趋向	影响切变线移出高原的天气系统
				北侧	南侧				北侧	南侧		
41	S2141	同仁-安多, Tongren-Anduo	8.21	6	8	102.0°E,35.7°N-92.2°E,32.4°N					原地生消	
42	S2142	八宿-当雄, Basu-Dangxiong	8.23～8.24	10	6	97.2°E,30.5°N-91.0°E,30.6°N					西南移	
43	S2143	洛隆-当雄, Luolong-Dangxiong	8.25～8.26	8	12	96.5°E,30.6°N-90.9°E,30.4°N					东移	
44	S2144	八宿-当雄, Basu-Dangxiong	9.5～9.7	8	12	96.6°E,30.5°N-91.1°E,30.5°N					东北移转东南移	
45	S2145	诺木洪-甘孜, Nuomuhong-Ganzi	9.10	8	4	95.9°E,37.1°N-96.6°E,32.0°N					原地生消	
46	S2146	班玛-那曲, Banma-Naqu	9.15	6	6	100.8°E,33.2°N-91.4°E,31.5°N					原地生消	
47	S2147	玛沁-嘉黎, Maqin-Jiali	9.17	10	16	101.0°E,35.2°N-93.4°E,30.7°N					原地生消	
48	S2148	兴海-沱沱河, Xinghai-Tuotuohe	9.21	6	6	99.9°E,35.5°N-91.7°E,34.4°N					原地生消	
49	S2149	迭部-安多, Diebu-Anduo	9.25～9.26	6	8	103.2°E,34.3°N-91.1°E,33.2°N					西北移	
50	S2150	白玉-当雄, Baiyu-Dangxiong	10.21	14	12	98.8°E,31.2°N-90.9°E,30.8°N					原地生消	
51	S2151	兴海-五道梁, Xinghai-Wudaoliang	11.16	4	12	99.8°E,35.9°N-92.5°E,35.1°N					原地生消	

高原切变线对我国影响简表

序号	编号	简述活动的情况	高原切变线对我国的影响			
			项目	时间(月.日)	概况	极值
1	S2101	高原东南部原地生消	降水	1.20	西藏东部、青海南部、甘肃西南部和四川西北部地区降水量为0.1～5mm，降水日数为1天	青海达日 4.4mm（1天）
2	S2102	高原东部原地生消	降水	2.16	西藏中、东部地区降水量为0.1～3mm，降水日数为1天	西藏比如 2.8mm（1天）
3	S2103	高原东南部原地生消	降水	2.18	西藏东部和四川西北部个别地区降水量为0.1～2mm，降水日数为1天	西藏米林 1.7mm（1天）
4	S2104	高原东南部原地生消	降水	3.2	西藏东部、青海南部和四川西北部个别地区降水量为0.1～4mm，降水日数为1天	西藏波密 3.8mm（1天）
5	S2105	高原东部原地生消	降水	3.6	西藏东部和青海南部个别地区降水量为0.1～10mm，降水日数为1天	西藏墨竹工卡 9.3mm（1天）
6	S2106	高原南部原地生消	降水	3.14	西藏东、南部和四川西北部个别地区降水量为0.1～8mm，降水日数为1天	西藏墨竹工卡 7.4mm（1天）
7	S2107	高原东部原地生消	降水	4.17	西藏东部、青海南部和四川西北部个别地区降水量为0.1～7mm，降水日数为1天	西藏墨竹工卡 6.4mm（1天）
8	S2108	高原东北部东南移转西移	降水	4.18～4.19	西藏东北、东部，青海西、南、东部，甘肃西、南部和四川西北、北部地区降水量为0.1～18mm，降水日数为1～2天	青海德令哈 17.2mm（1天）
9	S2109	高原东南部原地生消	降水	4.26	西藏东南、东部地区降水量为0.1～24mm，降水日数为1天	西藏波密 23.2mm（1天）

高原切变线对我国影响简表（续-1）

序号	编号	简述活动的情况	高原切变线对我国的影响			
			项目	时间(月.日)	概况	极值
10	S2110	高原南部原地生消	降水	4.28	西藏南部地区降水量为0.1～7mm，降水日数为1天	西藏聂拉木 6.3mm（1天）
11	S2111	高原南部西南移	降水	5.2～5.3	西藏中、东、南部地区降水量为0.1～22mm，降水日数为1～2天	西藏拉萨 22.0mm（1天）
12	S2112	高原中部东南移转西移再转南移	降水	5.6～5.7	西藏中、东北、南部，青海南部和四川北部地区降水量为0.1～8mm，降水日数为1～2天	西藏那曲 8.0mm（2天）
13	S2113	高原南部原地生消	降水	5.10	西藏中、东、东北部，青海西南部和四川西北部个别地区降水量为0.1～28mm，降水日数为1天	西藏墨竹工卡 27.5mm（1天）
14	S2114	高原东南部原地生消	降水	5.11	西藏东北部、青海南部和四川西北部地区降水量为0.1～12mm，降水日数为1天	西藏丁青 12.0mm（1天）
15	S2115	高原东南部东南移	降水	5.26	西藏中、北、东北部，青海南部，甘肃西南部和四川西北、北部地区降水量为0.1～28mm，降水日数为1天	四川壤塘 27.1mm（1天）
16	S2116	高原东南部北移	降水	5.29	西藏东、东北部，青海南部和四川西、北部地区降水量为0.1～25mm，降水日数为1天	四川康定 24.8mm（1天）
17	S2117	高原南部原地生消	降水	5.30	西藏中、东、东北部，青海西、南部和四川西、北部地区降水量为0.1～16mm，降水日数为1天	西藏林芝 15.6mm（1天）
18	S2118	高原东部西南移	降水	6.2～6.3	西藏东、东北部，青海西、南、东部和四川西北、北部地区降水量为0.1～30mm，降水日数为1～2天	青海囊谦 29.3mm（2天）

高原切变线对我国影响简表（续-2）

序号	编号	简述活动的情况	高原切变线对我国的影响			
			项目	时间（月.日）	概况	极值
19	S2119	高原中部原地生消	降水	6.4	西藏东、东北部，青海西南部和四川西北部地区降水量为0.1～17mm，降水日数为1天	西藏波密 16.5mm（1天）
20	S2120	高原东部东南移	降水	6.5～6.6	西藏东、东北部，青海西、南部，甘肃南部和四川西、北部个别地区降水量为0.1～21mm，降水日数为1～2天	西藏米林 20.4mm（1天）
21	S2121	高原东南部东北移转东南移移出高原转西北移转渐西南移转东北移又转东南移再转东北移	降水	6.7～6.11	西藏东部，青海、陕西、安徽南部，四川、湖南大部，湖北西、南、东部，重庆，贵州，江西西、北部，广西北部和云南东、北部地区降水量为0.1～170mm，降水日数为1～4天。其中四川、云南、贵州、广西和湖南有成片降水量大于50mm的降水区，降水日数为1～4天	四川仁和 169.1mm（4天）
22	S2122	高原南部原地生消	降水	6.27	西藏北、东部，青海西、西南部和四川西北部个别地区降水量为0.1～18mm，降水日数为1天	西藏嘉黎 17.4mm（1天）
23	S2123	高原南部原地生消	降水	6.28	西藏南部地区降水量0.1～24mm，降水日数为1天	西藏琼结 23.6mm（1天）
24	S2124	高原东部东南移转东移移出高原	降水	7.7～7.8	西藏东部，青海东南部，甘肃南部，陕西南部个别地区，重庆西、中、东北部，四川西、北、中、东部，湖北西部和云南北部地区降水量为0.1～186mm，降水日数为1～2天。其中四川有成片降水量大于50 mm的降水区，降水日数1～2天	四川邻水 185.4mm（1天）
25	S2125	高原北部原地生消	降水	7.8	西藏东、东北、中、南部，青海西、西南部和四川西北部个别地区降水量为0.1～19mm，降水日数为1天	西藏芒康 19.0mm（1天）
26	S2126	高原南部原地生消	降水	7.10	西藏南、中、北、东北部和青海南部地区降水量为0.1～30mm，降水日数为1天	西藏浪卡子 29.1mm（1天）

高原切变线对我国影响简表（续-3）

序号	编号	简述活动的情况	高原切变线对我国的影响			
			项目	时间(月.日)	概况	极值
27	S2127	高原东部原地生消	降水	7.14	西藏东北、北部，青海西、南部，甘肃西南部个别地区和四川西北、北部地区降水量为0.1～25mm，降水日数为1天	青海甘德 24.5mm（1天）
28	S2128	高原北部东南移	降水	7.24～7.25	西藏东北部和青海西、南、中部地区降水量为0.1～32mm，降水日数为1天	青海沱沱河 31.3mm（1天）
29	S2129	高原南部东移	降水	7.26	西藏南、中、东、东北部，青海南部，云南西北部和四川西部地区降水量为0.1～31mm，降水日数为1天	四川红原 30.2mm（1天）
30	S2130	高原南部原地生消	降水	7.29	西藏南、东、东北部，四川西部和云南西北部地区降水量为0.1～33mm，降水日数为1天	云南福贡 32.3mm（1天）
31	S2131	高原东部原地生消	降水	8.2	西藏北部和青海西、北、西南、东部地区降水量为0.1～16mm，降水日数为1天	青海沱沱河 15.2mm（1天）
32	S2132	高原东部原地生消	降水	8.4	西藏北、东北部，青海南部和四川北部地区降水量为0.1～43mm，降水日数为1天	四川平武 42.8mm（1天）
33	S2133	高原中部原地生消	降水	8.8	西藏南、北、东北部，青海西南部和四川西北部个别地区降水量为0.1～15mm，降水日数为1天	四川白玉 14.9mm（1天）
34	S2134	高原东部东移	降水	8.9～8.10	西藏中、北、东北部，青海西、南、东部，甘肃南部和四川西北、北部地区降水量为0.1～25mm，降水日数为1～2天	四川色达 24.4mm（2天）
35	S2135	高原东部东北移转东南移	降水	8.11～8.12	西藏中、南、北、东部，青海西、南部，甘肃、宁夏、陕西南部，重庆西部和四川西、中、北、东部地区降水量为0.1～115mm，降水日数为1～2天	四川峨眉 114.9mm（2天）

高原切变线对我国影响简表（续-4）

序号	编号	简述活动的情况	高原切变线对我国的影响			
			项目	时间（月.日）	概况	极值
36	S2136	高原东南部原地生消	降水	8.13	西藏中、南、北、东部，青海西南部，云南西北部个别地区和四川西、北部地区降水量为0.1～26mm，降水日数为1天	四川乡城 25.2mm（1天）
37	S2137	高原东北部原地生消	降水	8.16	青海东南部和四川西、西北部地区降水量为0.1～26mm，降水日数为1天	青海班玛 25.2mm（1天）
38	S2138	高原东部原地生消	降水	8.16	青海西部地区降水量为0.1～1mm，降水日数为1天	青海五道梁 0.9mm（1天）
39	S2139	高原东部东南移转西南移	降水	8.18～8.19	西藏南、东、东北部，青海南、东部，甘肃西南部，云南西北部个别地区和四川西北部地区降水量为0.1～49mm，降水日数为1～2天	西藏类乌齐 48.1mm（2天）
40	S2140	高原东部原地生消	降水	8.20	西藏南、中、东北、东部，青海、甘肃南部，四川西北、北部和云南西北部个别地区降水量为0.1～23mm，降水日数为1天	西藏八宿 23.0mm（1天）
41	S2141	高原东部原地生消	降水	8.21	西藏东部，青海西、南部和四川西北部地区降水量为0.1～27mm，降水日数为1天	西藏安多 26.3mm（1天）
42	S2142	高原南部西南移	降水	8.23～8.24	西藏南、中、北、东部和青海西南部地区降水量为0.1～53mm，降水日数为1～2天	西藏墨竹工卡 52.2mm（2天）
43	S2143	高原南部东移	降水	8.25～8.26	西藏南、中、北、东部，青海南部，甘肃西南部，云南西北部个别地区和四川西、北部地区降水量为0.1～47mm，降水日数为1～2天	西藏林芝 46.6mm（2天）
44	S2144	高原南部东北移转东南移	降水	9.5～9.7	西藏南、中、北、东部，青海南部，甘肃西南部，云南西北部和四川西、南、中、北部地区降水量为0.1～47mm，降水日数为1～2天	四川理塘 46.7mm（2天）

高原切变线对我国影响简表（续-5）

序号	编号	简述活动的情况	高原切变线对我国的影响			
			项目	时间(月.日)	概况	极值
45	S2145	高原东部原地生消	降水	9.10	青海西南部和四川西北部个别地区降水量为0.1～9mm，降水日数为1天	青海清水河 8.8mm（1天）
46	S2146	高原东部原地生消	降水	9.15	西藏北、东北部，青海南部和四川西北部地区降水量为0.1～18mm，降水日数为1天	四川石渠 17.2mm（1天）
47	S2147	高原东部原地生消	降水	9.17	西藏东北、东部，青海西、南、东部，甘肃西南部和四川西北、北部地区降水量为0.1～31mm，降水日数为1天	西藏比如 30.3mm（1天）
48	S2148	高原东部原地生消	降水	9.21	青海西部个别地区降水量为0.1～1mm，降水日数为1天	青海五道梁 0.6mm（1天）
49	S2149	高原东部西北移	降水	9.25～9.26	西藏南、中、北、东北部，青海南、东部，甘肃西南部和四川西北、北部地区降水量为0.1～31mm，降水日数为1～2天	四川松潘 30.5mm（1天）
50	S2150	高原南部原地生消	降水	10.21	西藏中、东、东北部，青海西南部和四川西北部地区降水量为0.1～46mm，降水日数为1天	西藏波密 46.0mm（1天）
51	S2151	高原东部原地生消	降水	11.16	甘肃西南部，四川西北、北部和青海东南部个别地区降水量为0.1～4mm，降水日数为1天	四川阿坝 3.4mm（1天）

2021年高原切变线编号、名称、日期对照表

未移出高原的高原切变线		移出高原的高原切变线
① S2101 石渠–嘉黎	⑥ S2106 囊谦–当雄	㉑ S2121 黑水–丁青
Shiqu–Jiali	Nangqian–Dangxiong	Heishui–Dingqing
1.20	3.14	6.7～6.11
② S2102 玛多–墨竹工卡	⑦ S2107 囊谦–安多	㉔ S2124 松潘–八宿
Maduo–Mozhugongka	Nangqian–Anduo	Songpan–Basu
2.16	4.17	7.7～7.8
③ S2103 昌都–那曲	⑧ S2108 德令哈–沱沱河	
Changdu–Naqu	Delingha–Tuotuohe	
2.18	4.18～4.19	
④ S2104 石渠–嘉黎	⑨ S2109 白玉–嘉黎	
Shiqu–Jiali	Baiyu–Jiali	
3.2	4.26	
⑤ S2105 昌都–那曲	⑩ S2110 林芝–聂拉木	
Changdu–Naqu	Linzhi–Nielamu	
3.6	4.28	

2021年高原切变线编号、名称、日期对照表（续-1）

未移出高原的高原切变线		
⑪ S2111 丁青-当雄	⑯ S2116 昌都-安多	㉒ S2122 囊谦-当雄
Dingqing-Dangxiong	Changdu-Anduo	Nangqian-Dangxiong
5.2～5.3	5.29	6.27
⑫ S2112 曲麻莱-安多	⑰ S2117 白玉-当雄	㉓ S2123 林芝-南木林
Qumalai-Anduo	Baiyu-Dangxiong	Linzhi-Nanmulin
5.6～5.7	5.30	6.28
⑬ S2113 白玉-当雄	⑱ S2118 兴海-沱沱河	㉕ S2125 白玉-五道梁
Baiyu-Dangxiong	Xinghai-Tuotuohe	Baiyu-Wudaoliang
5.10	6.2～6.3	7.8
⑭ S2114 色达-比如	⑲ S2119 囊谦-安多	㉖ S2126 丁青-琼结
Seda-Biru	Nangqian-Anduo	Dingqing-Qiongjie
5.11	6.4	7.10
⑮ S2115 班玛-那曲	⑳ S2120 诺木洪-嘉黎	㉗ S2127 色达-安多
Banma-Naqu	Nuomuhong-Jiali	Seda-Anduo
5.26	6.5～6.6	7.14

2021年高原切变线编号、名称、日期对照表（续-2）

未移出高原的高原切变线		
㉘ S2128 德令哈-沱沱河	㉝ S2133 囊谦-安多	㊳ S2138 玛多-五道梁
Delingha–Tuotuohe	Nangqian–Anduo	Maduo–Wudaoliang
7.24～7.25	8.8	8.16
㉙ S2129 新龙-当雄	㉞ S2134 化隆-沱沱河	㊴ S2139 化隆-八宿
Xinlong–Dangxiong	Hualong–Tuotuohe	Hualong–Basu
7.26	8.9～8.10	8.18～8.19
㉚ S2130 新龙-当雄	㉟ S2135 色达-安多	㊵ S2140 久治-囊谦
Xinlong–Dangxiong	Seda–Anduo	Jiuzhi–Nangqian
7.29	8.11～8.12	8.20
㉛ S2131 刚察-杂多	㊱ S2136 色达-当雄	㊶ S2141 同仁-安多
Gangcha–Zaduo	Seda–Dangxiong	Tongren–Anduo
8.2	8.13	8.21
㉜ S2132 玛曲-沱沱河	㊲ S2137 德令哈-炉霍	㊷ S2142 八宿-当雄
Maqu–Tuotuohe	Delingha–Luhuo	Basu–Dangxiong
8.4	8.16	8.23～8.24

2021年高原切变线编号、名称、日期对照表（续-3）

未移出高原的高原切变线	
㊸ S2143 洛隆-当雄	㊽ S2148 兴海-沱沱河
Luolong-Dangxiong	Xinghai-Tuotuohe
8.25～8.26	9.21
㊹ S2144 八宿-当雄	㊾ S2149 迭部-安多
Basu-Dangxiong	Diebu-Anduo
9.5～9.7	9.25～9.26
㊺ S2145 诺木洪-甘孜	㊿ S2150 白玉-当雄
Nuomuhong-Ganzi	Baiyu-Dangxiong
9.10	10.21
㊻ S2146 班玛-那曲	51 S2151 兴海-五道梁
Banma-Naqu	Xinghai-Wudaoliang
9.15	11.16
㊼ S2147 玛沁-嘉黎	
Maqin-Jiali	
9.17	

高原切变线路径图
2021年1月
S2101
Shiqu-Jiali
1.20[20]
图例
首都
省级行政中心
其他城市
国界
未定国界
地区界
军事分界线
省、自治区、直辖市界
特别行政区界
常年河
时令河
运河
珊瑚礁
6621 山峰及高程
海拔(m)
6000
5000
4000
切变线
1: 2500万
南海诸岛
比例尺 1:5000万

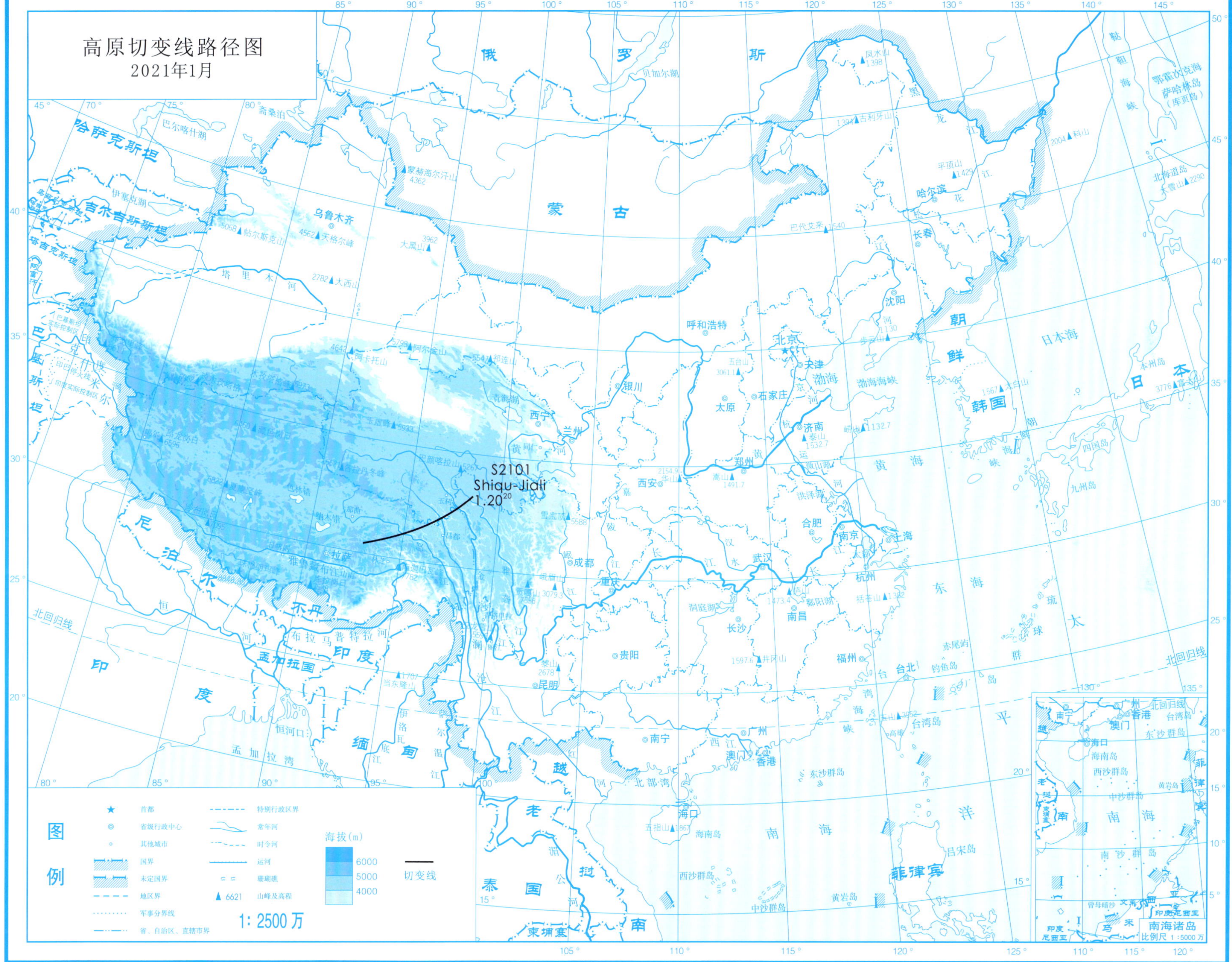

高原切变线

第2部分

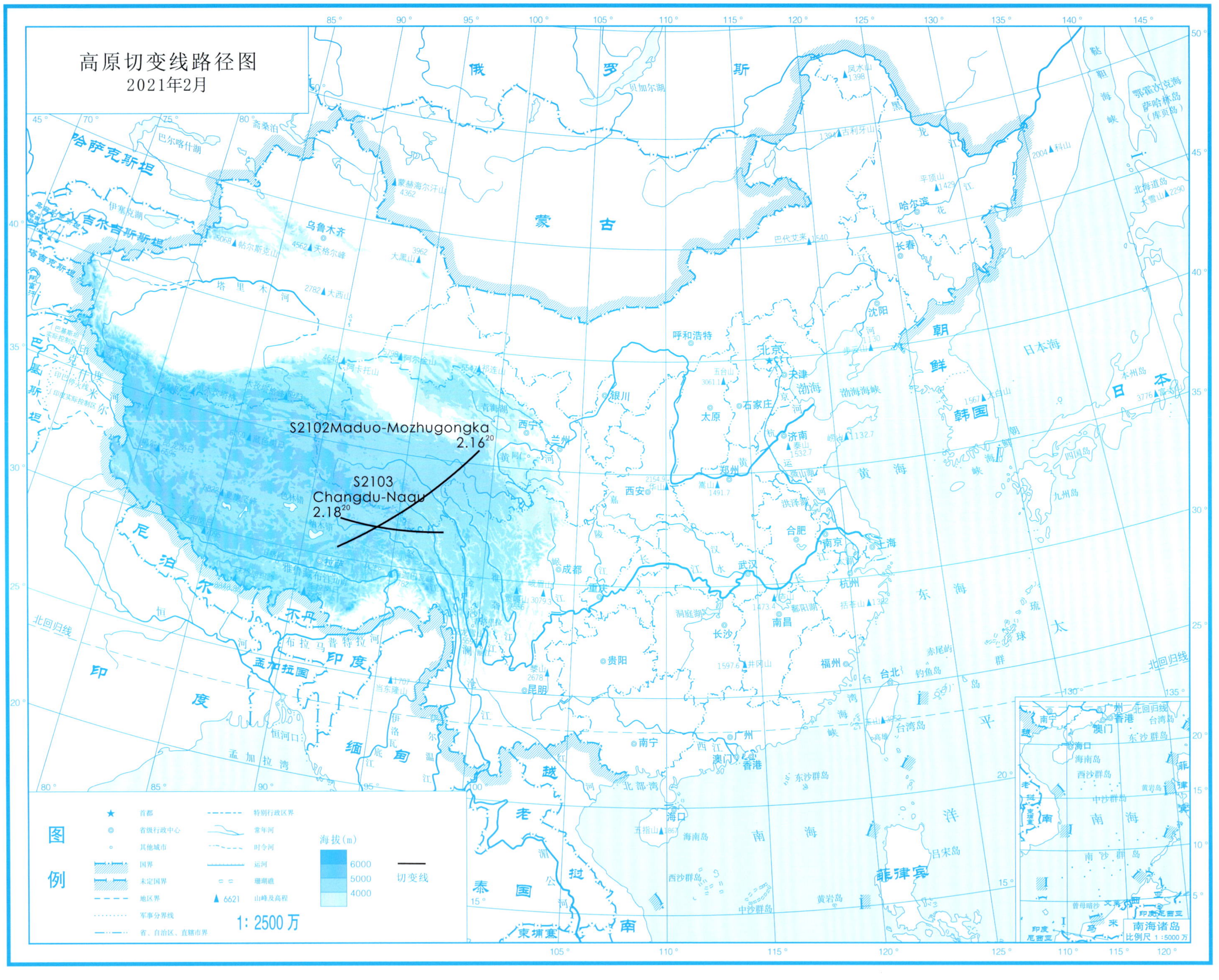
高原切变线路径图
2021年2月
S2102Maduo-Mozhugongka
2.16[20]
S2103
Changdu-Naqu
2.18[20]
图例
首都
省级行政中心
其他城市
国界
未定国界
地区界
军事分界线
省、自治区、直辖市界
特别行政区界
常年河
时令河
运河
珊瑚礁
山峰及高程
海拔(m)
6000
5000
4000
切变线
1:2500万
南海诸岛
比例尺 1:5000万

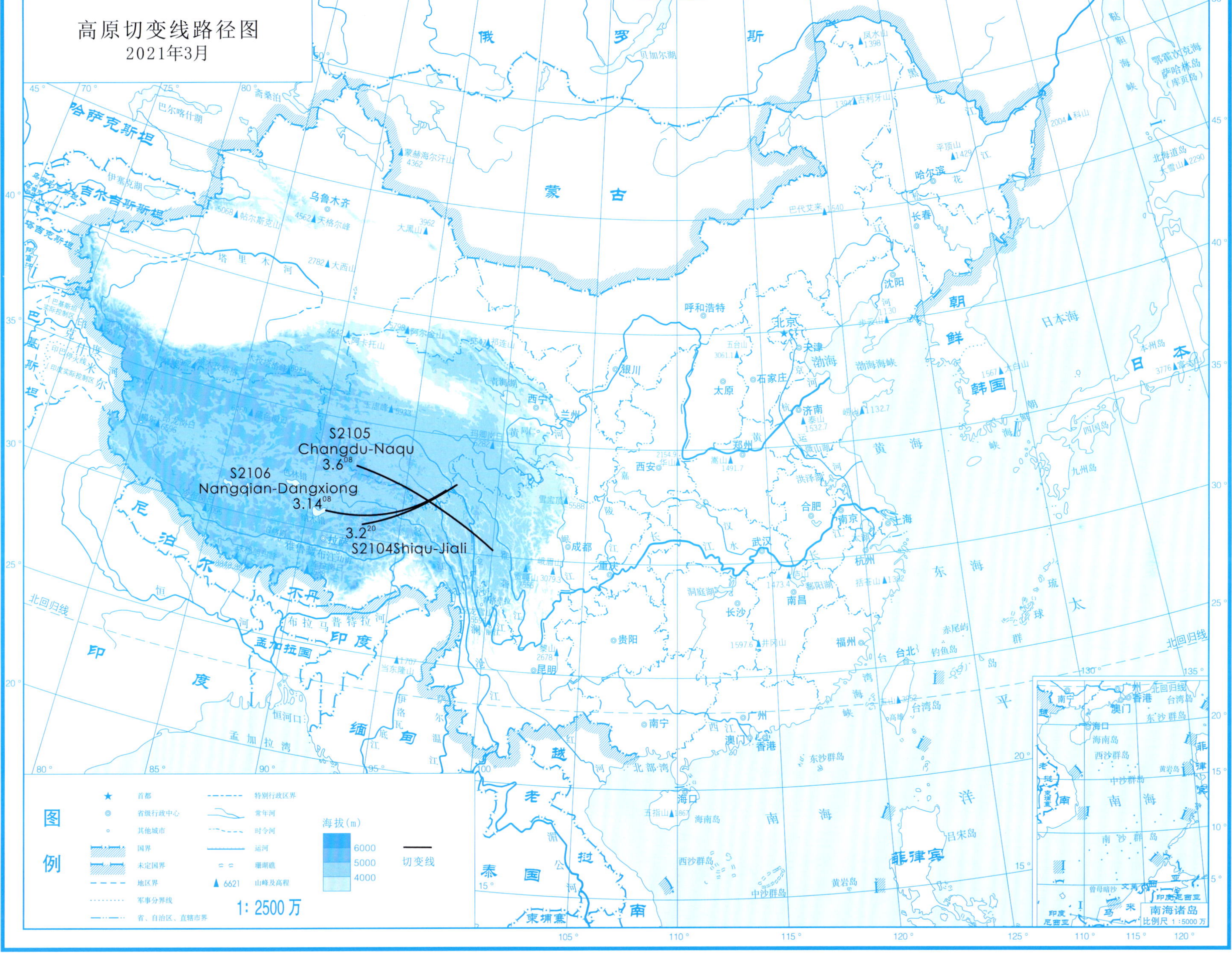

高原切变线路径图
2021年3月
S2105
Changdu-Naqu
3.6[08]
S2106
Nangqian-Dangxiong
3.14[08]
3.2[20]
S2104Shiqu-Jiali
切变线
海拔(m)
6000
5000
4000
1: 2500 万

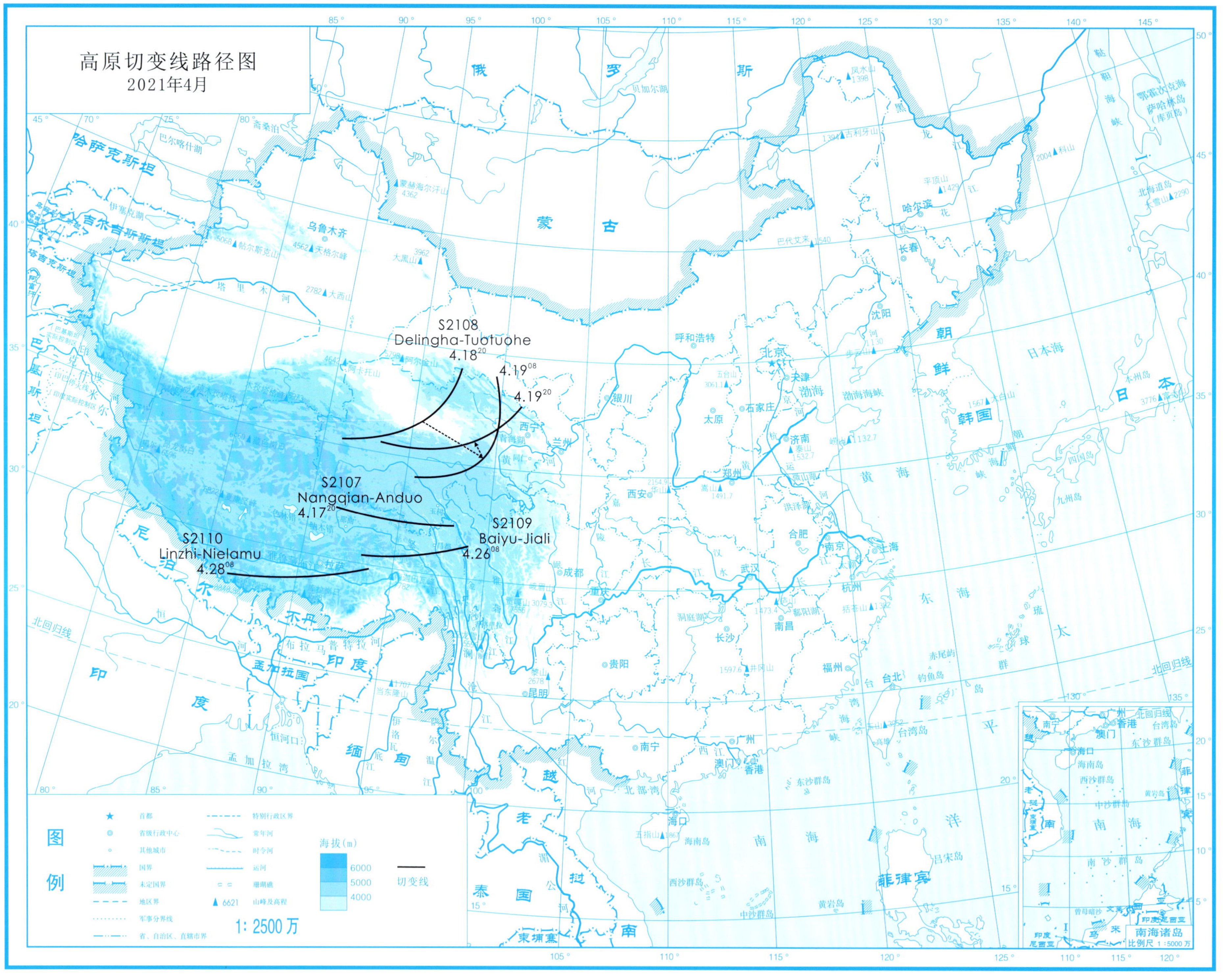
高原切变线路径图
2021年4月
S2108
Delingha-Tuotuohe
4.18^{20}
4.19^{08}
4.19^{20}
S2107
Nangqian-Anduo
4.17^{20}
S2109
Baiyu-Jiali
4.26^{08}
S2110
Linzhi-Nielamu
4.28^{08}
图例
首都
省级行政中心
其他城市
国界
未定国界
地区界
军事分界线
省、自治区、直辖市界
特别行政区界
常年河
时令河
运河
珊瑚礁
6621 山峰及高程
海拔（m）
6000
5000
4000
切变线
1:2500万
南海诸岛
比例尺 1:5000万

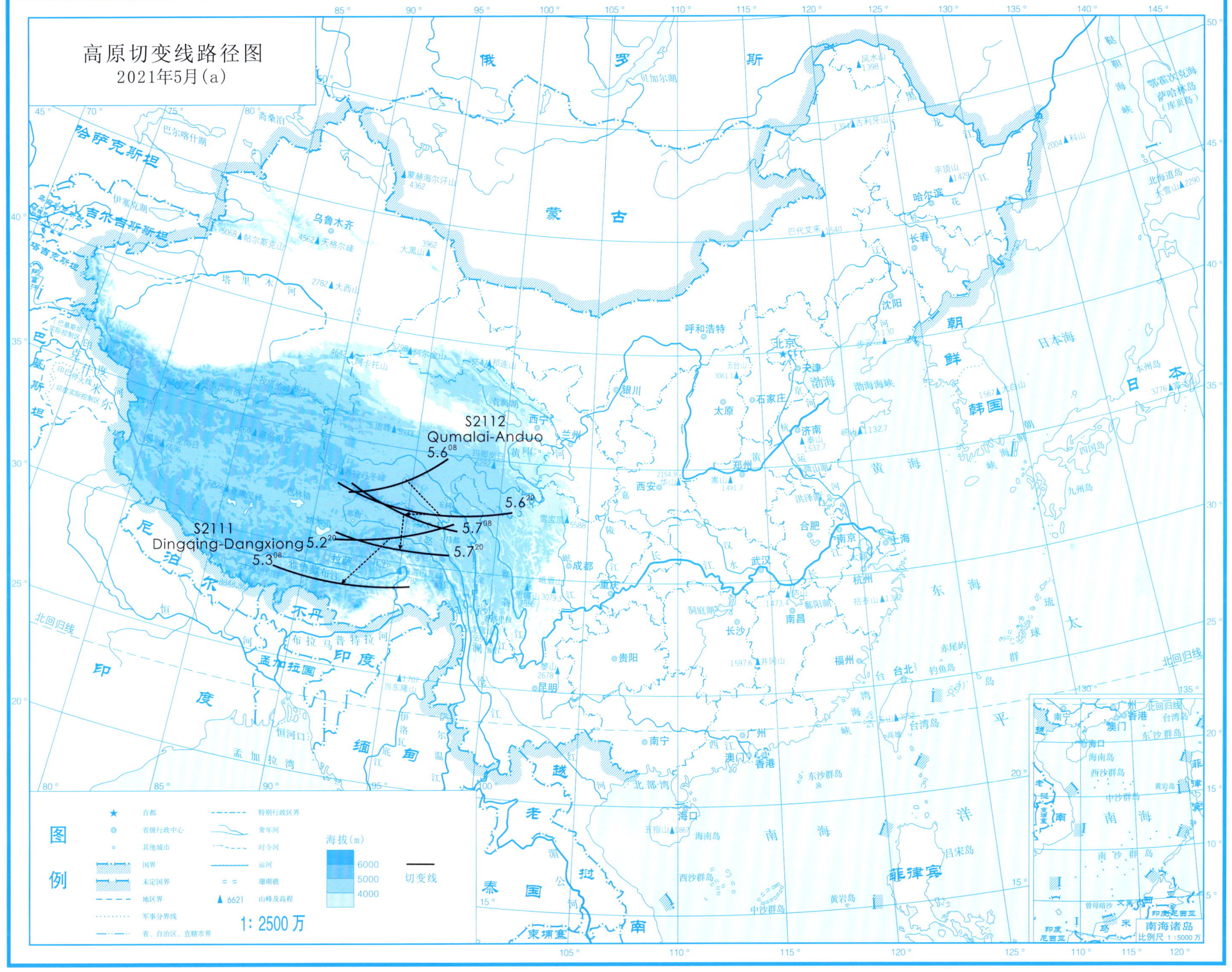

高原切变线路径图
2021年5月(a)
S2112
Qumalai-Anduo
5.6[08]
5.6[20]
5.7[08]
S2111
Dingqing-Dangxiong
5.2[20]
5.7[20]
5.3[08]
图例
切变线
海拔(m)
6000
5000
4000
1: 2500 万
南海诸岛

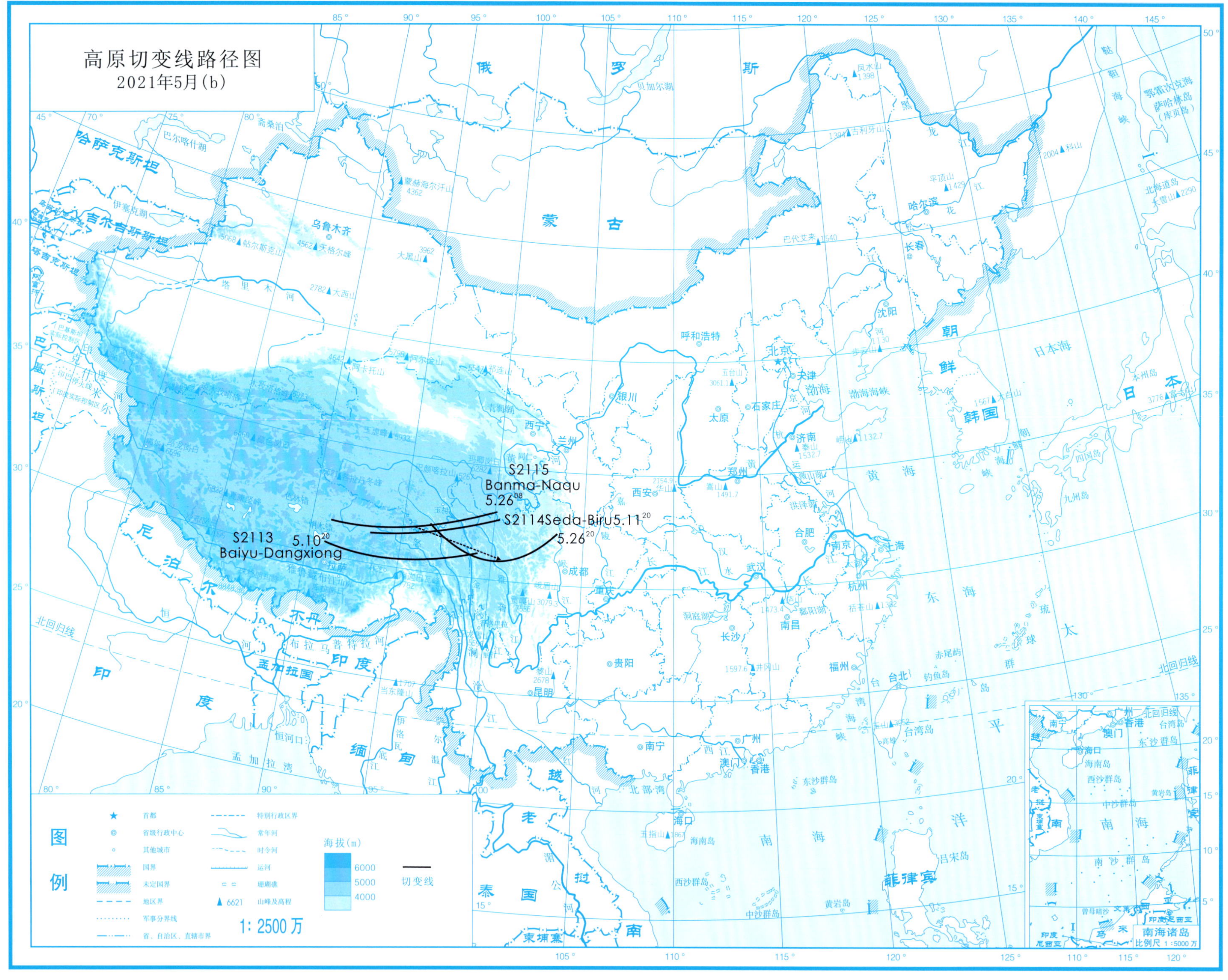
高原切变线路径图
2021年5月(b)
S2115
Banma-Naqu
5.26[08]
S2114Seda-Biru5.11[20]
5.26[20]
S2113
Baiyu-Dangxiong
5.10[20]
图例
首都
省级行政中心
其他城市
国界
未定国界
地区界
军事分界线
省、自治区、直辖市界
特别行政区界
常年河
时令河
运河
珊瑚礁
山峰及高程
海拔(m)
6000
5000
4000
切变线
1: 2500 万
南海诸岛
比例尺 1:5000 万

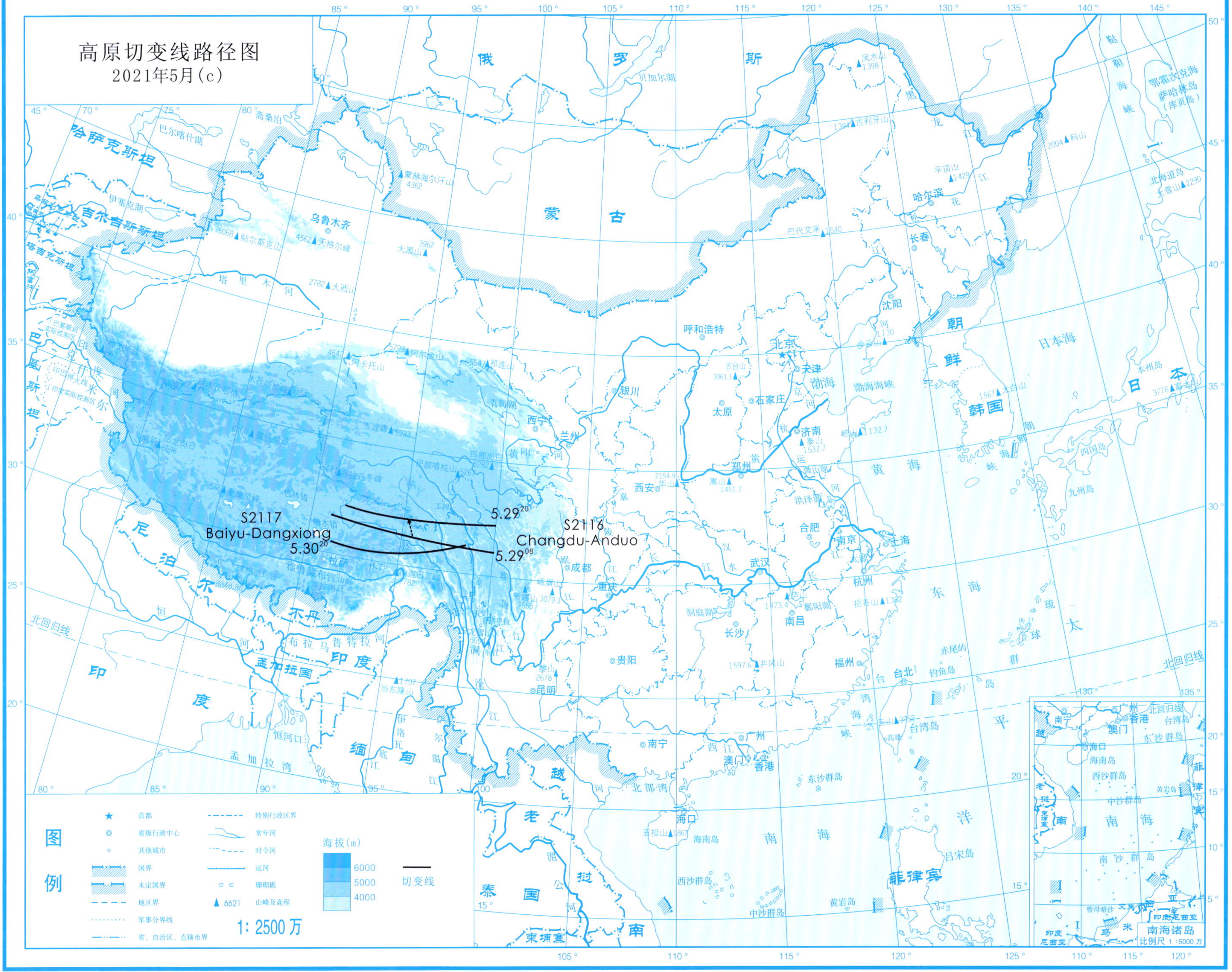

高原切变线路径图
2021年5月(c)
S2117
Baiyu-Dangxiong
5.30²⁰
5.29⁰⁸
5.29²⁰
S2116
Changdu-Anduo
图例
首都
省级行政中心
其他城市
国界
未定国界
地区界
军事分界线
省、自治区、直辖市界
特别行政区界
常年河
时令河
运河
珊瑚礁
山峰及高程
海拔(m)
6000
5000
4000
切变线
1: 2500万
南海诸岛
比例尺 1:5000万

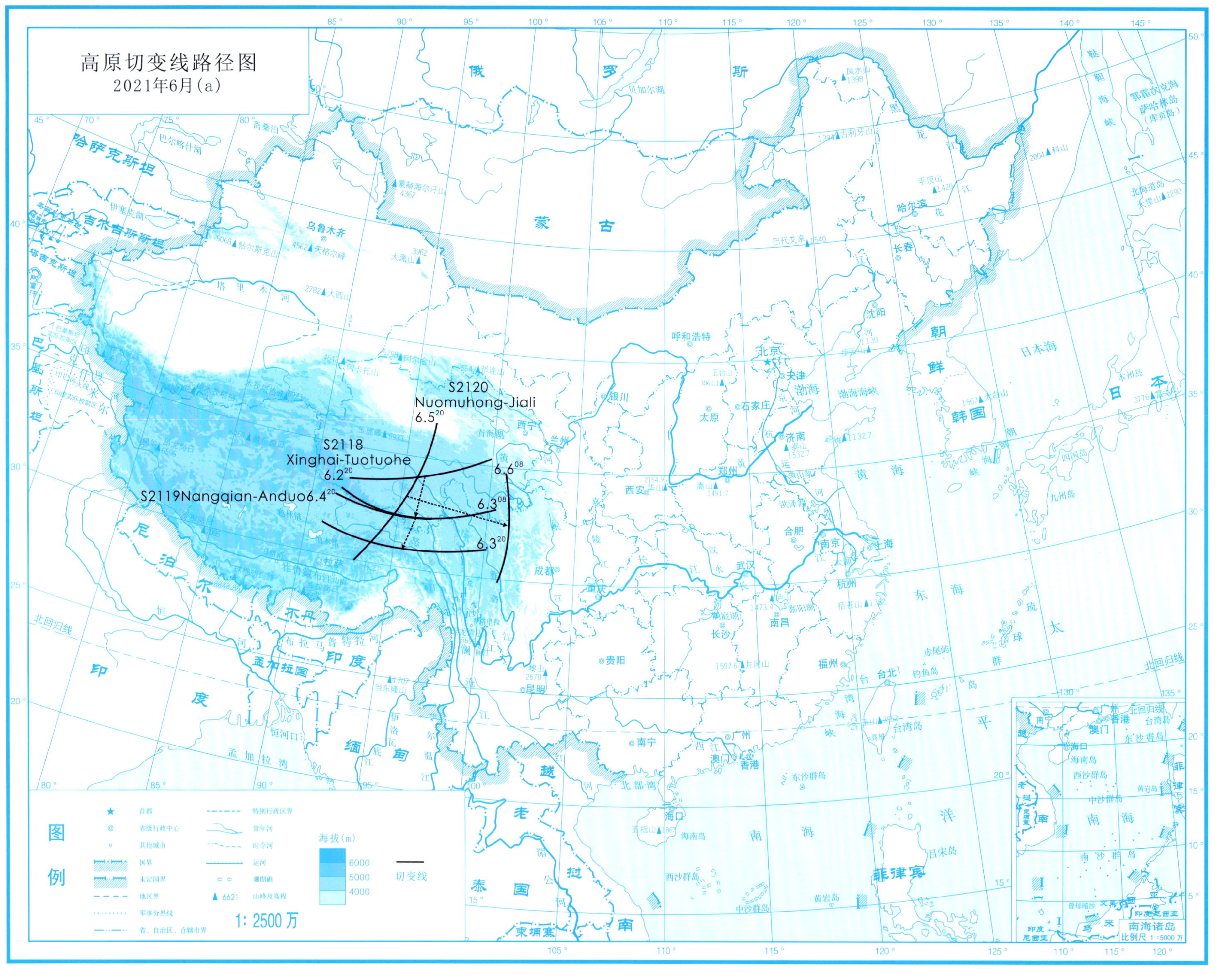
高原切变线路径图
2021年6月(a)
S2120
Nuomuhong-Jiali
6.5 20
S2118
Xinghai-Tuotuohe
6.2 20
S2119Nangqian-Anduo6.4 20
6.6 08
6.3 08
6.3 20
图例
首都
省级行政中心
其他城市
国界
未定国界
地区界
军事分界线
省、自治区、直辖市界
特别行政区界
常年河
时令河
运河
珊瑚礁
6621 山峰及高程
海拔(m)
6000
5000
4000
切变线
1: 2500万
南海诸岛
比例尺 1 : 5000 万

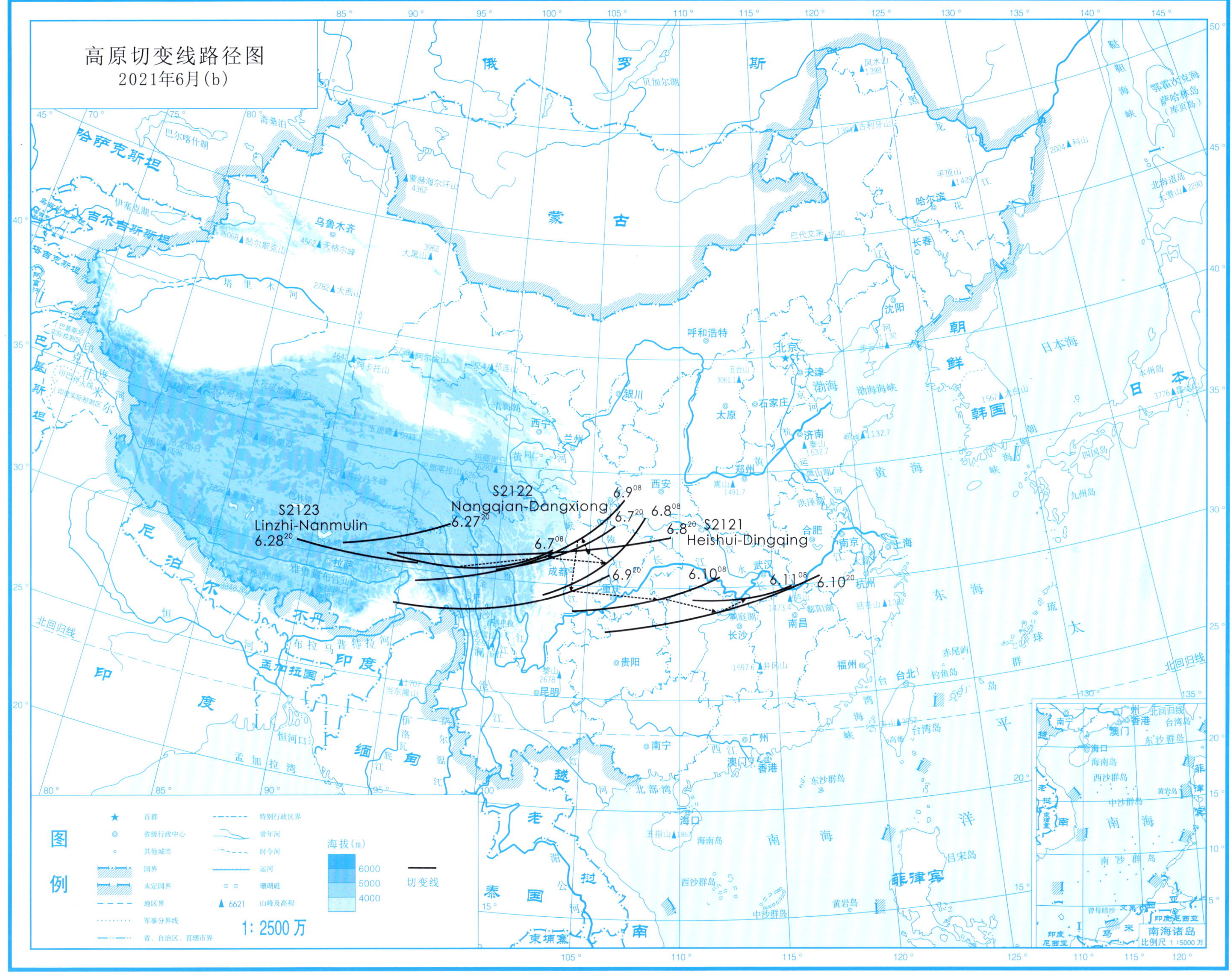
高原切变线路径图
2021年6月(b)
S2123
Linzhi-Nanmulin
6.28
S2122
Nangqian-Dangxiong
6.27
S2121
Heishui-Dingqing
6.9
6.7
6.8
6.8
6.7
6.9
6.10
6.11
6.10
图例
切变线
1: 2500 万
南海诸岛

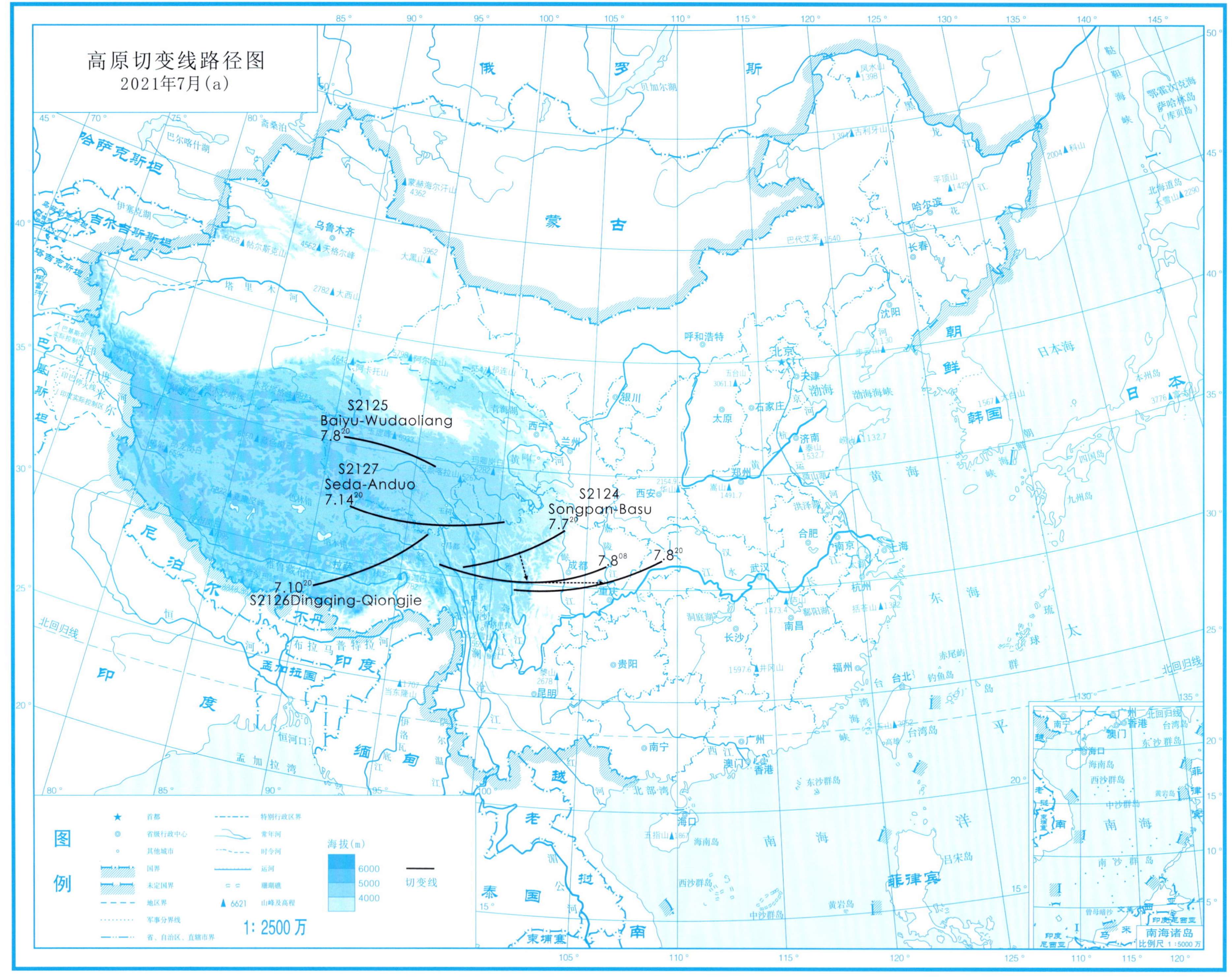
高原切变线路径图
2021年7月(a)
S2125
Baiyu-Wudaoliang
7.8 20
S2127
Seda-Anduo
7.14 20
S2124
Songpan-Basu
7.7 20
7.8 08
7.8 20
7.10 20
S2126Dingqing-Qiongjie
图例
首都
省级行政中心
其他城市
国界
未定国界
地区界
军事分界线
省、自治区、直辖市界
特别行政区界
常年河
时令河
运河
珊瑚礁
山峰及高程
海拔(m)
6000
5000
4000
切变线
1:2500万
南海诸岛
比例尺 1:5000万

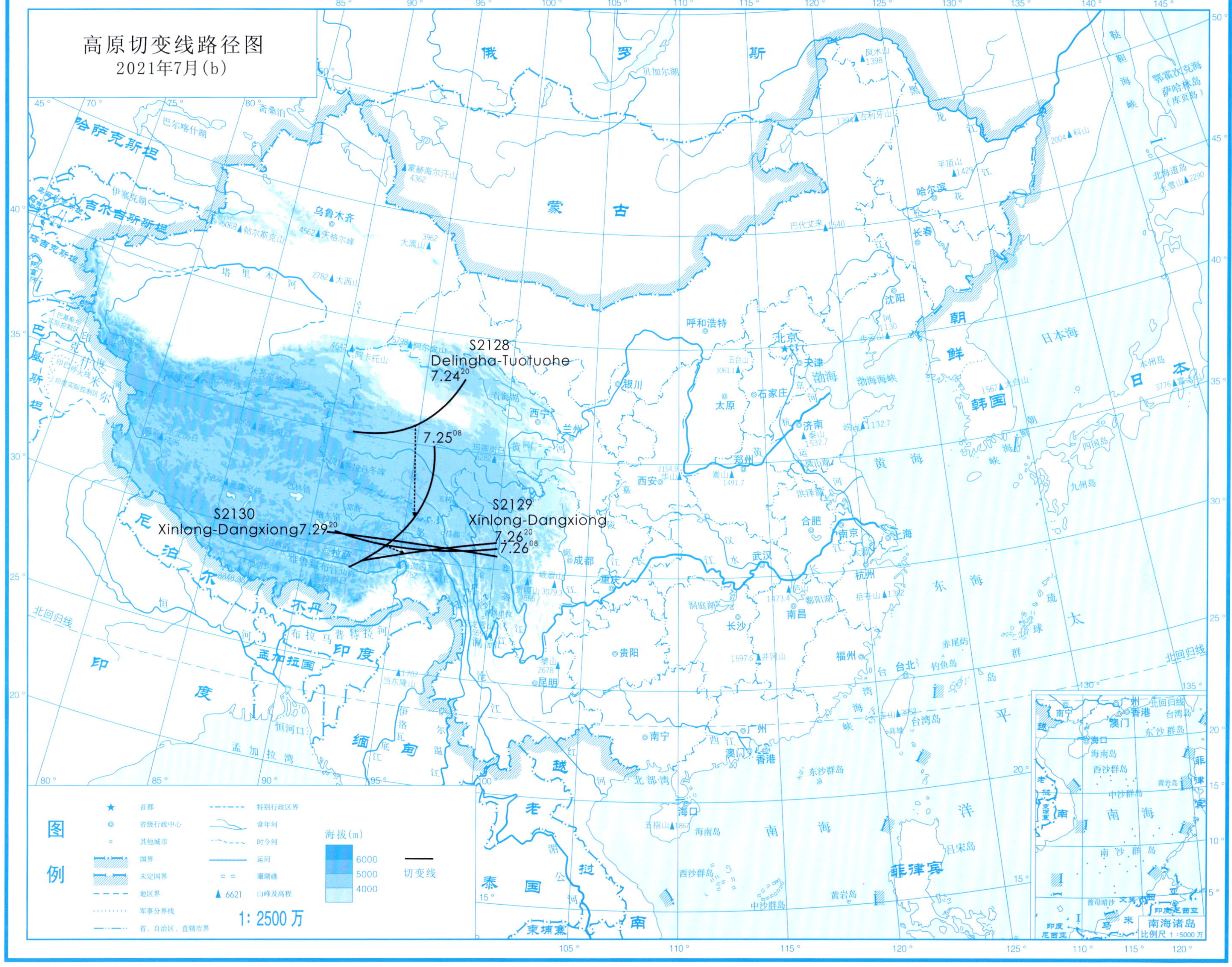

高原切变线路径图
2021年7月(b)
S2128
Delingha-Tuotuohe
7.24 20
7.25 08
S2129
Xinlong-Dangxiong
7.26 20
7.26 08
S2130
Xinlong-Dangxiong 7.29 20
图例
切变线
海拔(m)
6000
5000
4000
1: 2500 万
南海诸岛
比例尺 1:5000万

高原切变线路径图
2021年8月(a)
S2131
Gangcha-Zaduo
8.2 20
S2132
Maqu-Tuotuohe
8.4 20
8.8 20
S2133
Nangqian-Anduo
图例
首都
省级行政中心
其他城市
国界
未定国界
地区界
军事分界线
省、自治区、直辖市界
特别行政区界
常年河
时令河
运河
珊瑚礁
山峰及高程
海拔(m)
6000
5000
4000
切变线
1: 2500 万
南海诸岛
比例尺 1:5000 万

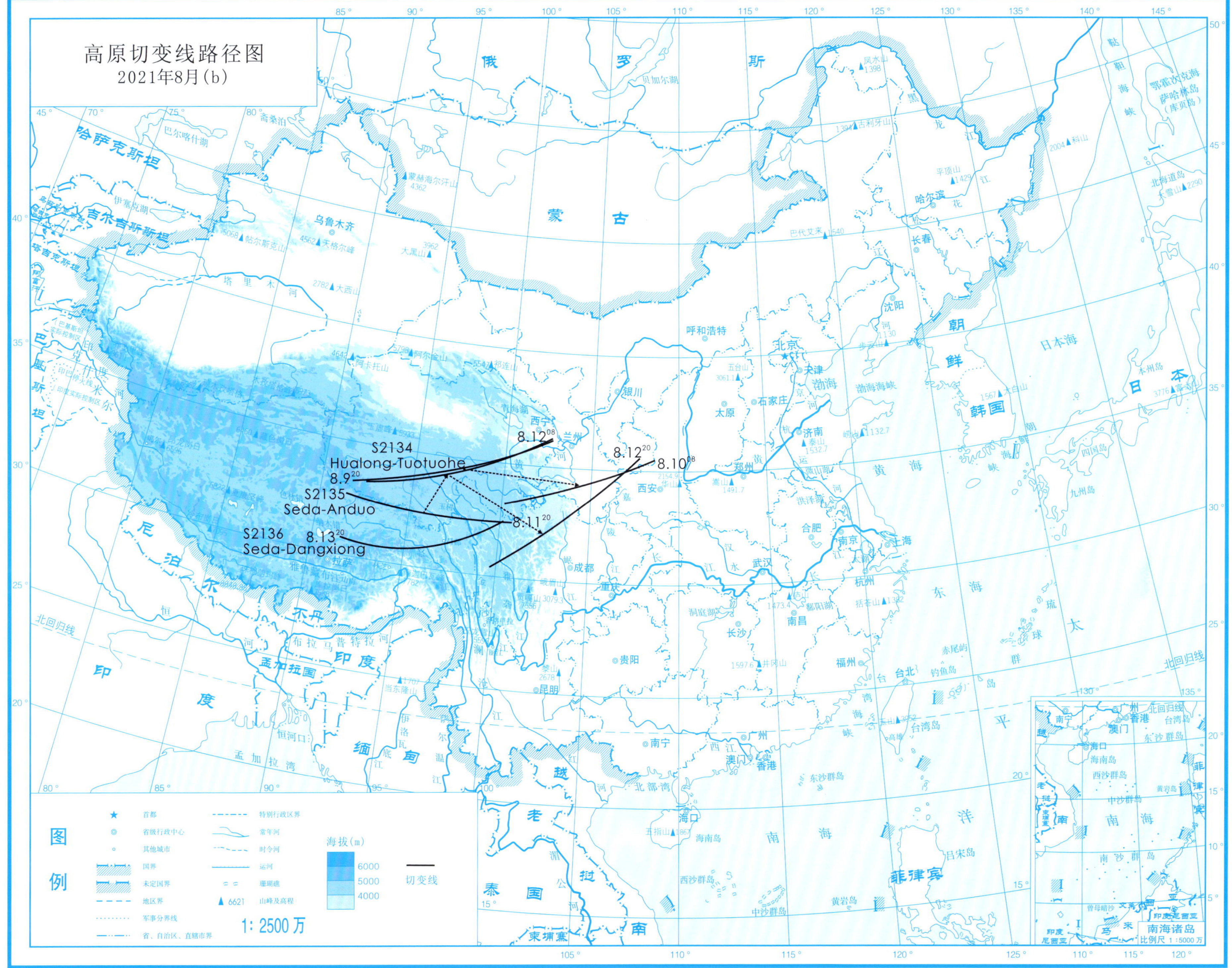
高原切变线路径图
2021年8月(b)
S2134
Hualong-Tuotuohe
8.9[20]
8.12[08]
8.12[20]
8.10[08]
S2135
Seda-Anduo
8.11[20]
S2136
Seda-Dangxiong
8.13[20]
图例
首都
省级行政中心
其他城市
国界
未定国界
地区界
军事分界线
省、自治区、直辖市界
特别行政区界
常年河
时令河
运河
珊瑚礁
6621 山峰及高程
海拔(m)
6000
5000
4000
切变线
1: 2500万
南海诸岛
比例尺 1 : 5000 万

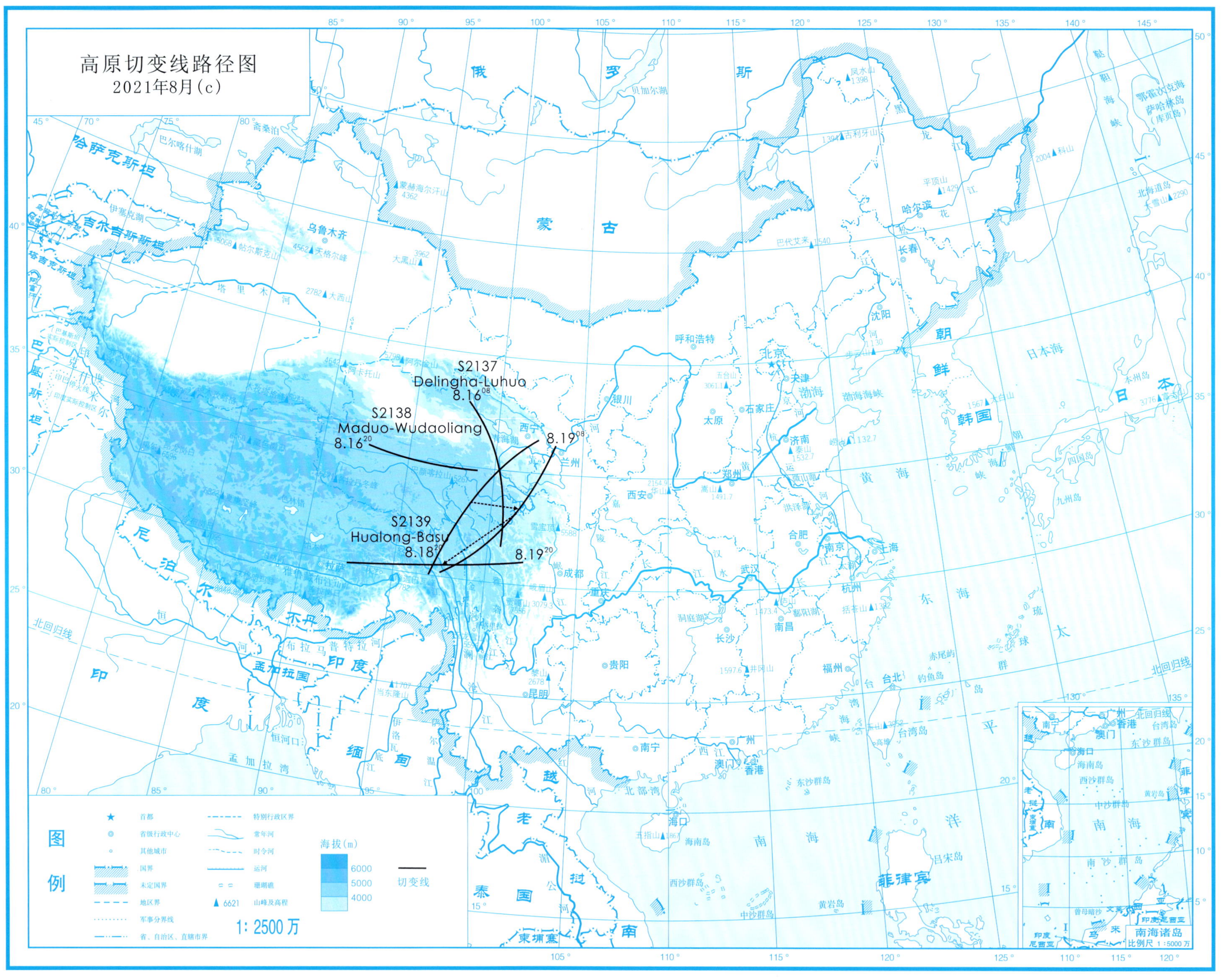
高原切变线路径图
2021年8月(c)
S2137
Delingha-Luhuo
8.16 08
S2138
Maduo-Wudaoliang
8.16 20
S2139
Hualong-Basu
8.18 20
8.19 08
8.19 20
图例
首都
省级行政中心
其他城市
国界
未定国界
地区界
军事分界线
省、自治区、直辖市界
特别行政区界
常年河
时令河
运河
珊瑚礁
山峰及高程
海拔(m)
6000
5000
4000
切变线
1: 2500 万
南海诸岛
比例尺 1:5000 万

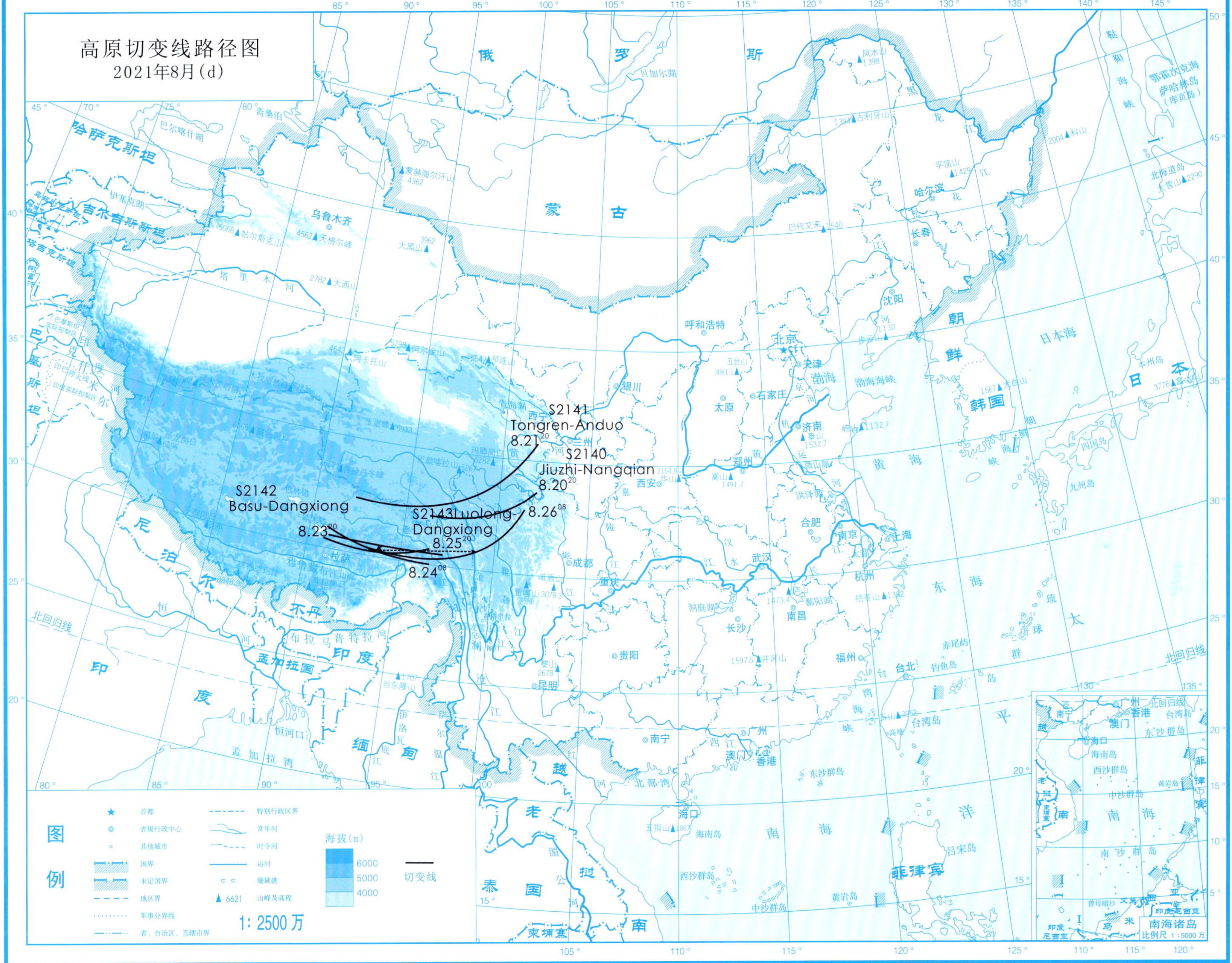
高原切变线路径图
2021年8月(d)
S2141
Tongren-Anduo
8.21 20
S2140
Jiuzhi-Nangqian
8.20 20
S2142
Basu-Dangxiong
8.23 20
S2143Luolong-
Dangxiong
8.25 20
8.26 08
8.24 08
图例
切变线
1: 2500 万

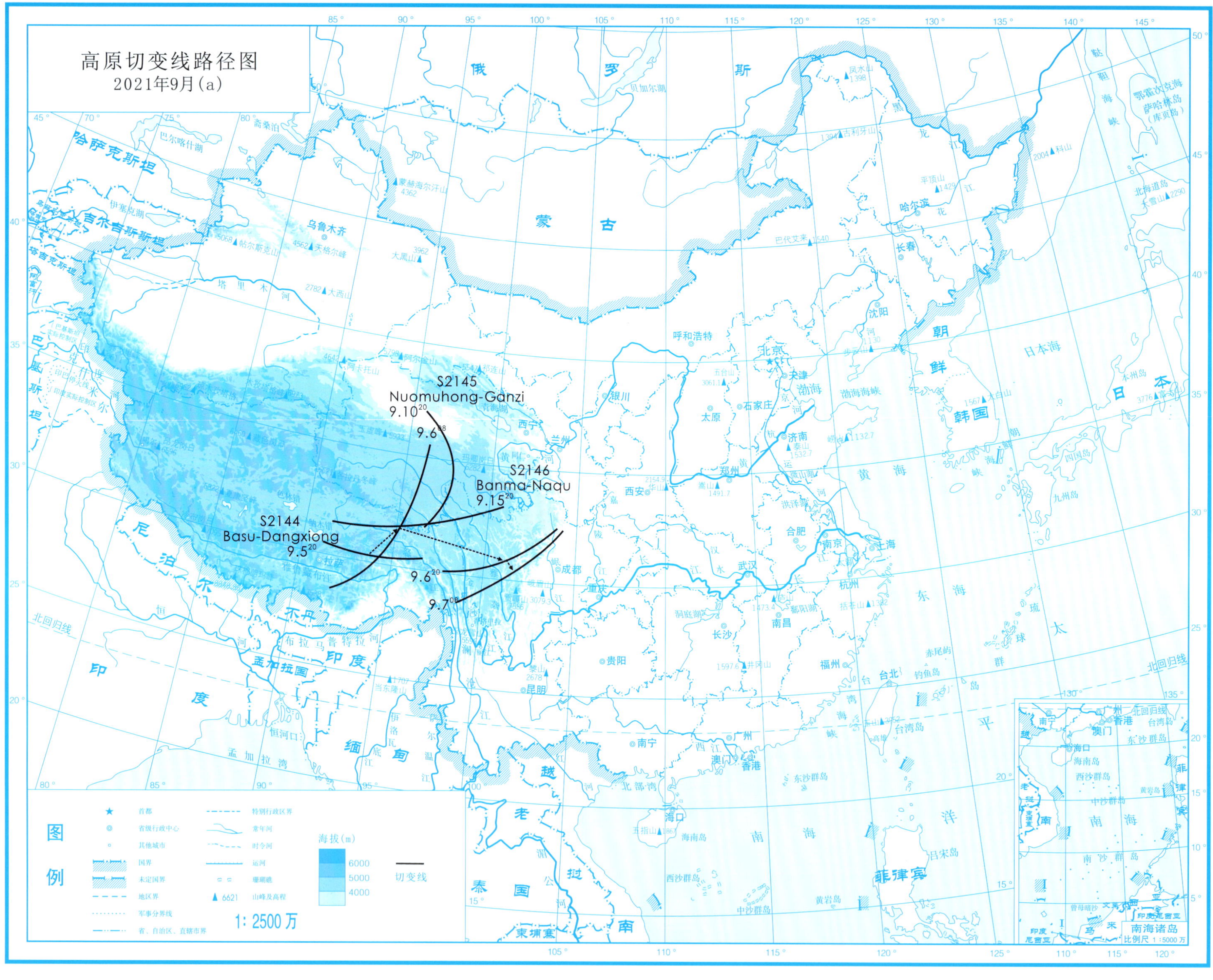
高原切变线路径图
2021年9月(a)
S2145
Nuomuhong-Ganzi
9.10[20]
9.6[08]
S2146
Banma-Naqu
9.15[20]
S2144
Basu-Dangxiong
9.5[20]
9.6[20]
9.7[08]
图例
首都
省级行政中心
其他城市
国界
未定国界
地区界
军事分界线
省、自治区、直辖市界
特别行政区界
常年河
时令河
运河
珊瑚礁
山峰及高程
海拔(m)
6000
5000
4000
切变线
1:2500万
南海诸岛
比例尺 1:5000万

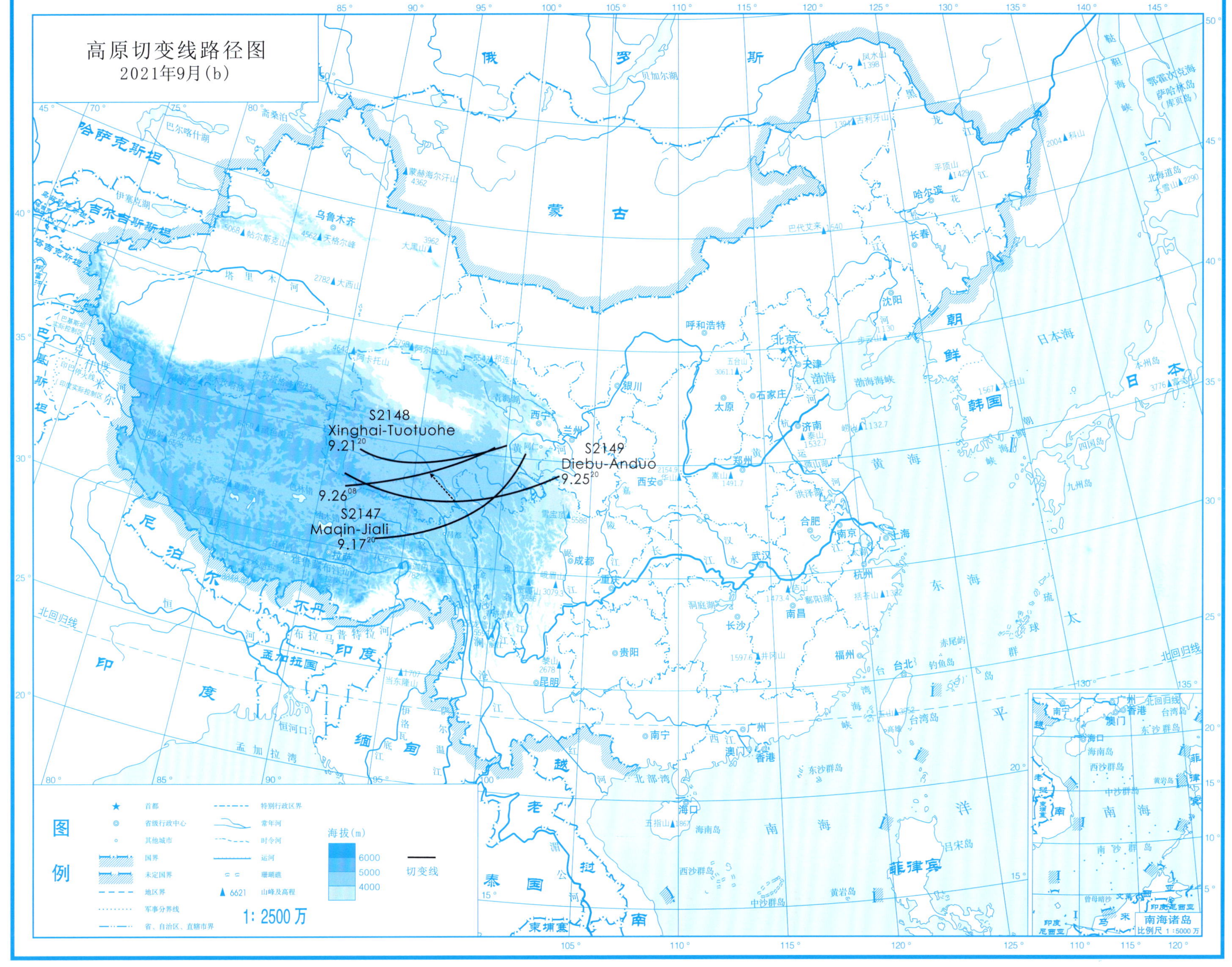

高原切变线路径图
2021年9月(b)
S2148
Xinghai-Tuotuohe
9.21²⁰
S2149
Diebu-Anduo
9.25²⁰
9.26⁰⁸
S2147
Maqin-Jiali
9.17²⁰
图例
切变线
海拔(m)
6000
5000
4000
1: 2500万
南海诸岛
比例尺 1:5000万

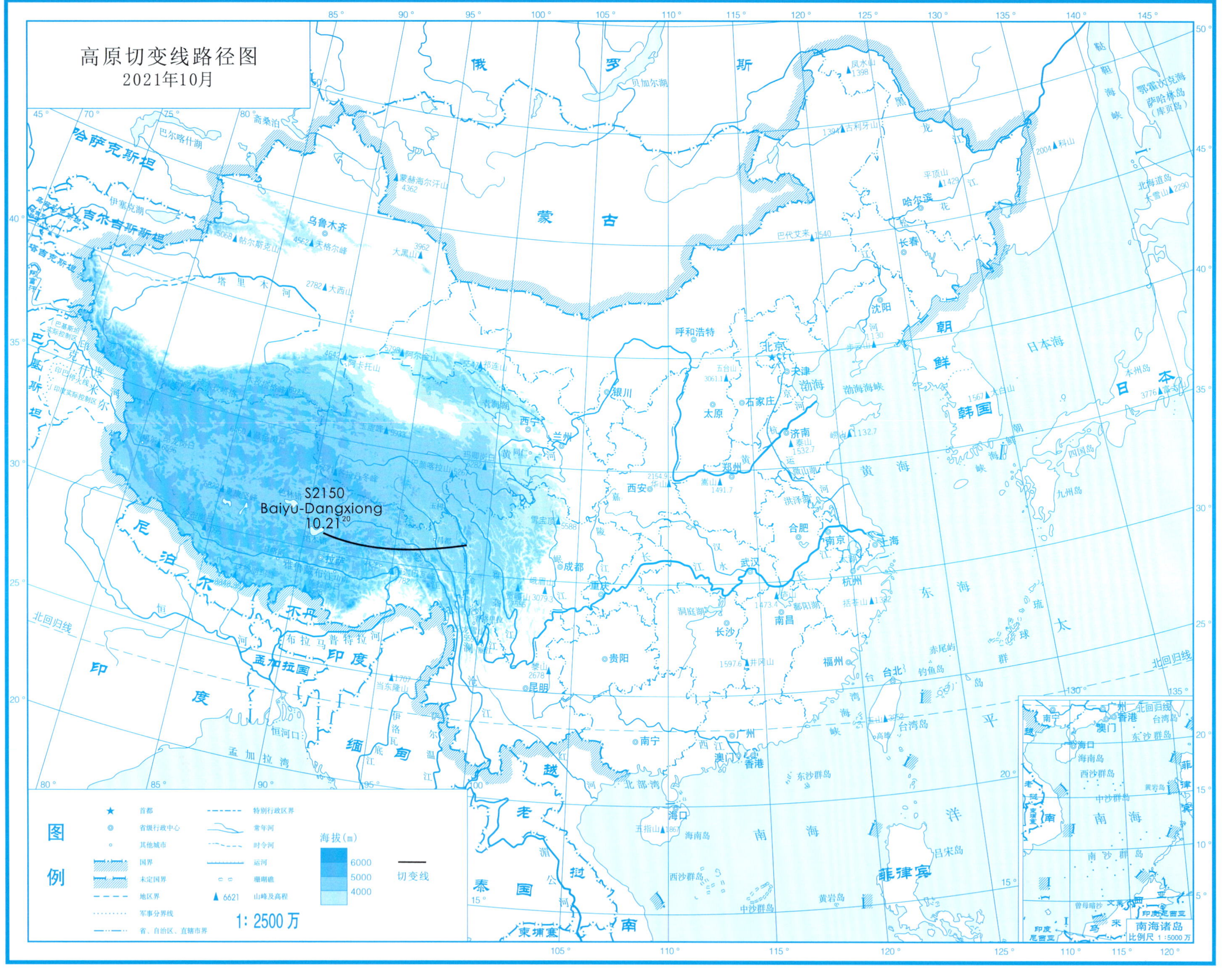
高原切变线路径图
2021年10月
S2150
Baiyu-Dangxiong
10.21[20]
图例
首都
省级行政中心
其他城市
国界
未定国界
地区界
军事分界线
省、自治区、直辖市界
特别行政区界
常年河
时令河
运河
珊瑚礁
6621 山峰及高程
海拔(m)
6000
5000
4000
切变线
1: 2500万
南海诸岛
比例尺 1:5000万

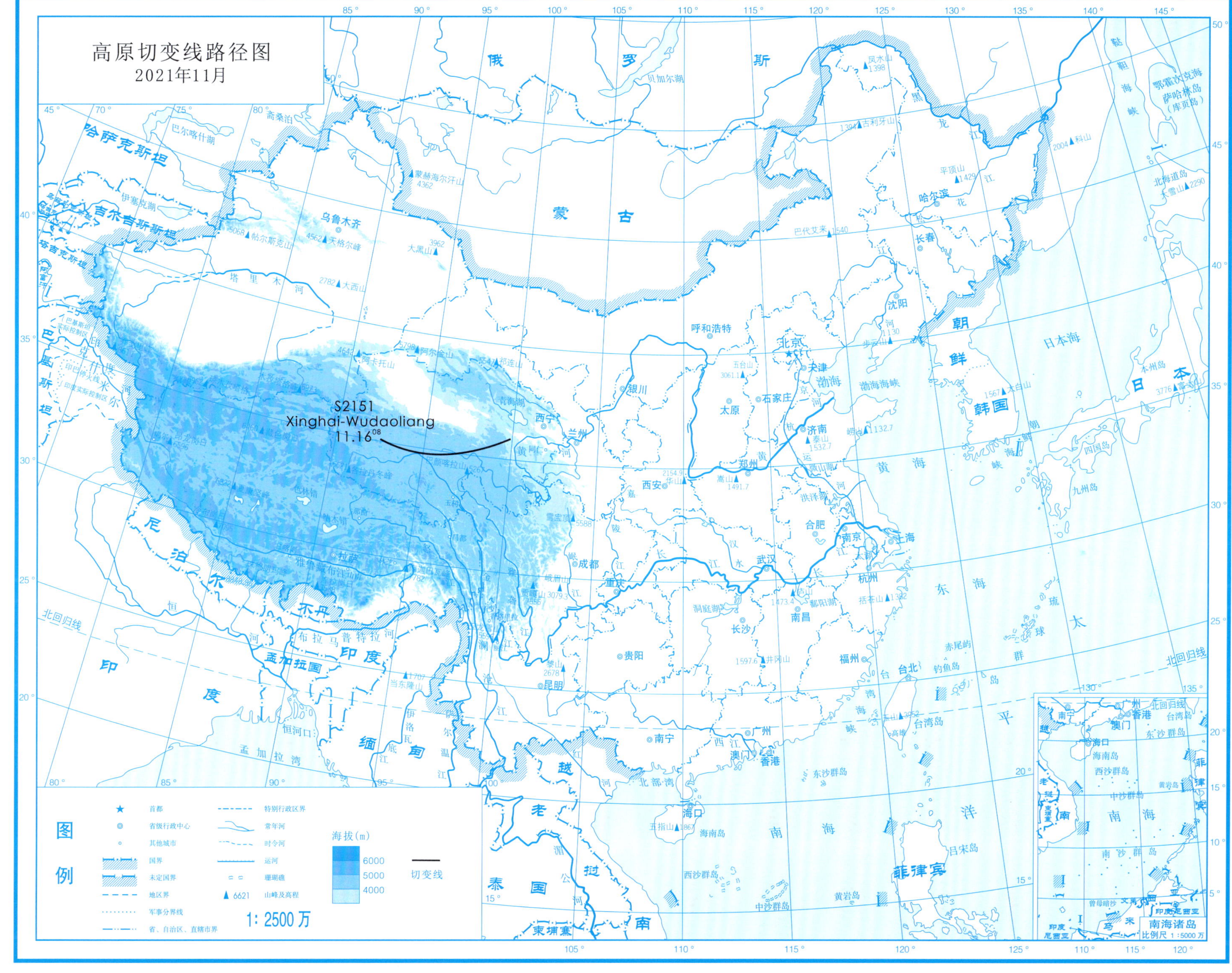

Page...141

高原切变线 第2部分

青藏高原切变线降水资料

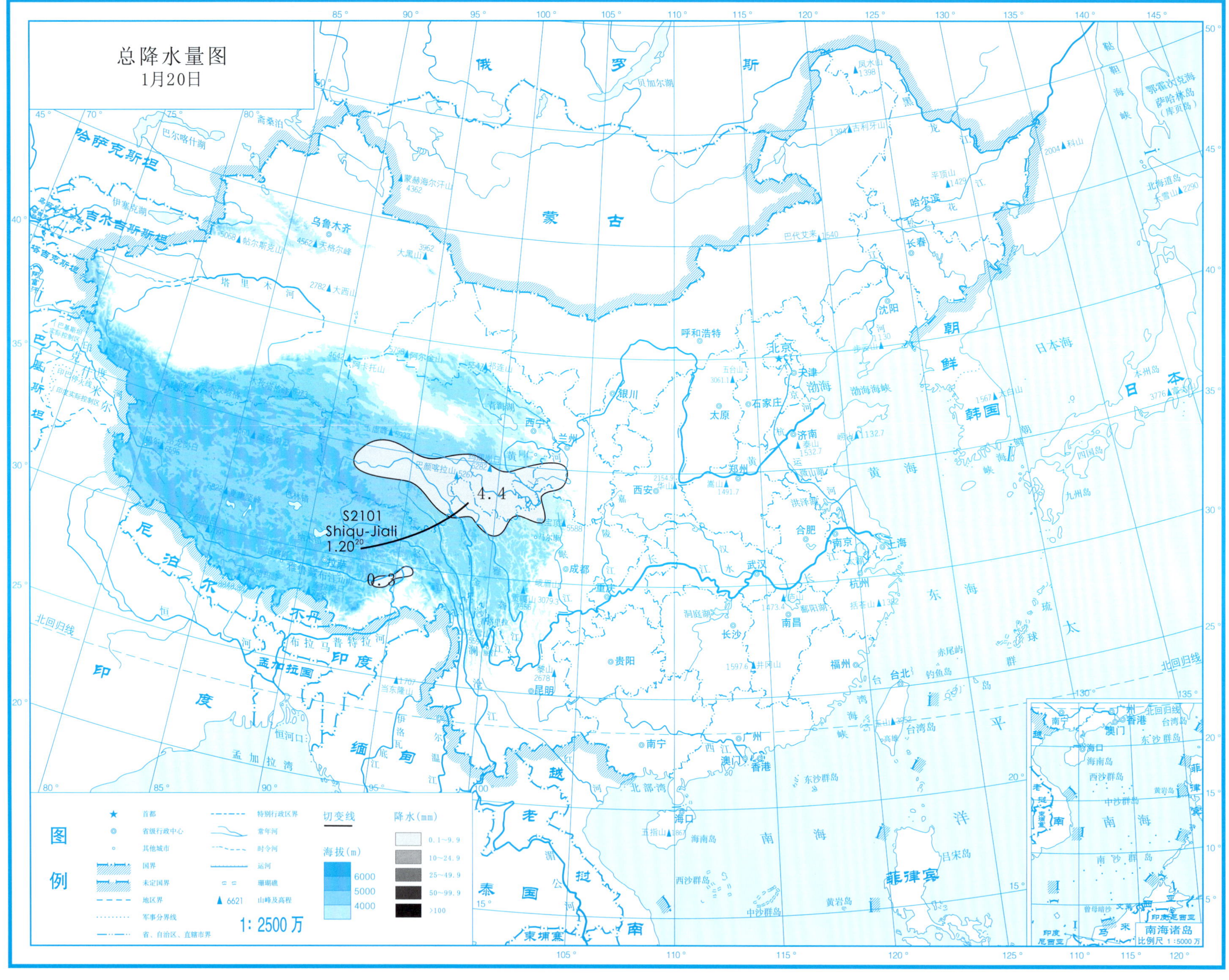
总降水量图
1月20日
4.4
S2101
Shiqu-Jiali
1.20[20]
0.3
图例
切变线
降水(mm)
0.1~9.9
10~24.9
25~49.9
50~99.9
>100
海拔(m)
6000
5000
4000
1: 2500万
南海诸岛
比例尺 1:5000万

总降水日数图
1月20日
图例
首都
省级行政中心
其他城市
国界
未定国界
地区界
军事分界线
特别行政区界
常年河
时令河
运河
珊瑚礁
山峰及高程
省、自治区、直辖市界
海拔(m)
6000
5000
4000
降水日数
1天
2~3天
4天以上
1: 2500万
南海诸岛
比例尺 1:5000万

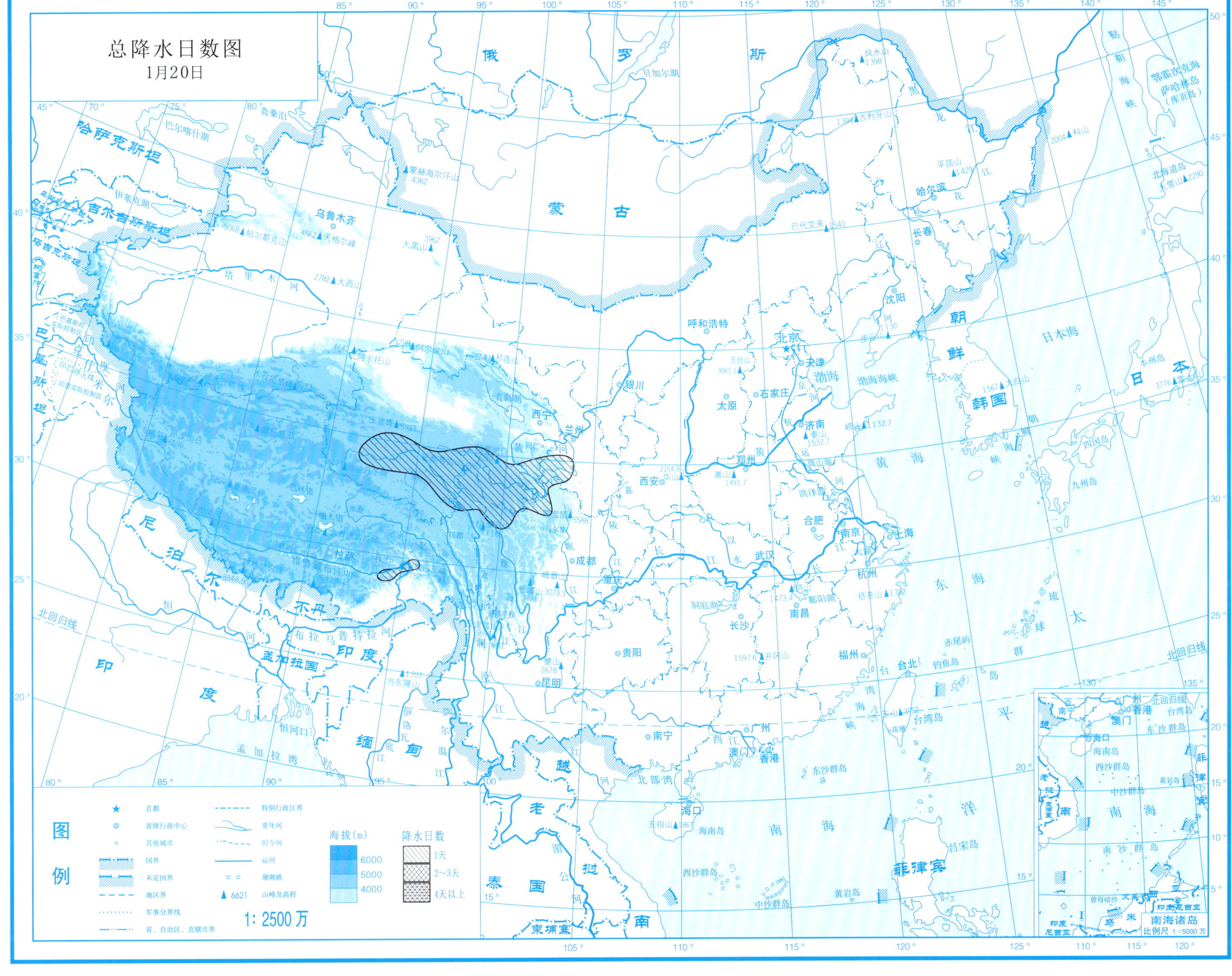

Page...145

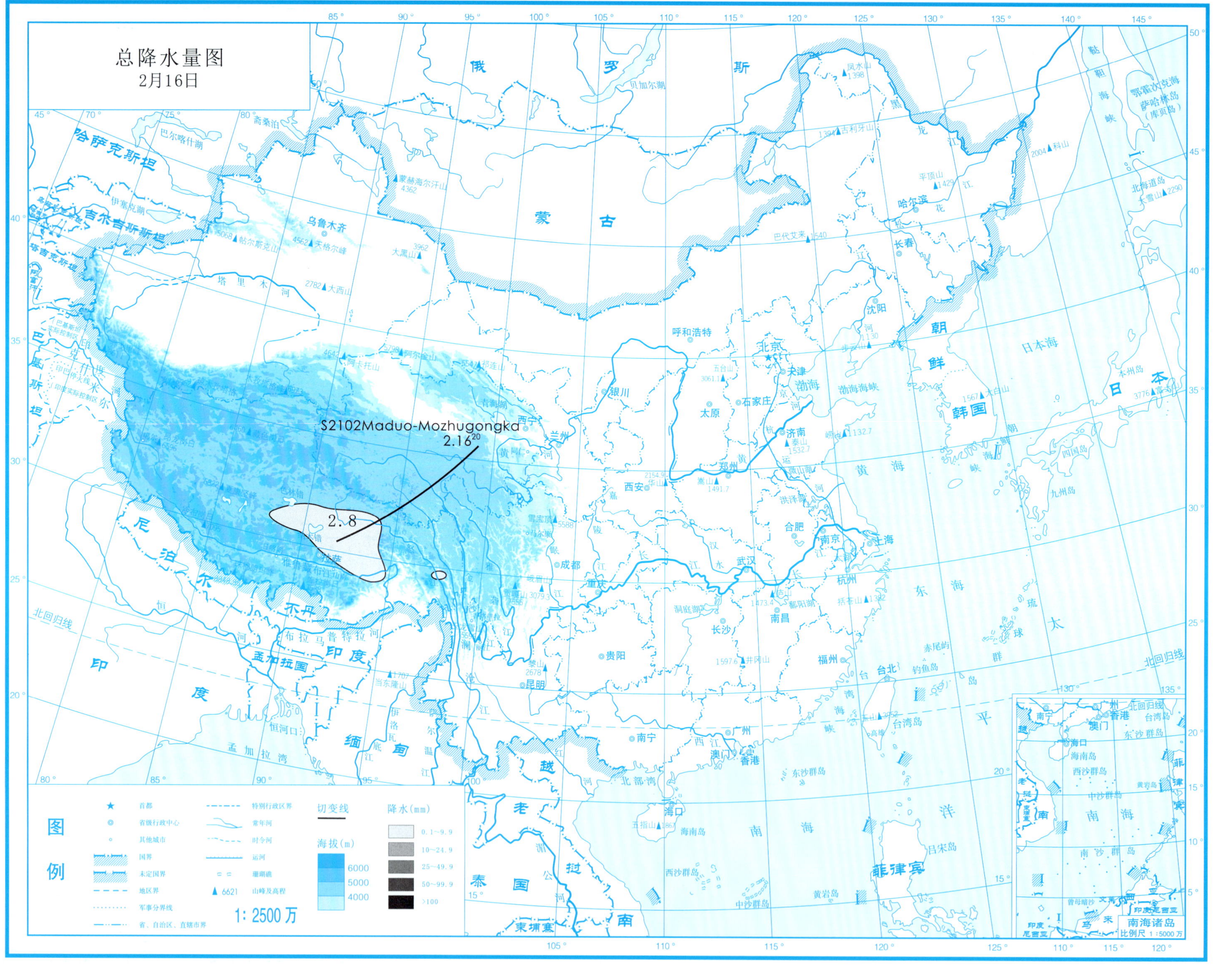
总降水量图
2月16日
S2102Maduo-Mozhugongka
2.16[20]
2.8
图例
首都
省级行政中心
其他城市
国界
未定国界
地区界
军事分界线
省、自治区、直辖市界
特别行政区界
常年河
时令河
运河
珊瑚礁
6621 山峰及高程
切变线
海拔(m)
6000
5000
4000
降水(mm)
0.1~9.9
10~24.9
25~49.9
50~99.9
>100
1: 2500 万
南海诸岛
比例尺 1:5000 万

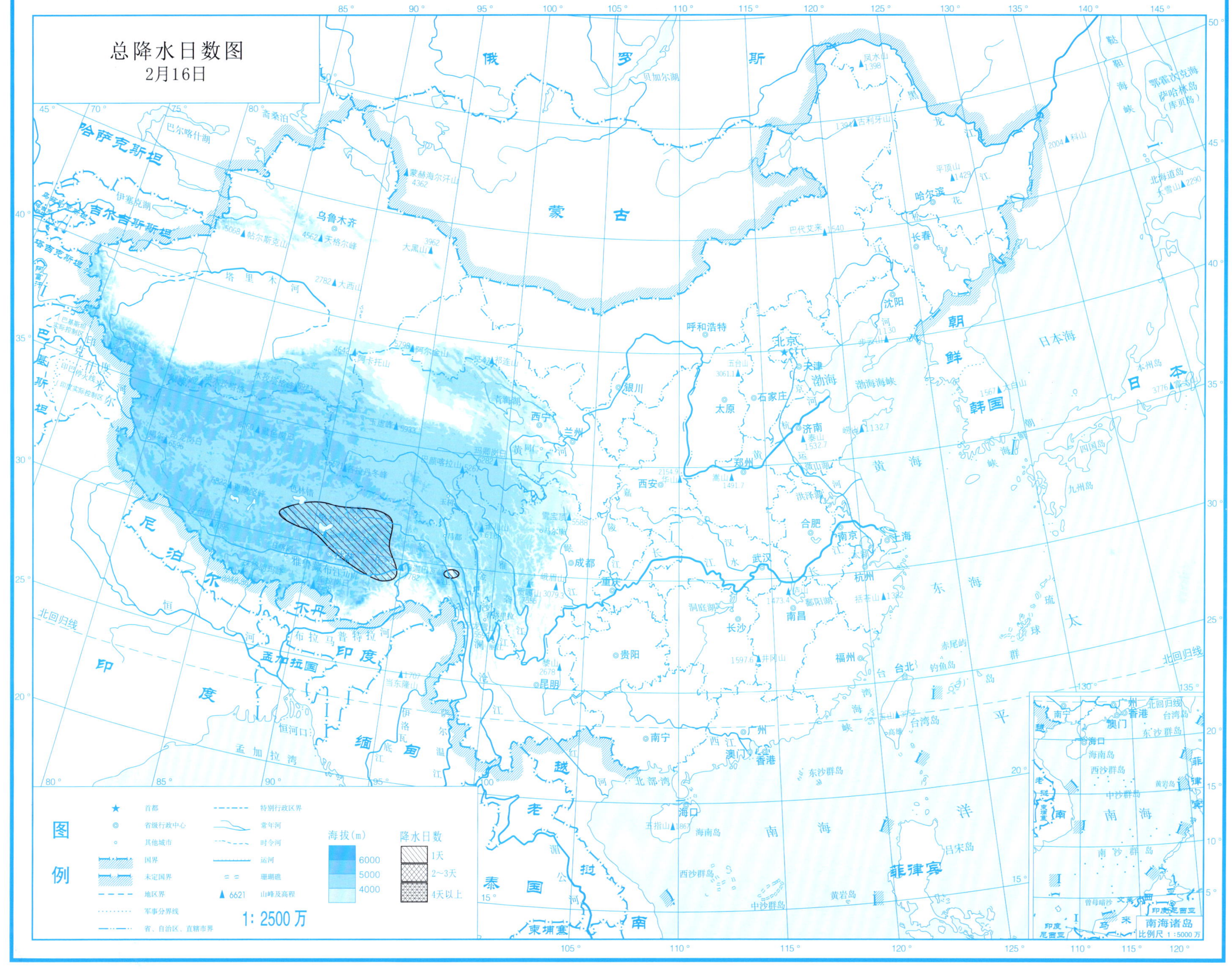
总降水日数图
2月16日
图例
首都
省级行政中心
其他城市
国界
未定国界
地区界
军事分界线
省、自治区、直辖市界
特别行政区界
常年河
时令河
运河
珊瑚礁
6621 山峰及高程
海拔(m)
6000
5000
4000
降水日数
1天
2~3天
4天以上
1: 2500 万
南海诸岛
比例尺 1:5000 万

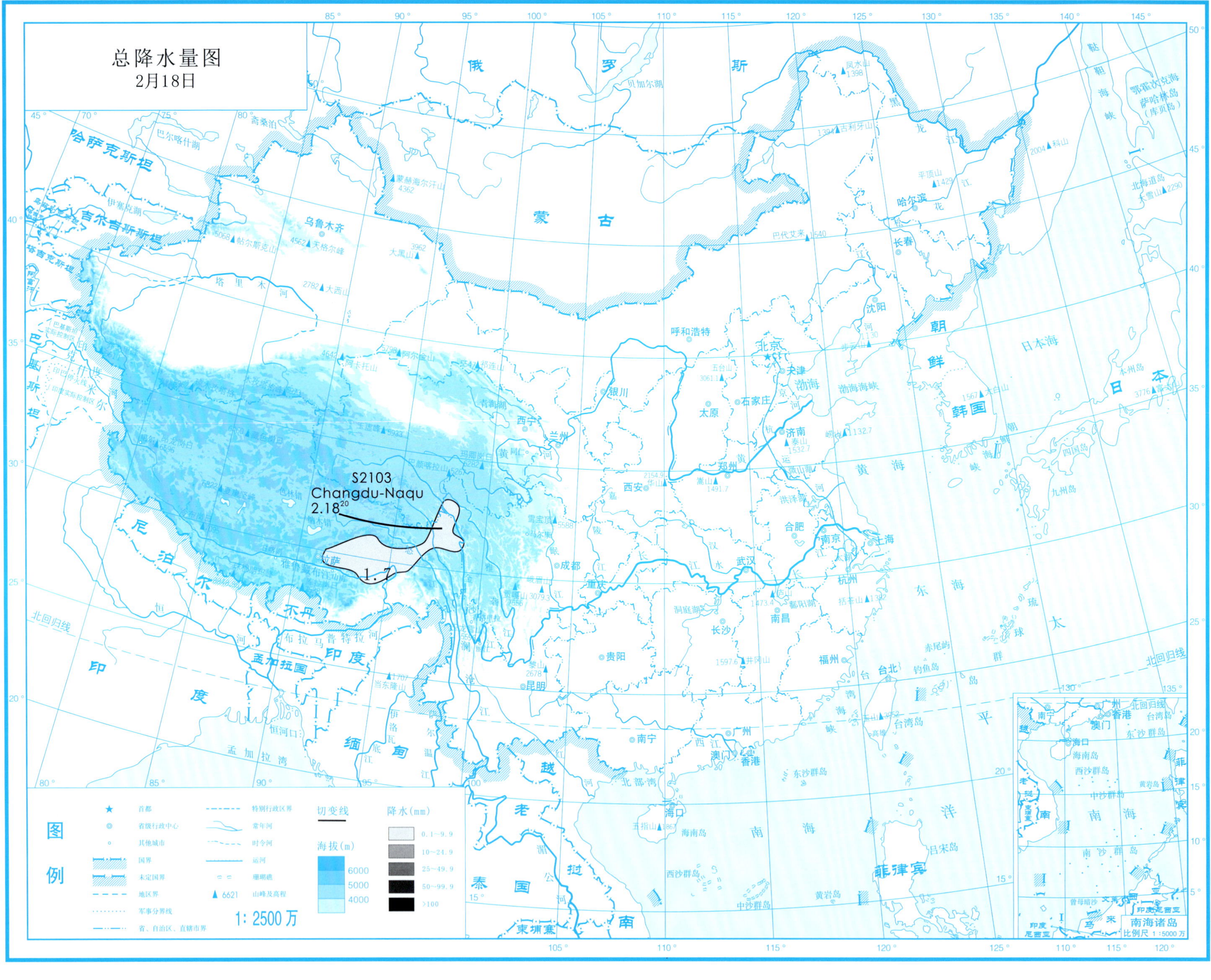
总降水量图
2月18日
S2103
Changdu-Naqu
2.18 20
1.7
图例
首都
省级行政中心
其他城市
国界
未定国界
地区界
军事分界线
省、自治区、直辖市界
特别行政区界
常年河
时令河
运河
珊瑚礁
6621 山峰及高程
切变线
海拔(m)
6000
5000
4000
降水(mm)
0.1~9.9
10~24.9
25~49.9
50~99.9
>100
1: 2500 万
南海诸岛
比例尺 1:5000 万

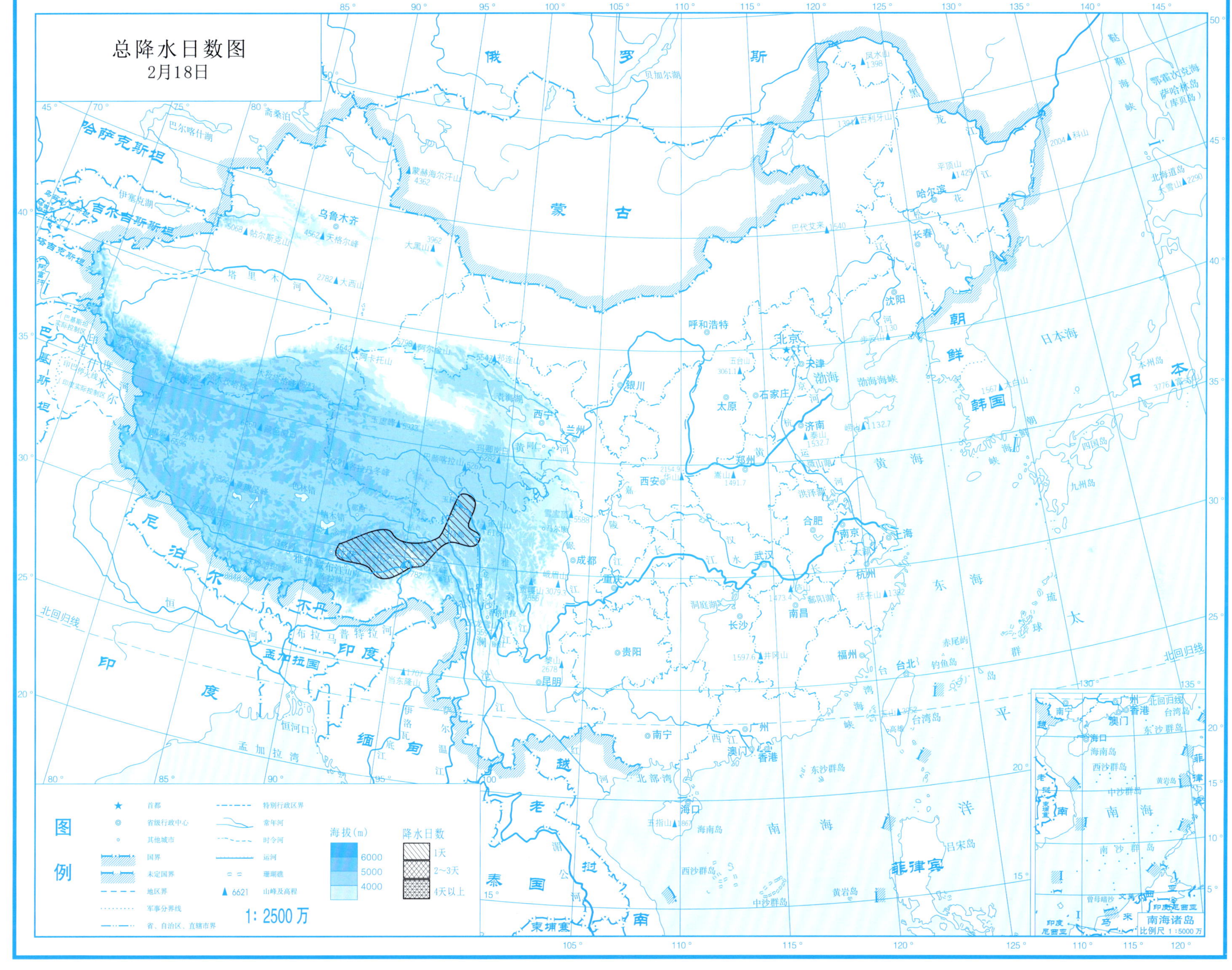

总降水日数图
2月18日
图例
首都
省级行政中心
其他城市
国界
未定国界
地区界
军事分界线
省、自治区、直辖市界
特别行政区界
常年河
时令河
运河
珊瑚礁
6621 山峰及高程
海拔(m)
6000
5000
4000
降水日数
1天
2~3天
4天以上
1:2500万
俄罗斯
蒙古
哈萨克斯坦
吉尔吉斯斯坦
塔吉克斯坦
巴基斯坦
阿富汗
印度
尼泊尔
不丹
孟加拉国
缅甸
老挝
泰国
越南
柬埔寨
朝鲜
韩国
日本
菲律宾
北京
天津
石家庄
太原
呼和浩特
沈阳
长春
哈尔滨
济南
郑州
西安
银川
兰州
西宁
乌鲁木齐
成都
重庆
贵阳
昆明
南宁
广州
长沙
武汉
南昌
合肥
南京
上海
杭州
福州
台北
海口
香港
澳门
渤海
黄海
东海
南海
日本海
太平洋
孟加拉湾
北部湾
台湾岛
海南岛
北回归线
南海诸岛
比例尺 1:5000万

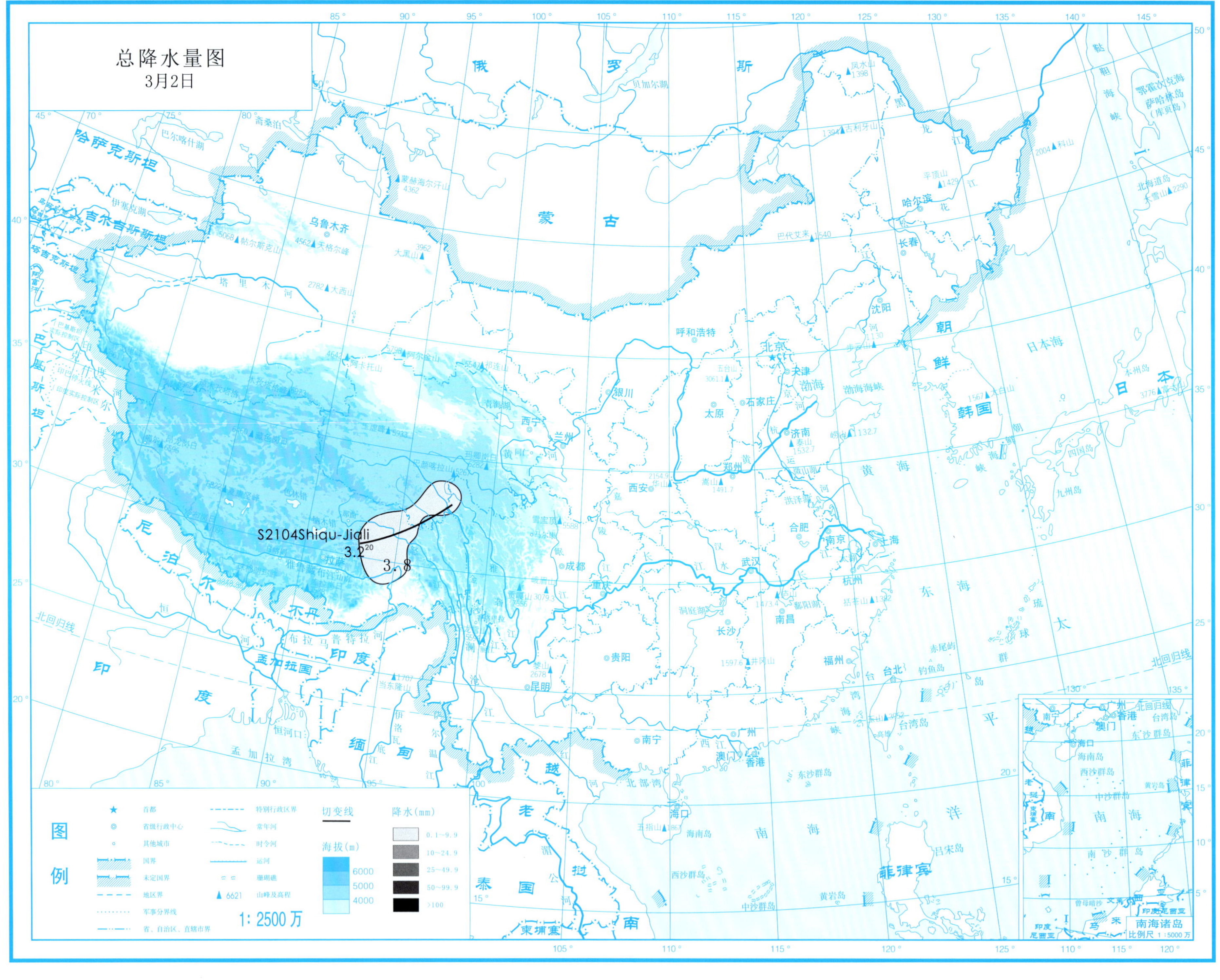
总降水量图
3月2日
S2104Shiqu-Jiali
3.2[20]
3.8
图例
切变线
降水(mm)
海拔(m)
1:2500万

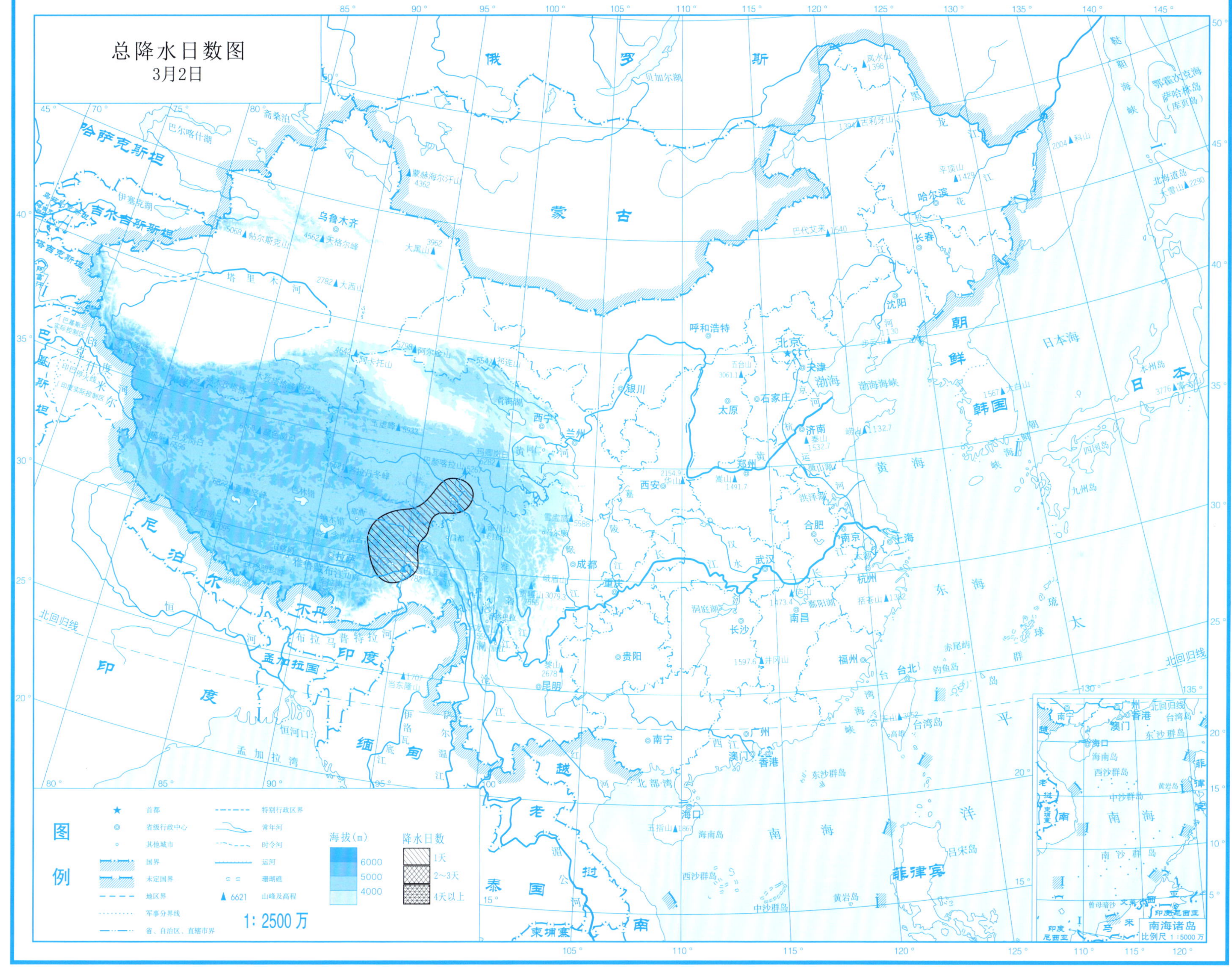
总降水日数图
3月2日
图例
首都
省级行政中心
其他城市
国界
未定国界
地区界
军事分界线
省、自治区、直辖市界
特别行政区界
常年河
时令河
运河
珊瑚礁
6621 山峰及高程
海拔(m)
6000
5000
4000
降水日数
1天
2～3天
4天以上
1:2500万
南海诸岛
比例尺 1:5000万

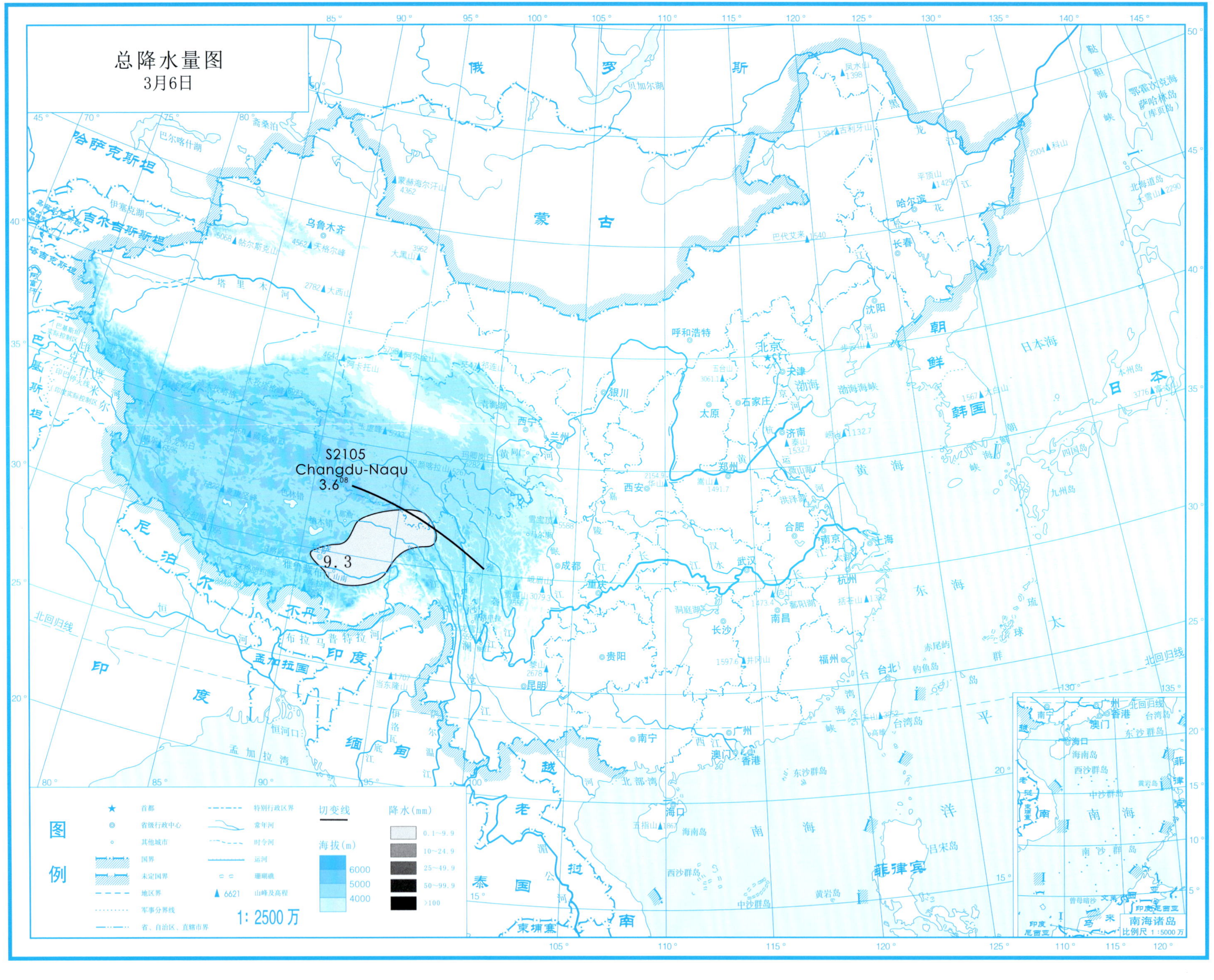
总降水量图
3月6日
S2105
Changdu-Naqu
3.6
9.3
图例
切变线
降水(mm)
海拔(m)
1: 2500 万

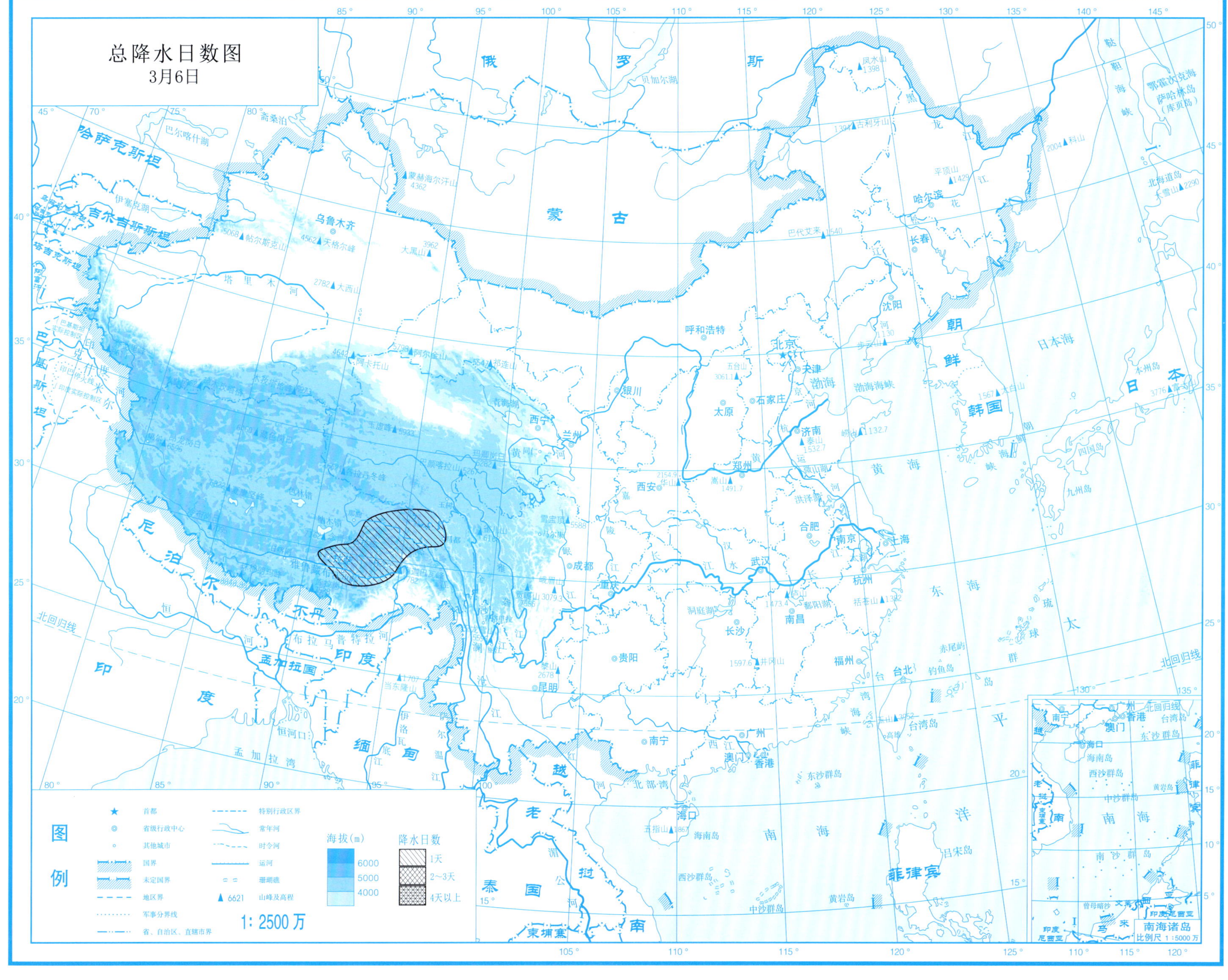

总降水日数图
3月6日
图例
首都
省级行政中心
其他城市
国界
未定国界
地区界
军事分界线
省、自治区、直辖市界
特别行政区界
常年河
时令河
运河
珊瑚礁
6621 山峰及高程
海拔(m)
6000
5000
4000
降水日数
1天
2~3天
4天以上
1：2500万
南海诸岛
比例尺 1：5000万

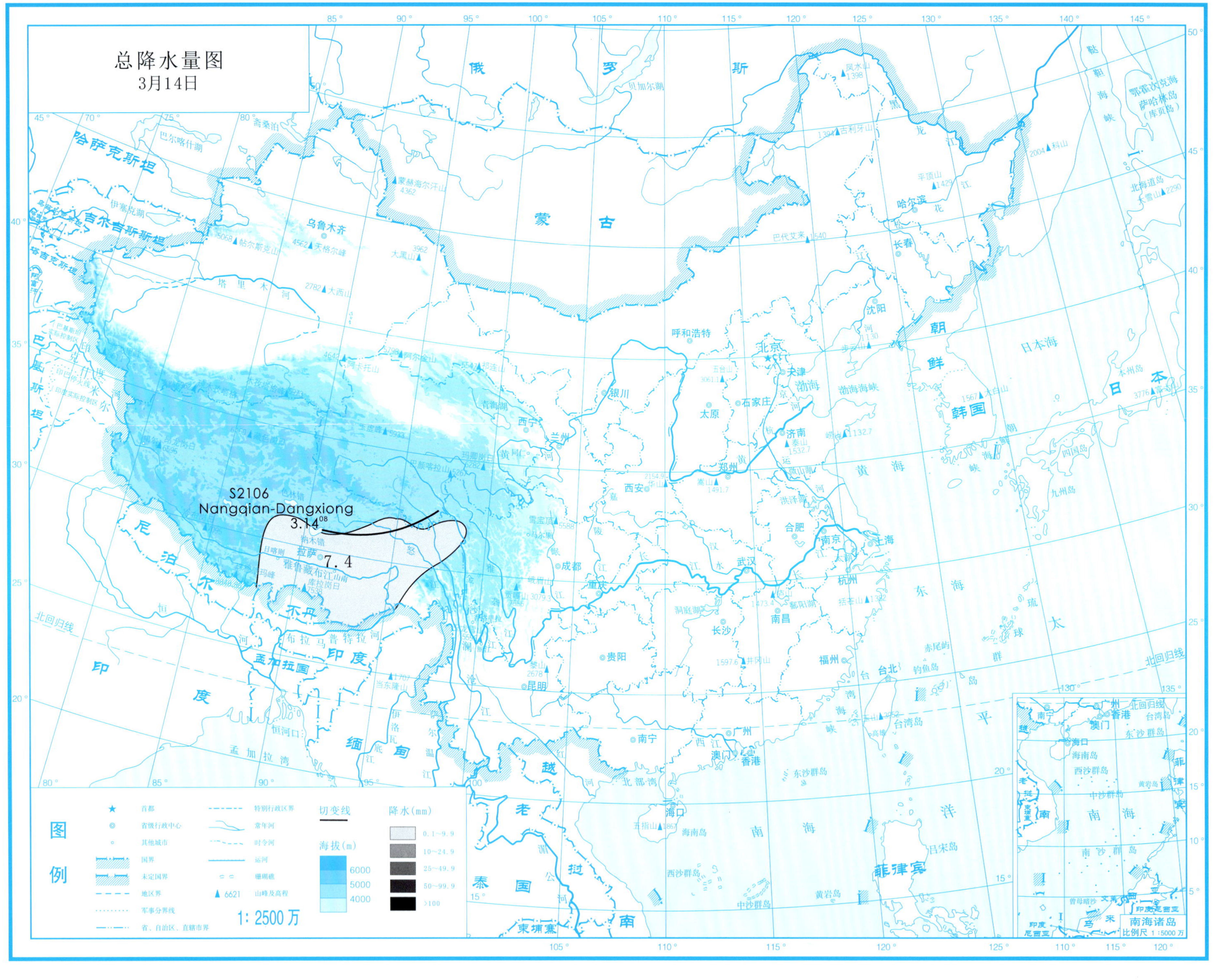

总降水量图
3月14日
S2106
Nangqian-Dangxiong
3.14 08
7.4
拉萨
俄 罗 斯
蒙 古
哈萨克斯坦
吉尔吉斯斯坦
塔吉克斯坦
尼泊尔
不丹
印度
孟加拉国
缅甸
老挝
越南
泰国
柬埔寨
朝鲜
韩国
日本
菲律宾
乌鲁木齐
西宁
兰州
银川
呼和浩特
北京
天津
石家庄
太原
济南
郑州
西安
成都
重庆
武汉
合肥
南京
上海
杭州
南昌
长沙
贵阳
昆明
南宁
广州
福州
台北
香港
澳门
海口
哈尔滨
长春
沈阳
渤海
黄海
东海
南海
日本海
太平洋
北回归线
南海诸岛
比例尺 1:5000万
图例
首都
省级行政中心
其他城市
国界
未定国界
地区界
军事分界线
省、自治区、直辖市界
特别行政区界
常年河
时令河
运河
珊瑚礁
6621 山峰及高程
切变线
降水(mm)
0.1~9.9
10~24.9
25~49.9
50~99.9
>100
海拔(m)
6000
5000
4000
1: 2500万

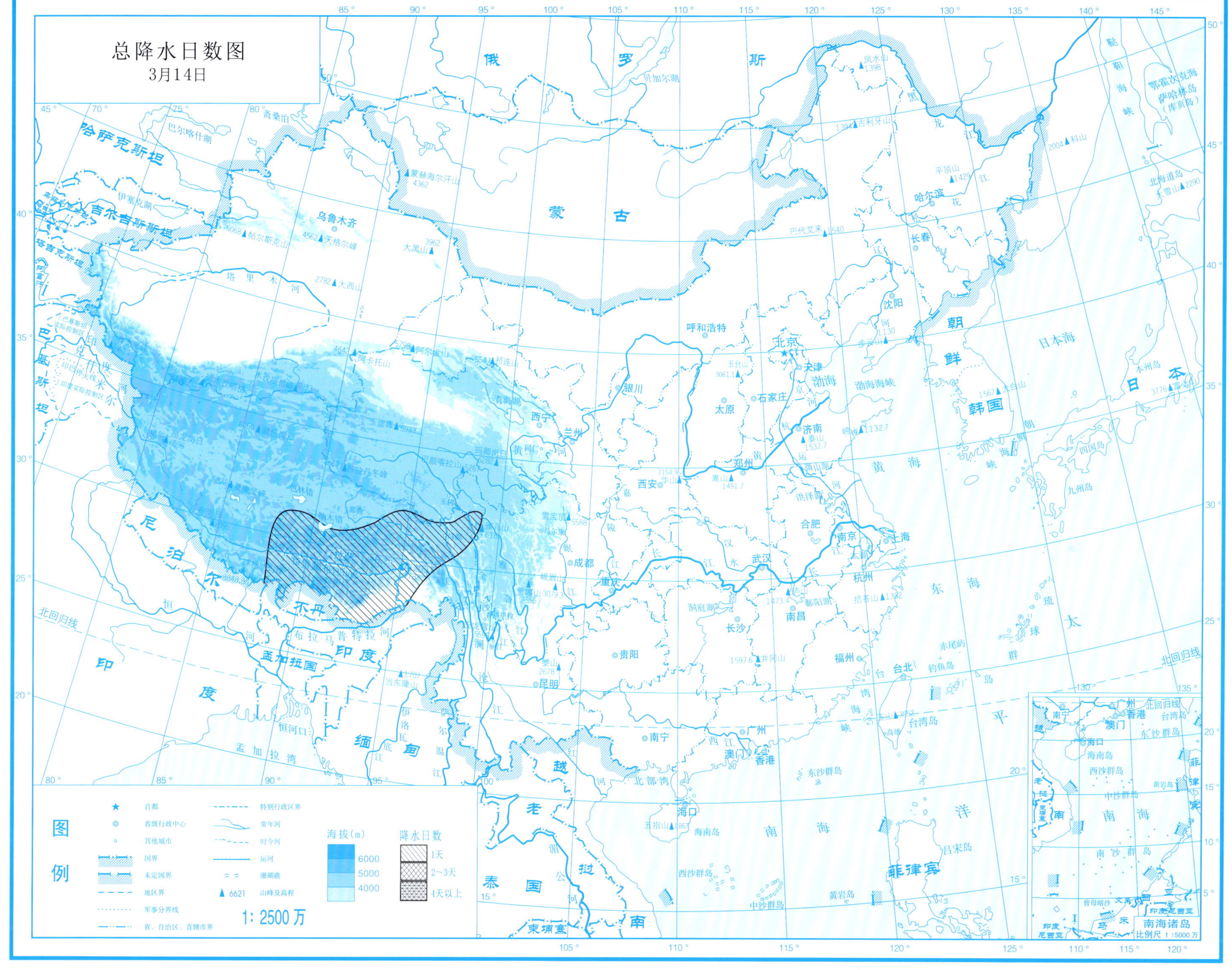

总降水日数图
3月14日
图例
首都
省级行政中心
其他城市
国界
未定国界
地区界
军事分界线
省、自治区、直辖市界
特别行政区界
常年河
时令河
运河
珊瑚礁
6621 山峰及高程
海拔(m)
6000
5000
4000
降水日数
1天
2~3天
4天以上
1:2500万
南海诸岛
比例尺 1:5000万
俄罗斯
蒙古
哈萨克斯坦
吉尔吉斯斯坦
塔吉克斯坦
巴基斯坦
尼泊尔
不丹
印度
孟加拉国
缅甸
老挝
泰国
越南
柬埔寨
朝鲜
韩国
日本
菲律宾
北京
天津
石家庄
太原
呼和浩特
沈阳
长春
哈尔滨
济南
郑州
西安
银川
兰州
西宁
乌鲁木齐
成都
重庆
武汉
合肥
南京
上海
杭州
南昌
长沙
福州
台北
贵阳
昆明
南宁
广州
海口
澳门
香港
渤海
黄海
东海
南海
日本海
太平洋

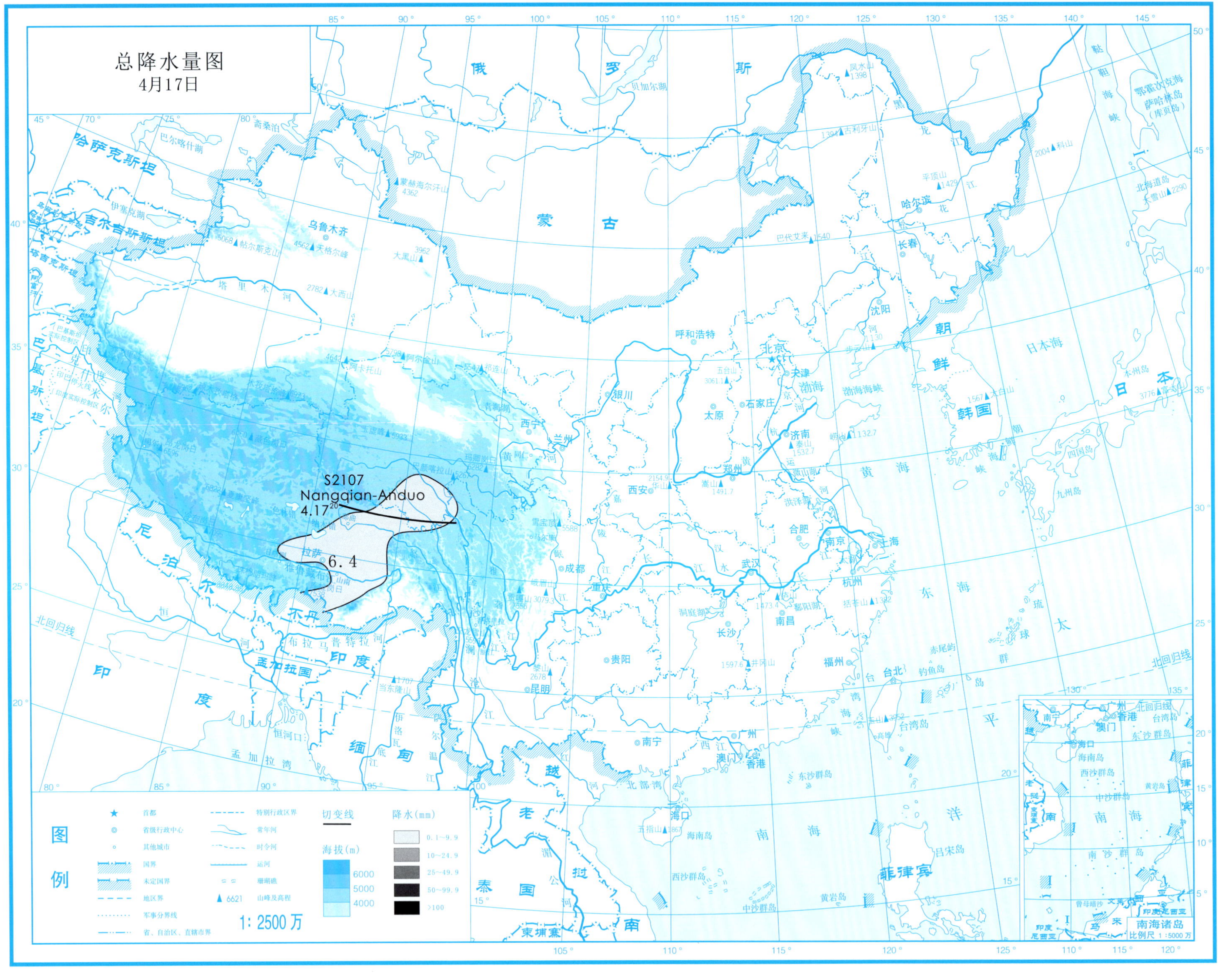
总降水量图
4月17日
S2107
Nangqian-Anduo
4.17[20]
6.4
图例
切变线
降水(mm)
0.1~9.9
10~24.9
25~49.9
50~99.9
≥100
海拔(m)
6000
5000
4000
1: 2500万
南海诸岛
比例尺 1:5000万

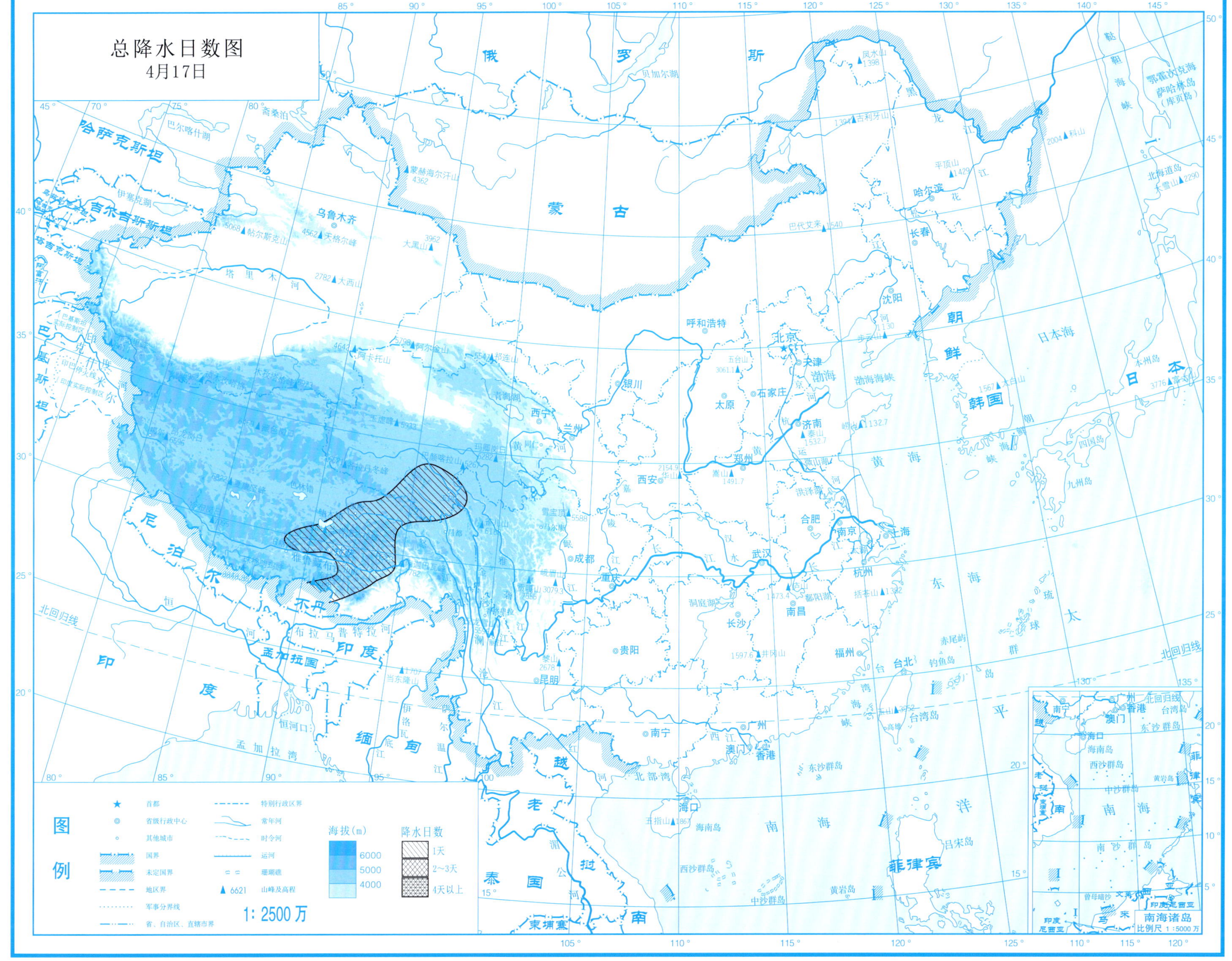

总降水日数图
4月17日
图例
首都
省级行政中心
其他城市
国界
未定国界
地区界
军事分界线
省、自治区、直辖市界
特别行政区界
常年河
时令河
运河
珊瑚礁
6621 山峰及高程
海拔(m)
6000
5000
4000
降水日数
1天
2~3天
4天以上
1: 2500万
南海诸岛
比例尺 1:5000万

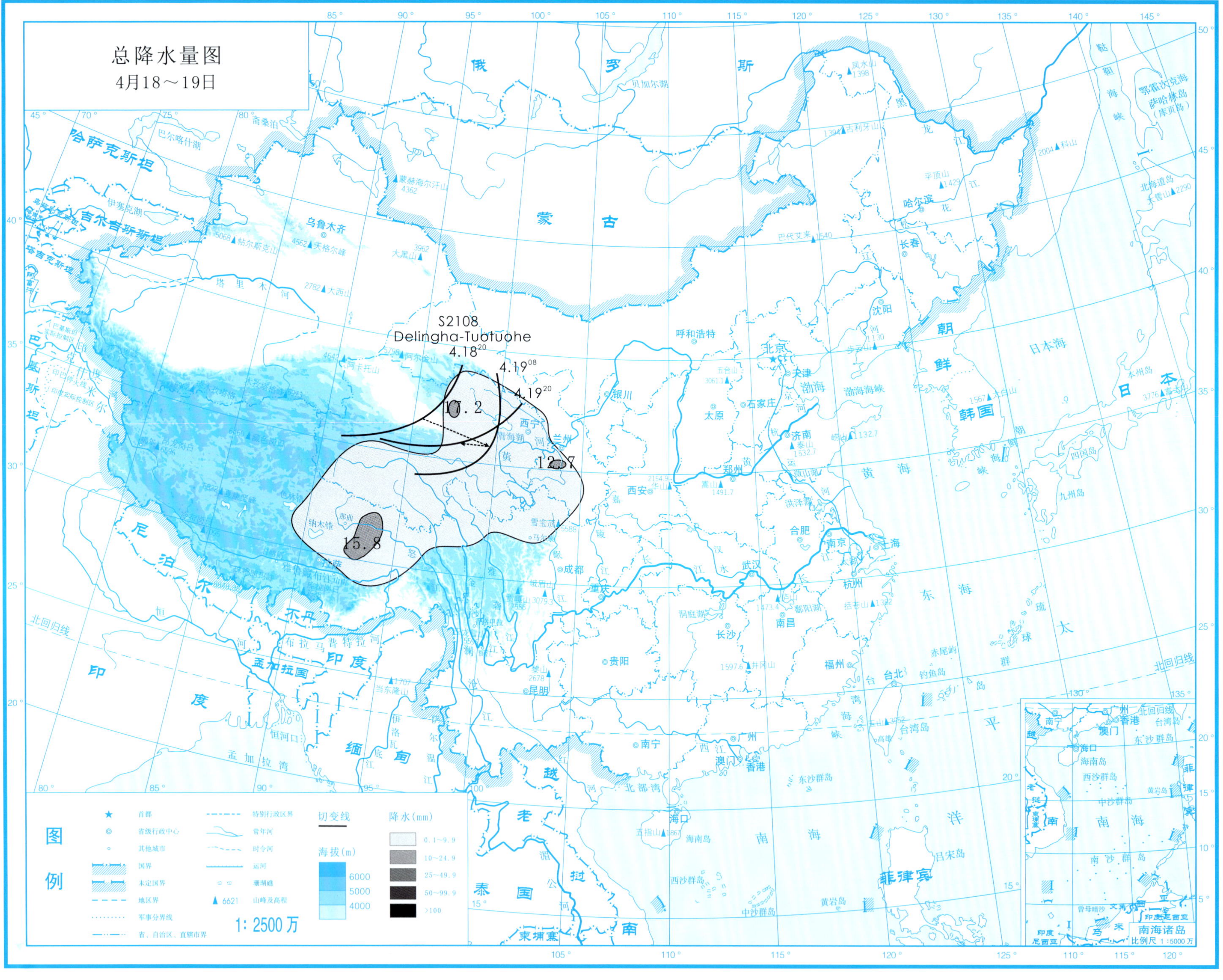
总降水量图
4月18～19日
S2108
Delingha-Tuotuohe
4.18[20]
4.19[08]
4.19[20]
17.2
12.7
15.8
图例
切变线
降水(mm)
0.1～9.9
10～24.9
25～49.9
50～99.9
>100
海拔(m)
6000
5000
4000
1: 2500万
南海诸岛
比例尺 1:5000万

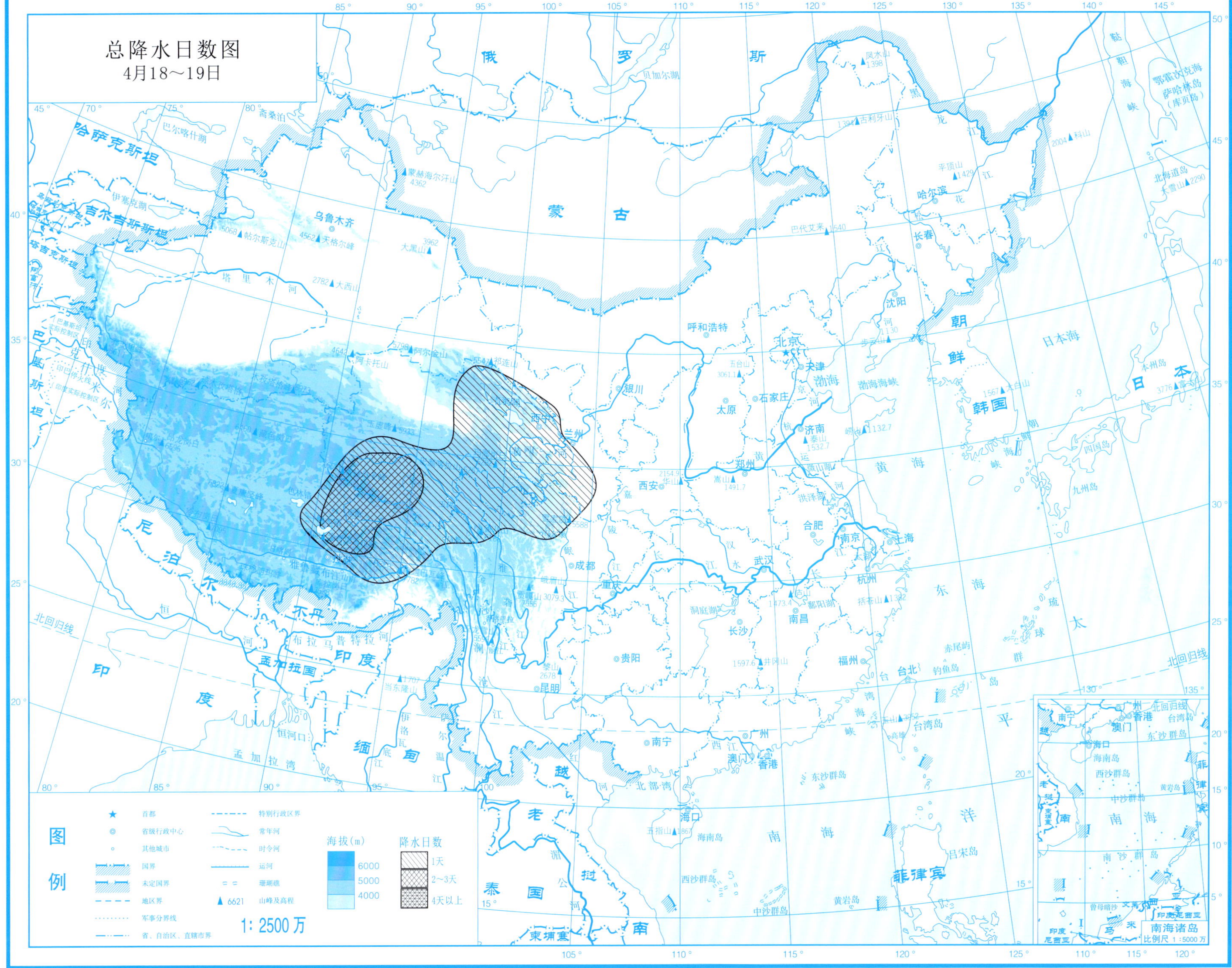
总降水日数图
4月18～19日
图例
首都
省级行政中心
其他城市
国界
未定国界
地区界
军事分界线
省、自治区、直辖市界
特别行政区界
常年河
时令河
运河
珊瑚礁
6621 山峰及高程
海拔(m)
6000
5000
4000
降水日数
1天
2~3天
4天以上
1: 2500万
南海诸岛
比例尺 1:5000万

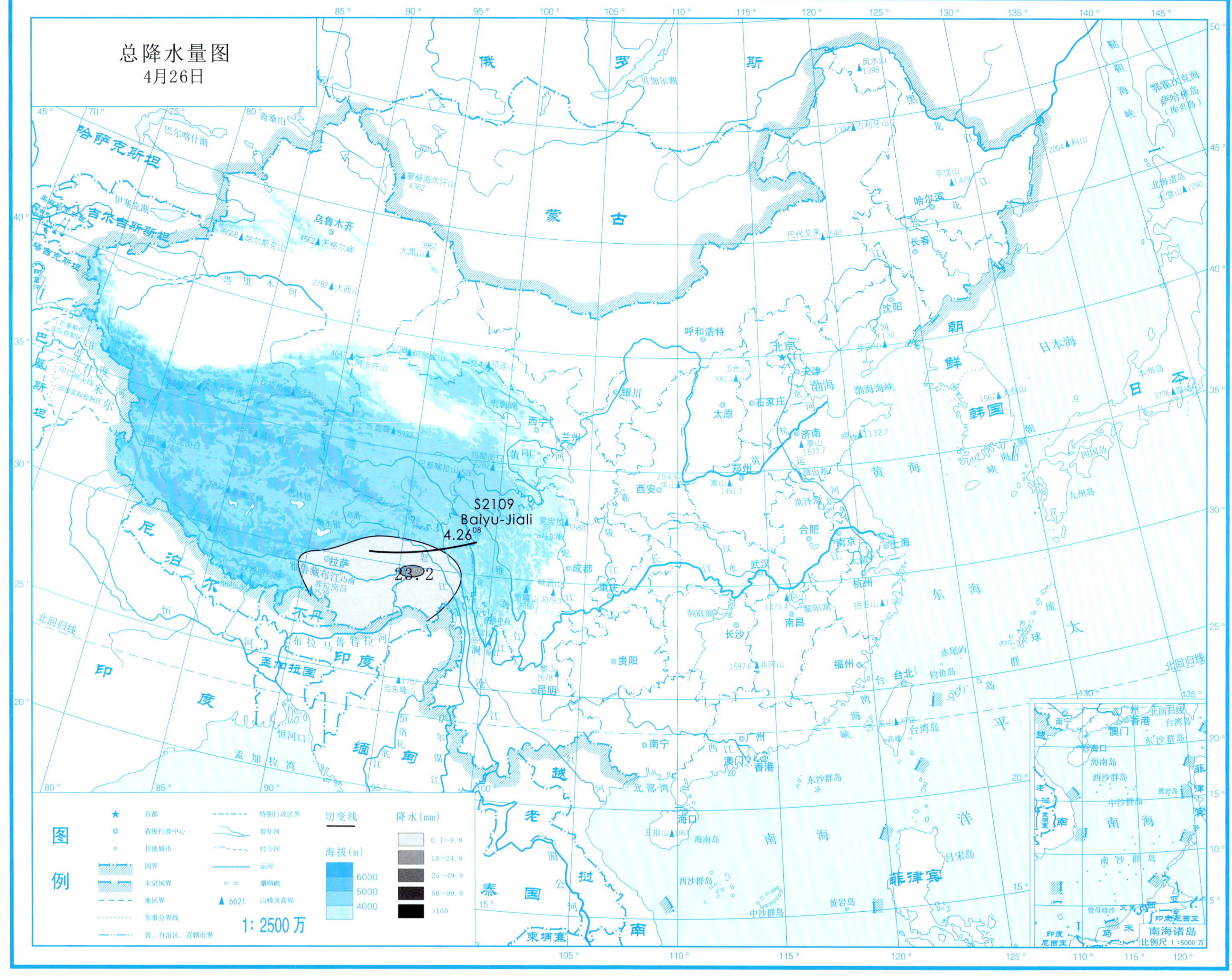
总降水量图
4月26日
S2109
Baiyu-Jiali
4.26[08]
23.2
图例
首都
省级行政中心
其他城市
国界
未定国界
地区界
军事分界线
省、自治区、直辖市界
特别行政区界
常年河
时令河
运河
珊瑚礁
6621 山峰及高程
切变线
海拔(m)
6000
5000
4000
降水(mm)
0.1~9.9
10~24.9
25~49.9
50~99.9
>100
1:2500万
南海诸岛
比例尺 1:5000万

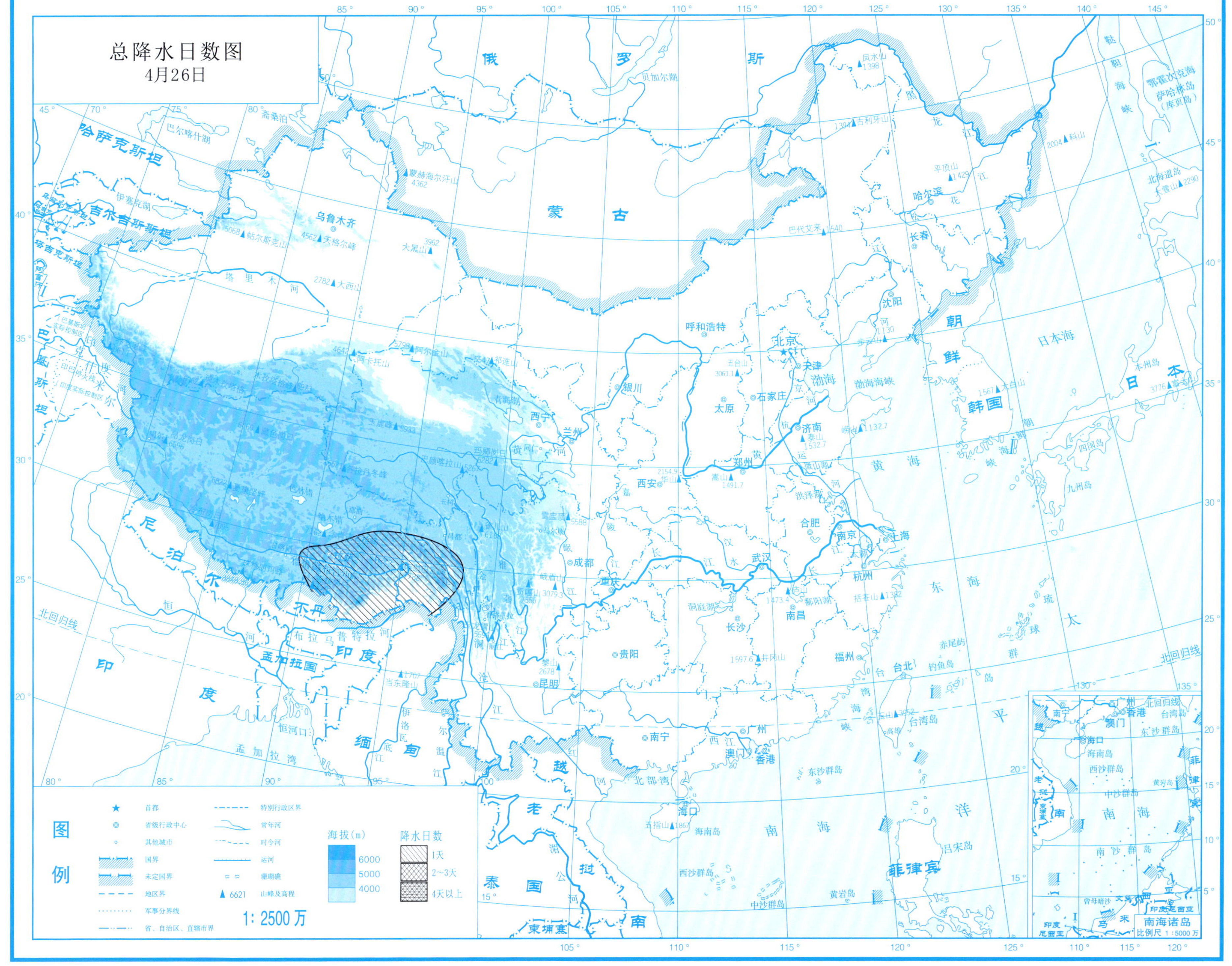
总降水日数图
4月26日
图例
首都
省级行政中心
其他城市
国界
未定国界
地区界
军事分界线
省、自治区、直辖市界
特别行政区界
常年河
时令河
运河
珊瑚礁
6621 山峰及高程
1: 2500万
海拔(m)
6000
5000
4000
降水日数
1天
2~3天
4天以上
南海诸岛
比例尺 1:5000万

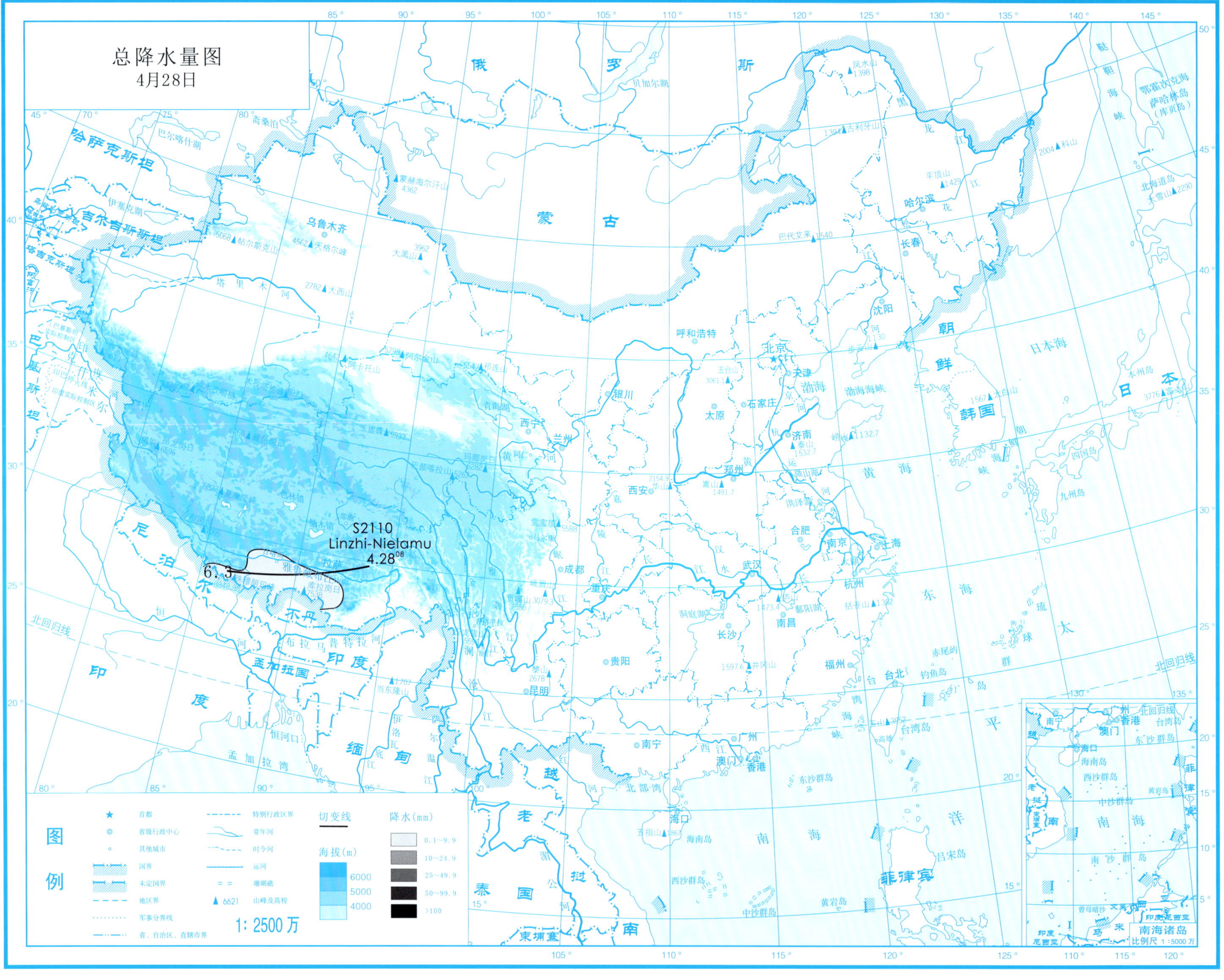
总降水量图
4月28日
S2110
Linzhi-Nielamu
4.28 08
6.3
图例
首都
省级行政中心
其他城市
国界
未定国界
地区界
军事分界线
省、自治区、直辖市界
特别行政区界
常年河
时令河
运河
珊瑚礁
6621 山峰及高程
切变线
降水(mm)
0.1~9.9
10~24.9
25~49.9
50~99.9
>100
海拔(m)
6000
5000
4000
1: 2500 万

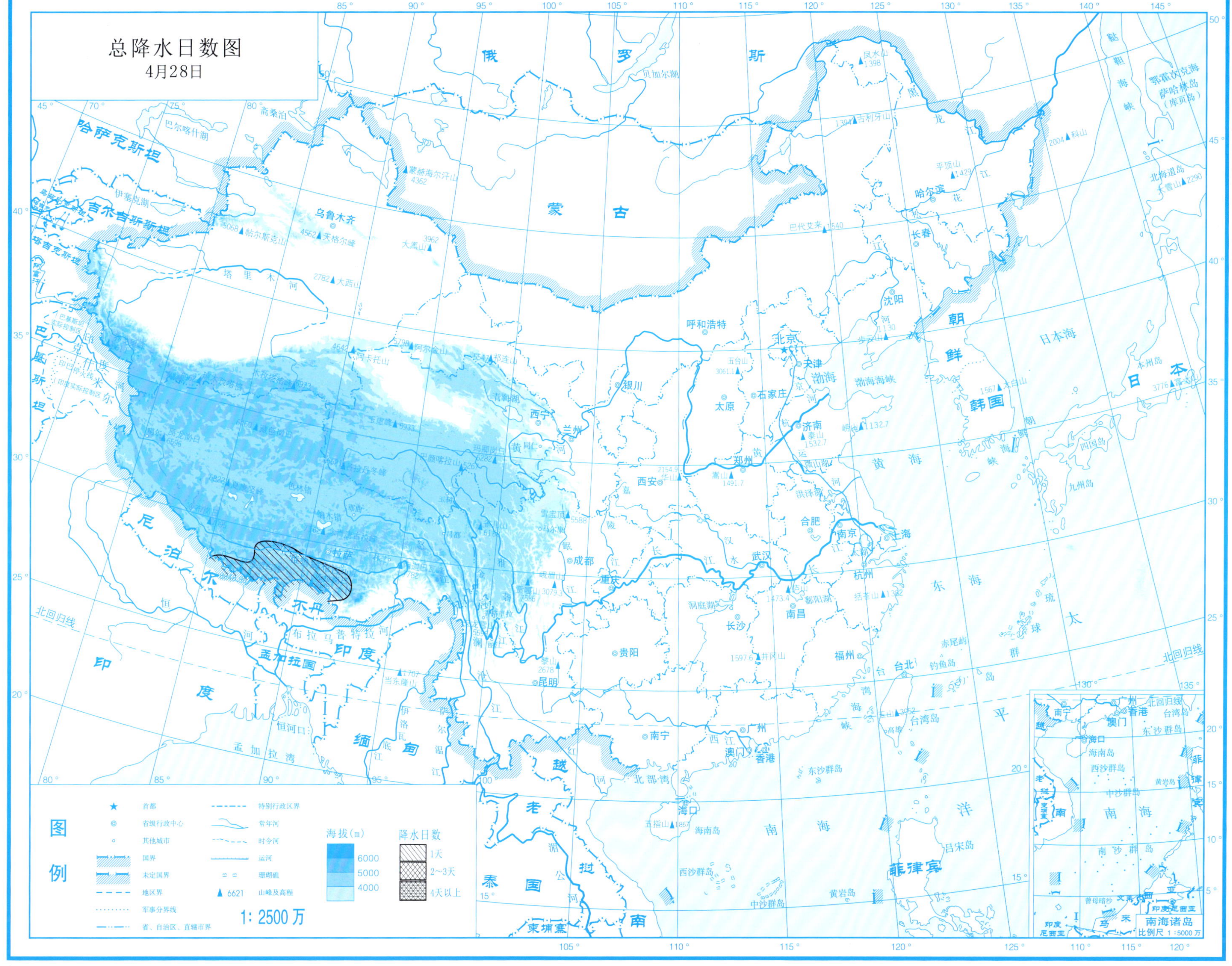
总降水日数图
4月28日
图例
首都
省级行政中心
其他城市
国界
未定国界
地区界
军事分界线
省、自治区、直辖市界
特别行政区界
常年河
时令河
运河
珊瑚礁
6621 山峰及高程
海拔(m)
6000
5000
4000
降水日数
1天
2~3天
4天以上
1: 2500万
俄 罗 斯
蒙 古
哈萨克斯坦
吉尔吉斯斯坦
塔吉克斯坦
巴基斯坦
阿富汗
印度
尼泊尔
不丹
孟加拉国
缅甸
老挝
泰国
柬埔寨
越南
朝鲜
韩国
日本
菲律宾
乌鲁木齐
拉萨
西宁
兰州
银川
呼和浩特
北京
天津
石家庄
太原
济南
郑州
西安
成都
重庆
武汉
合肥
南京
上海
杭州
南昌
长沙
贵阳
昆明
南宁
广州
福州
台北
香港
澳门
海口
沈阳
长春
哈尔滨
渤海
黄海
东海
南海
日本海
太平洋
北回归线
南海诸岛
比例尺 1：5000万

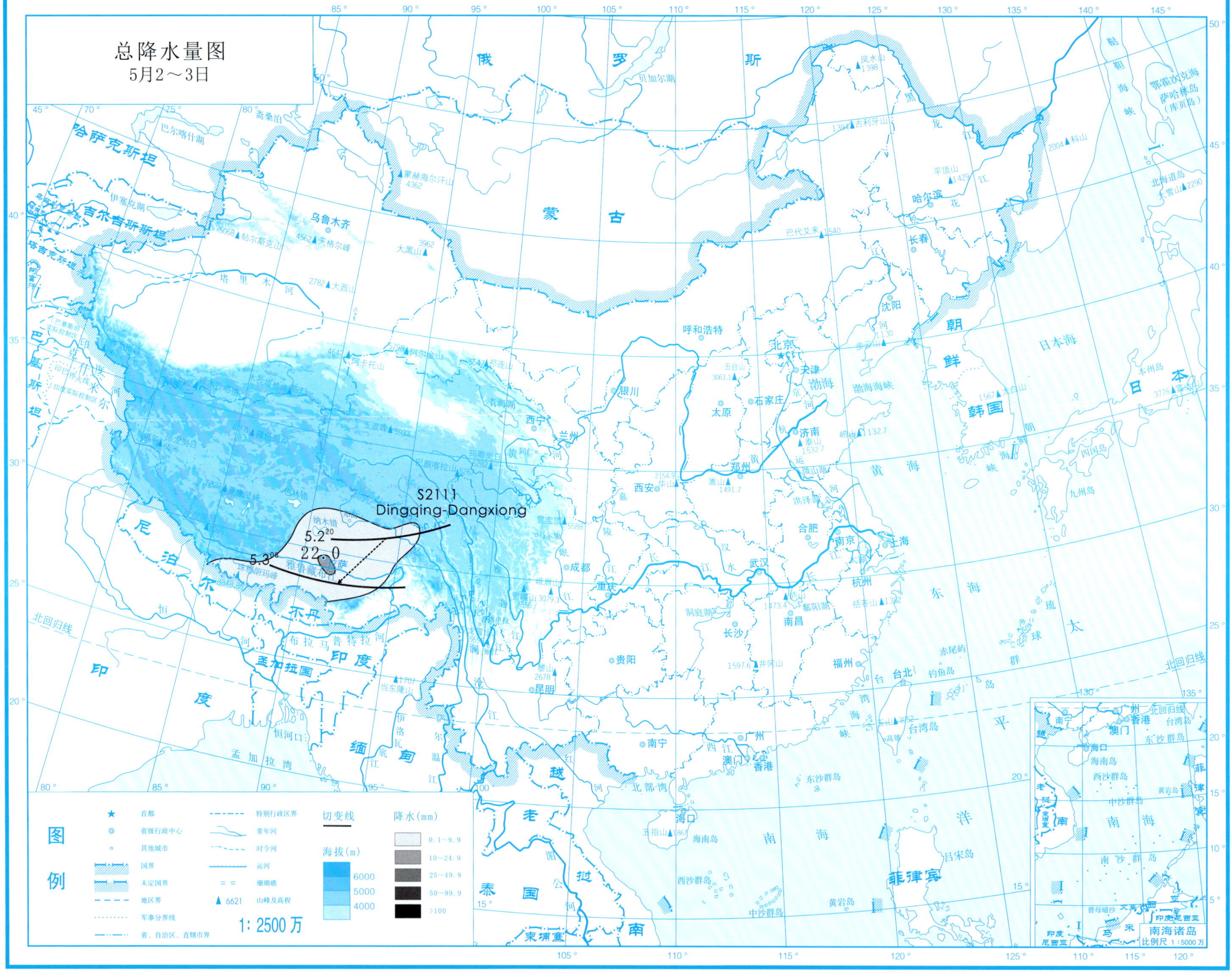
总降水量图
5月2～3日
S2111
Dingqing-Dangxiong
5.2 20
22.0
5.3 08
图例
首都
省级行政中心
其他城市
国界
未定国界
地区界
军事分界线
省、自治区、直辖市界
特别行政区界
常年河
时令河
运河
珊瑚礁
6621 山峰及高程
切变线
海拔(m)
6000
5000
4000
降水(mm)
0.1～9.9
10～24.9
25～49.9
50～99.9
>100
1:2500万
南海诸岛
比例尺 1:5000万

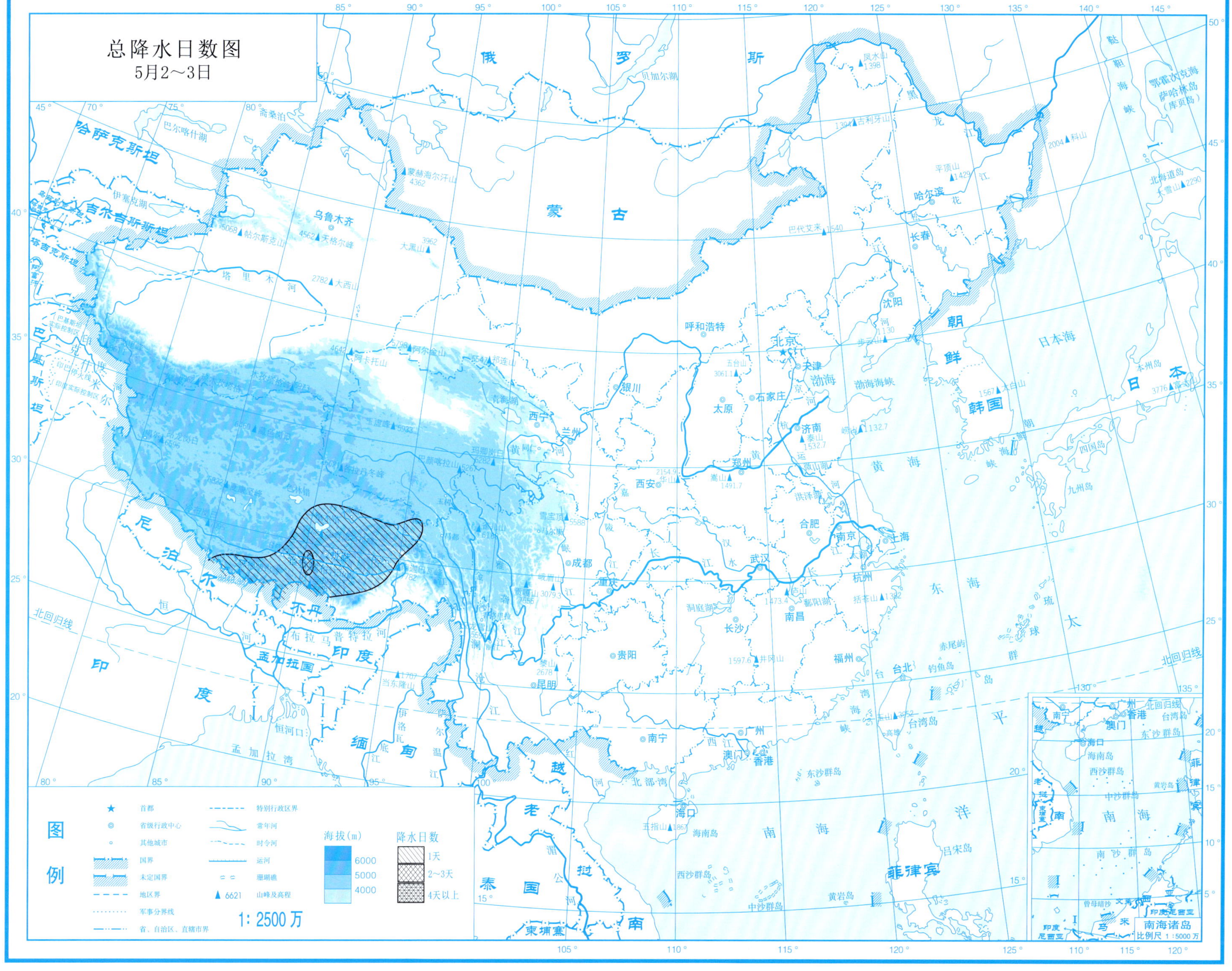

总降水日数图
5月2～3日
图例
首都
省级行政中心
其他城市
国界
未定国界
地区界
军事分界线
省、自治区、直辖市界
特别行政区界
常年河
时令河
运河
珊瑚礁
6621 山峰及高程
海拔(m)
6000
5000
4000
降水日数
1天
2～3天
4天以上
1: 2500万
南海诸岛
比例尺 1:5000万

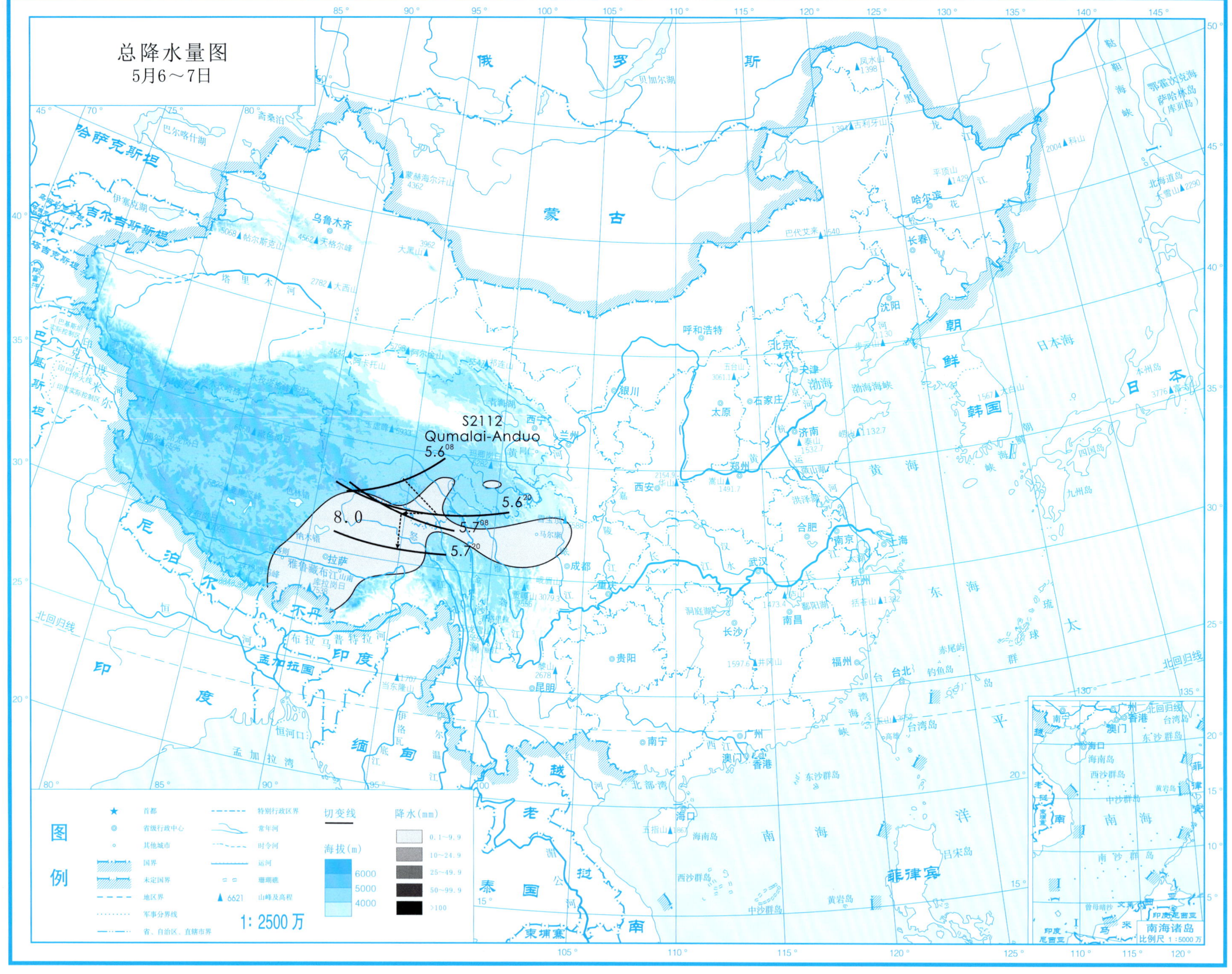
总降水量图
5月6～7日
S2112
Qumalai-Anduo
5.6 08
5.6 20
8.0
5.7 08
5.7 20
图例
首都
省级行政中心
其他城市
国界
未定国界
地区界
军事分界线
省、自治区、直辖市界
特别行政区界
常年河
时令河
运河
珊瑚礁
山峰及高程
切变线
海拔(m)
6000
5000
4000
降水(mm)
0.1～9.9
10～24.9
25～49.9
50～99.9
>100
1:2500万
南海诸岛
比例尺 1:5000万

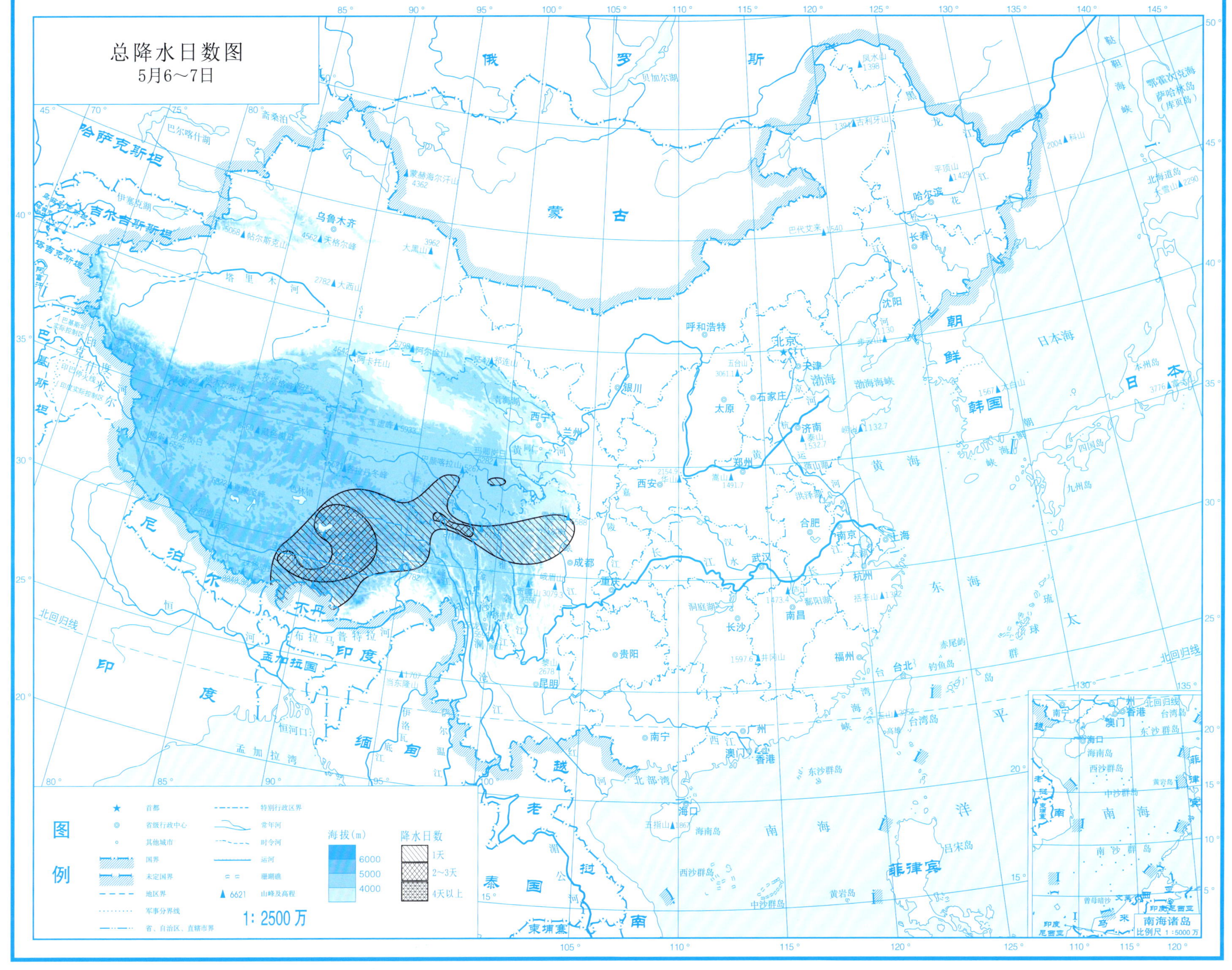

总降水日数图
5月6～7日
图例
首都
省级行政中心
其他城市
国界
未定国界
地区界
军事分界线
省、自治区、直辖市界
特别行政区界
常年河
时令河
运河
珊瑚礁
6621 山峰及高程
1: 2500万
海拔(m)
6000
5000
4000
降水日数
1天
2~3天
4天以上
南海诸岛
比例尺 1 : 5000 万

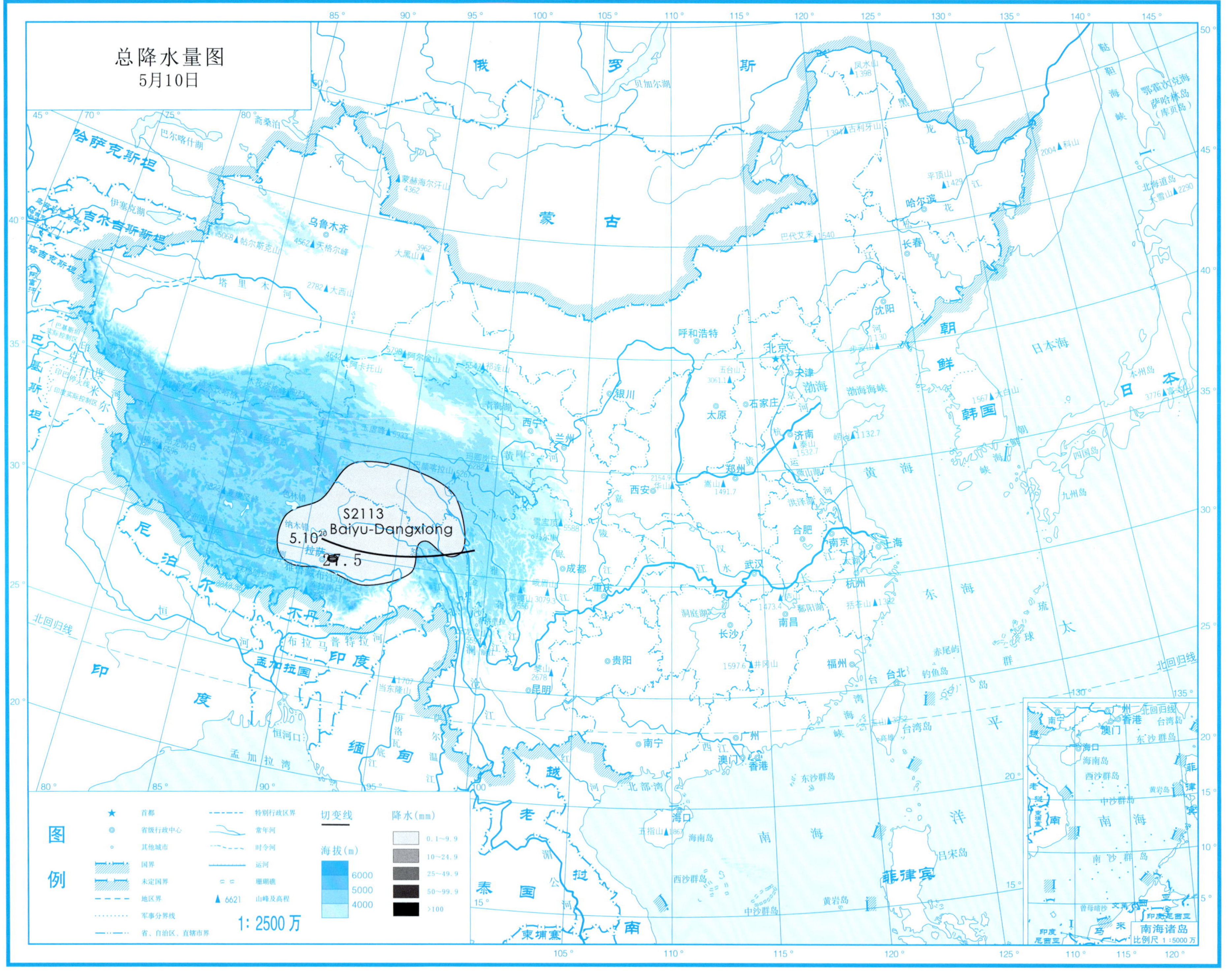
总降水量图
5月10日
S2113
Baiyu-Dangxiong
5.10 20
21.5
图例
首都
省级行政中心
其他城市
国界
未定国界
地区界
军事分界线
省、自治区、直辖市界
特别行政区界
常年河
时令河
运河
珊瑚礁
山峰及高程
切变线
海拔(m)
6000
5000
4000
降水(mm)
0.1~9.9
10~24.9
25~49.9
50~99.9
>100
1:2500万
南海诸岛
比例尺 1:5000万

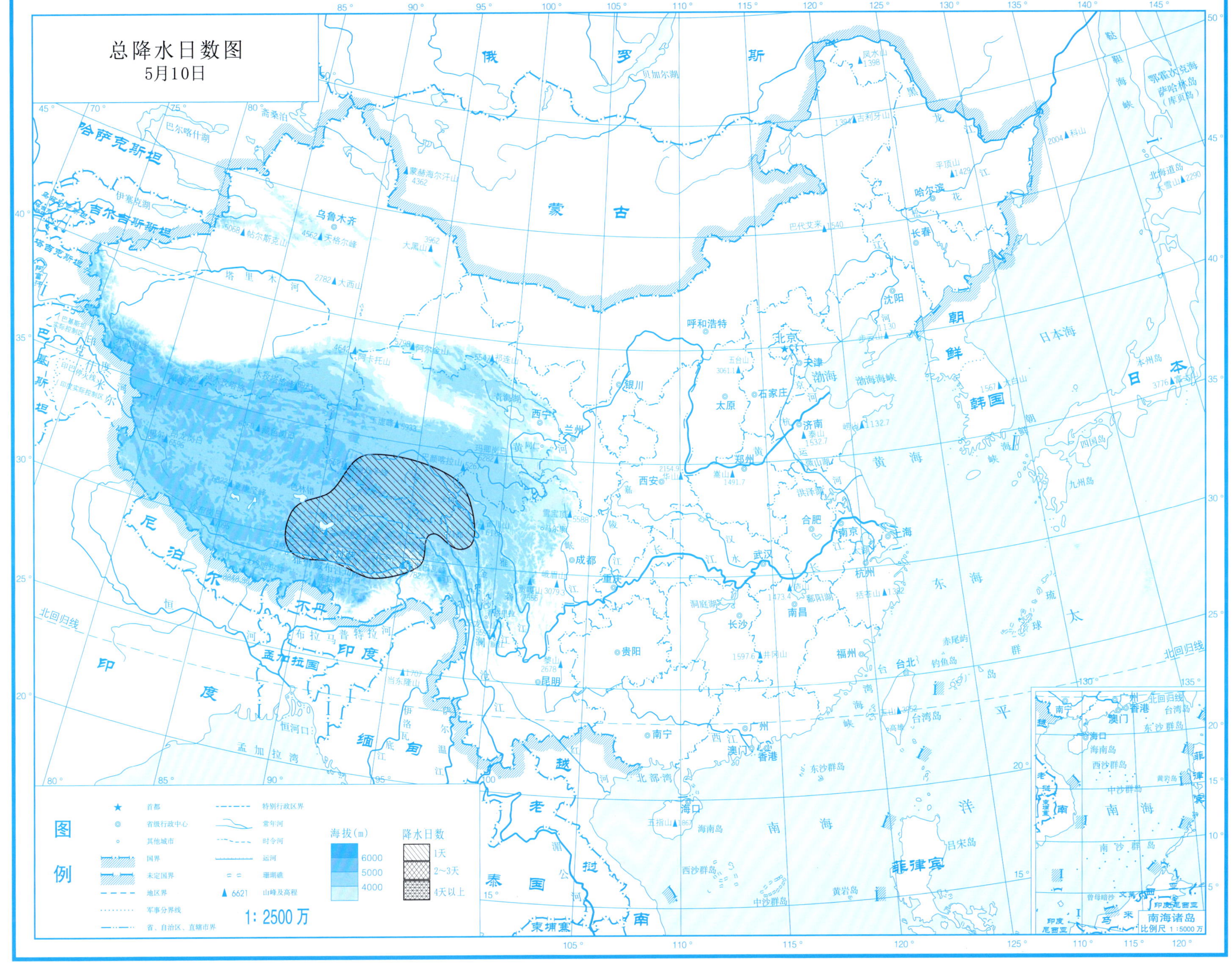

总降水日数图
5月10日
图例
首都
省级行政中心
其他城市
国界
未定国界
地区界
军事分界线
省、自治区、直辖市界
特别行政区界
常年河
时令河
运河
珊瑚礁
6621 山峰及高程
海拔(m)
6000
5000
4000
降水日数
1天
2~3天
4天以上
1: 2500 万
南海诸岛
比例尺 1:5000 万

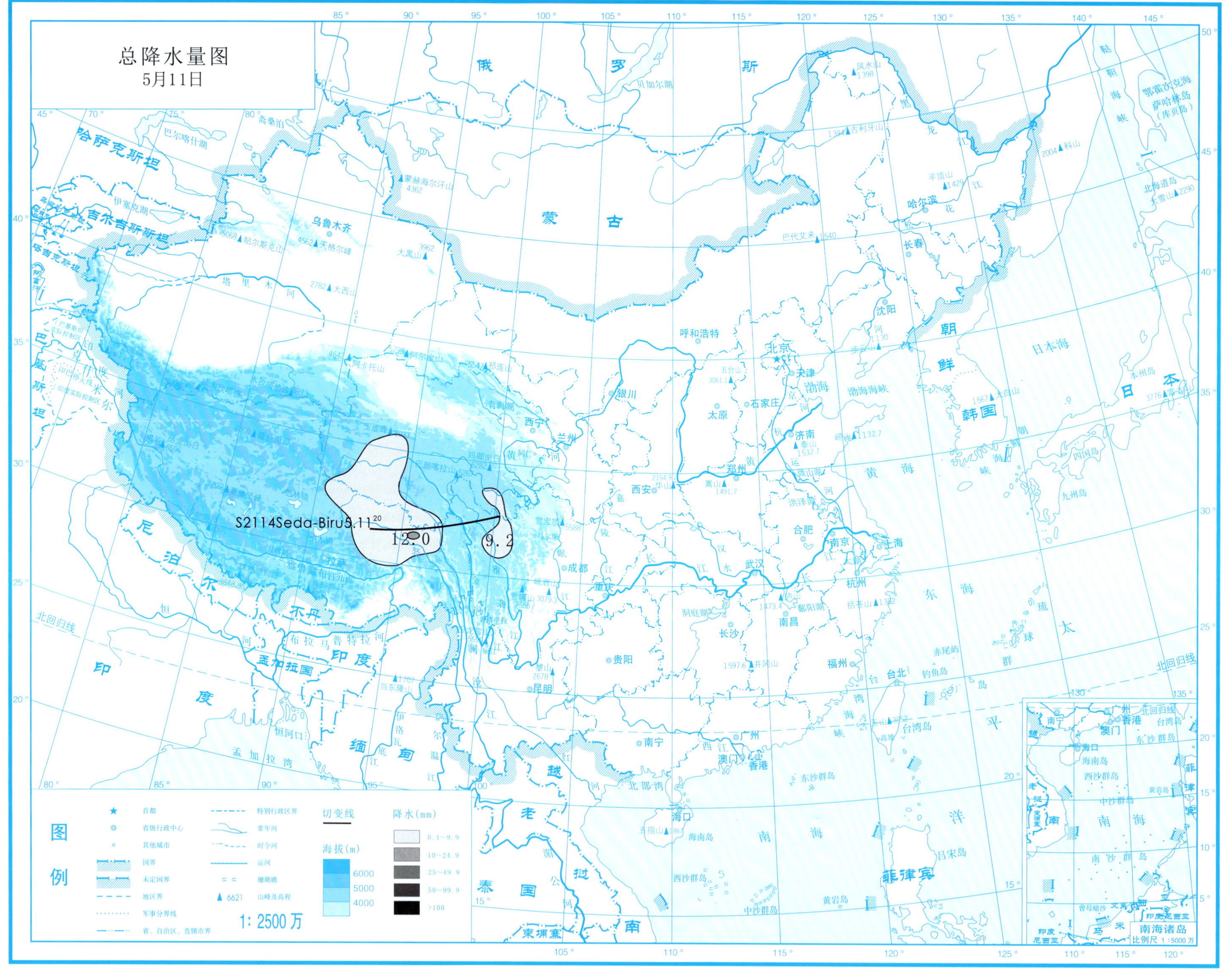
总降水量图
5月11日
S2114Seda-Biru5.11 20
12.0
9.2
图例
首都
省级行政中心
其他城市
国界
未定国界
地区界
军事分界线
省、自治区、直辖市界
特别行政区界
常年河
时令河
运河
珊瑚礁
6621 山峰及高程
切变线
降水(mm)
0.1~9.9
10~24.9
25~49.9
50~99.9
>100
海拔(m)
6000
5000
4000
1: 2500 万
南海诸岛
比例尺 1:5000 万

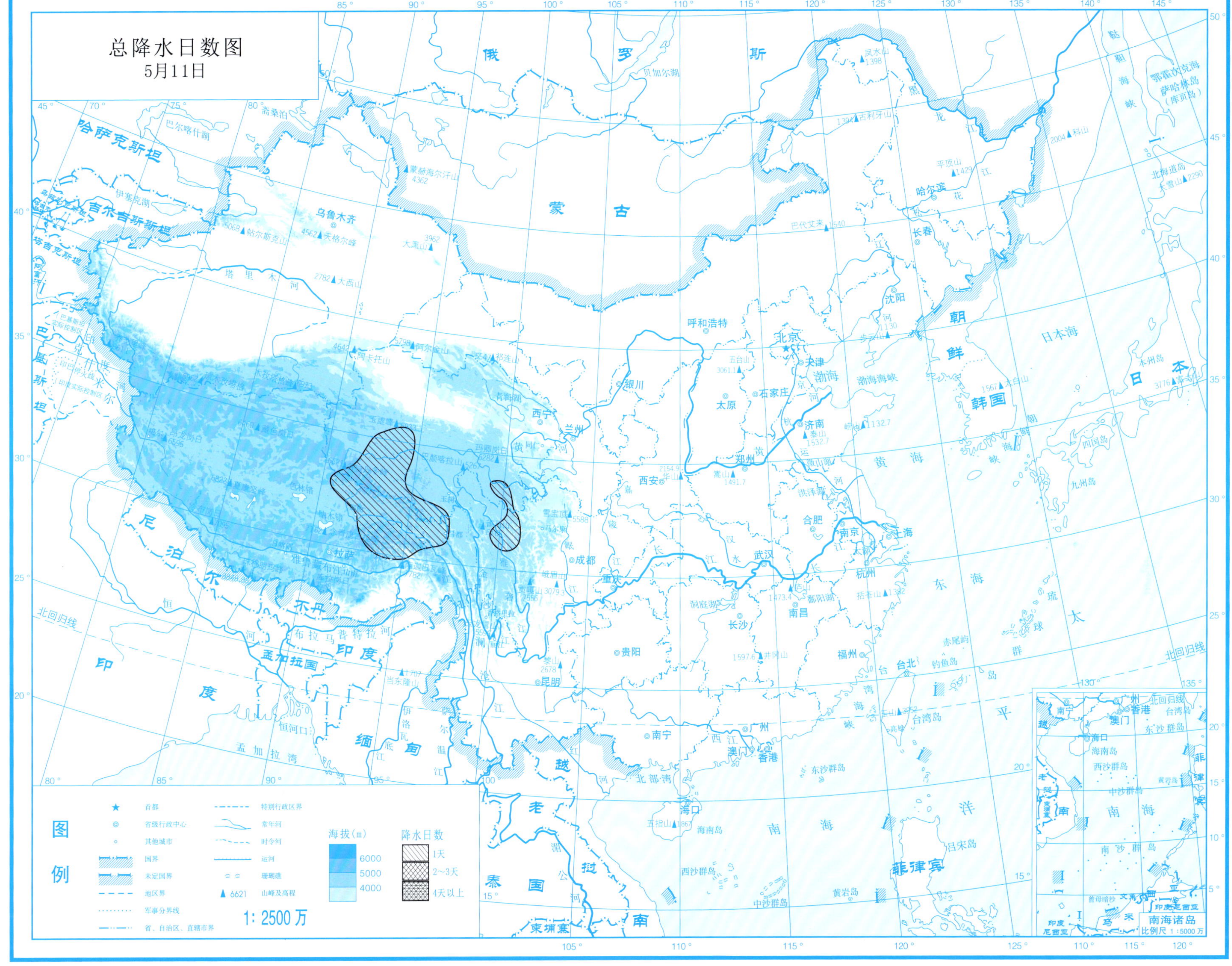
总降水日数图
5月11日
图例
首都
省级行政中心
其他城市
国界
未定国界
地区界
军事分界线
省、自治区、直辖市界
特别行政区界
常年河
时令河
运河
珊瑚礁
6621 山峰及高程
1: 2500 万
海拔(m)
6000
5000
4000
降水日数
1天
2~3天
4天以上
俄 罗 斯
蒙 古
哈萨克斯坦
吉尔吉斯斯坦
塔吉克斯坦
巴基斯坦
尼泊尔
不丹
印度
孟加拉国
缅甸
老挝
泰国
越南
柬埔寨
菲律宾
朝鲜
韩国
日本
北京
天津
石家庄
太原
呼和浩特
沈阳
长春
哈尔滨
济南
郑州
西安
银川
兰州
西宁
乌鲁木齐
拉萨
成都
重庆
贵阳
昆明
南宁
广州
长沙
武汉
南昌
合肥
南京
上海
杭州
福州
台北
海口
香港
澳门
渤海
黄海
东海
南海
日本海
太平洋
南海诸岛
比例尺 1:5000 万

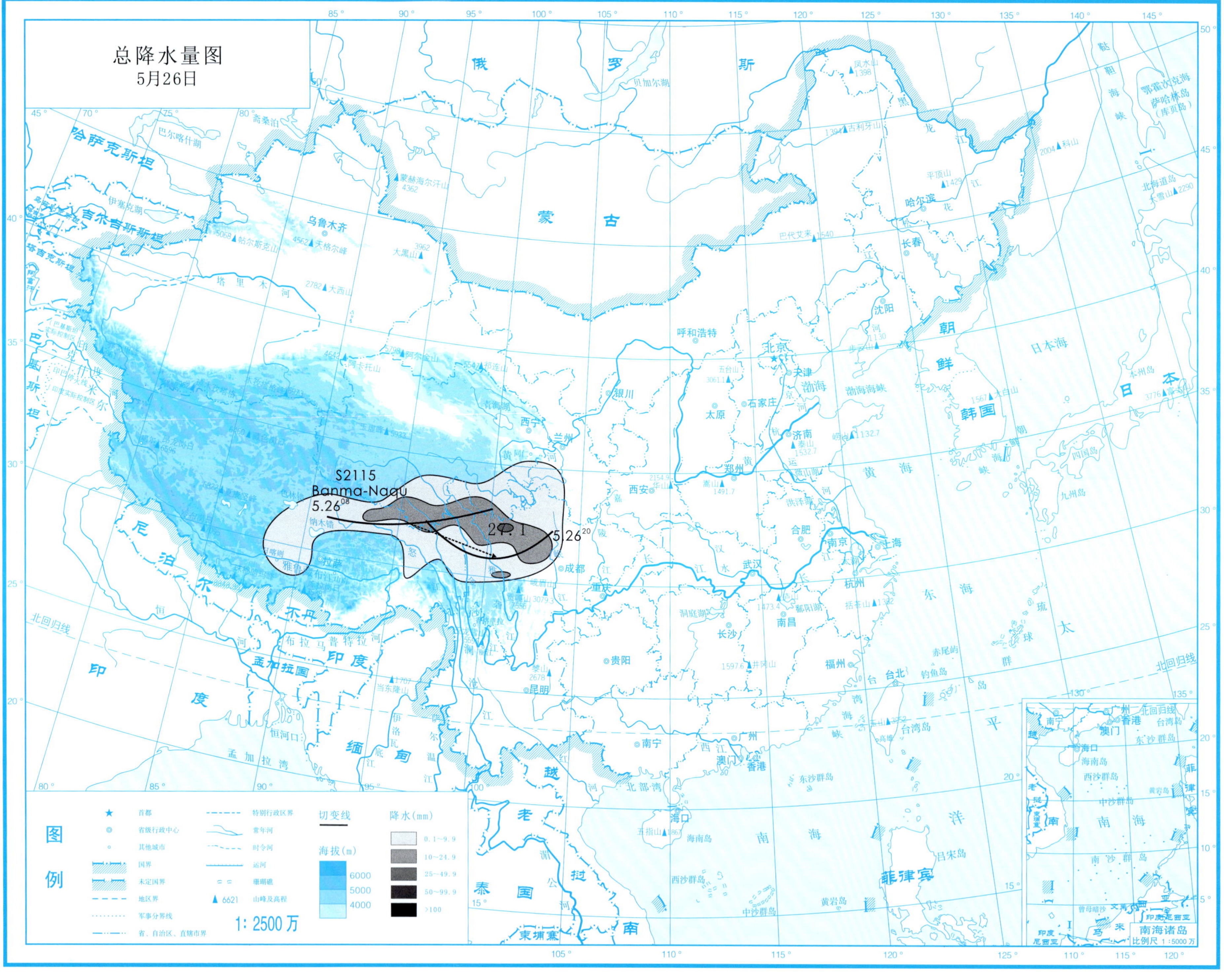
总降水量图
5月26日
S2115
Banma-Naqu
5.26^08
24.1
5.26^20
图例
首都
省级行政中心
其他城市
国界
未定国界
地区界
军事分界线
省、自治区、直辖市界
特别行政区界
常年河
时令河
运河
珊瑚礁
山峰及高程
切变线
海拔(m)
6000
5000
4000
降水(mm)
0.1~9.9
10~24.9
25~49.9
50~99.9
>100
1: 2500万
南海诸岛
比例尺 1:5000万

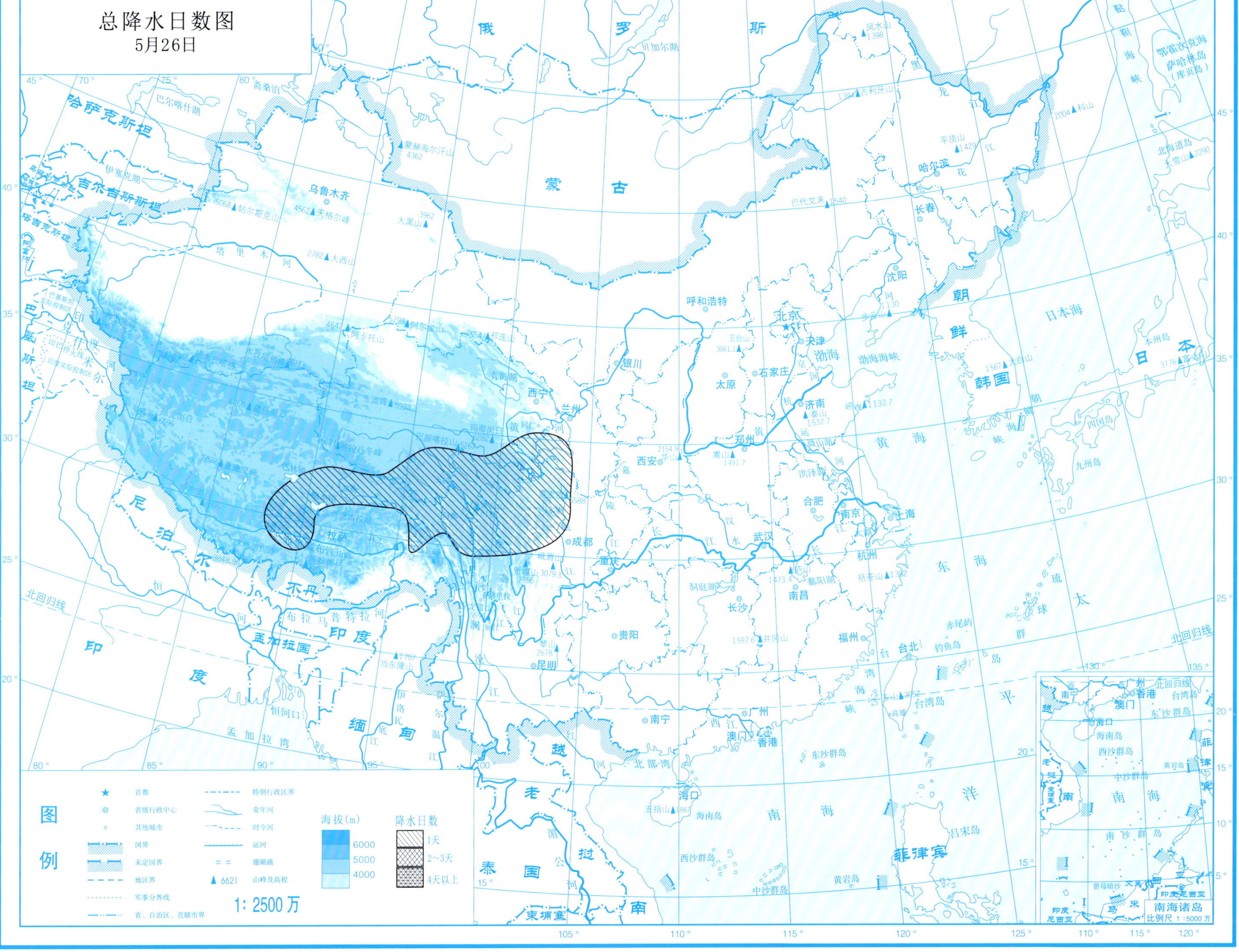

Page...178

高原切变线

第2部分

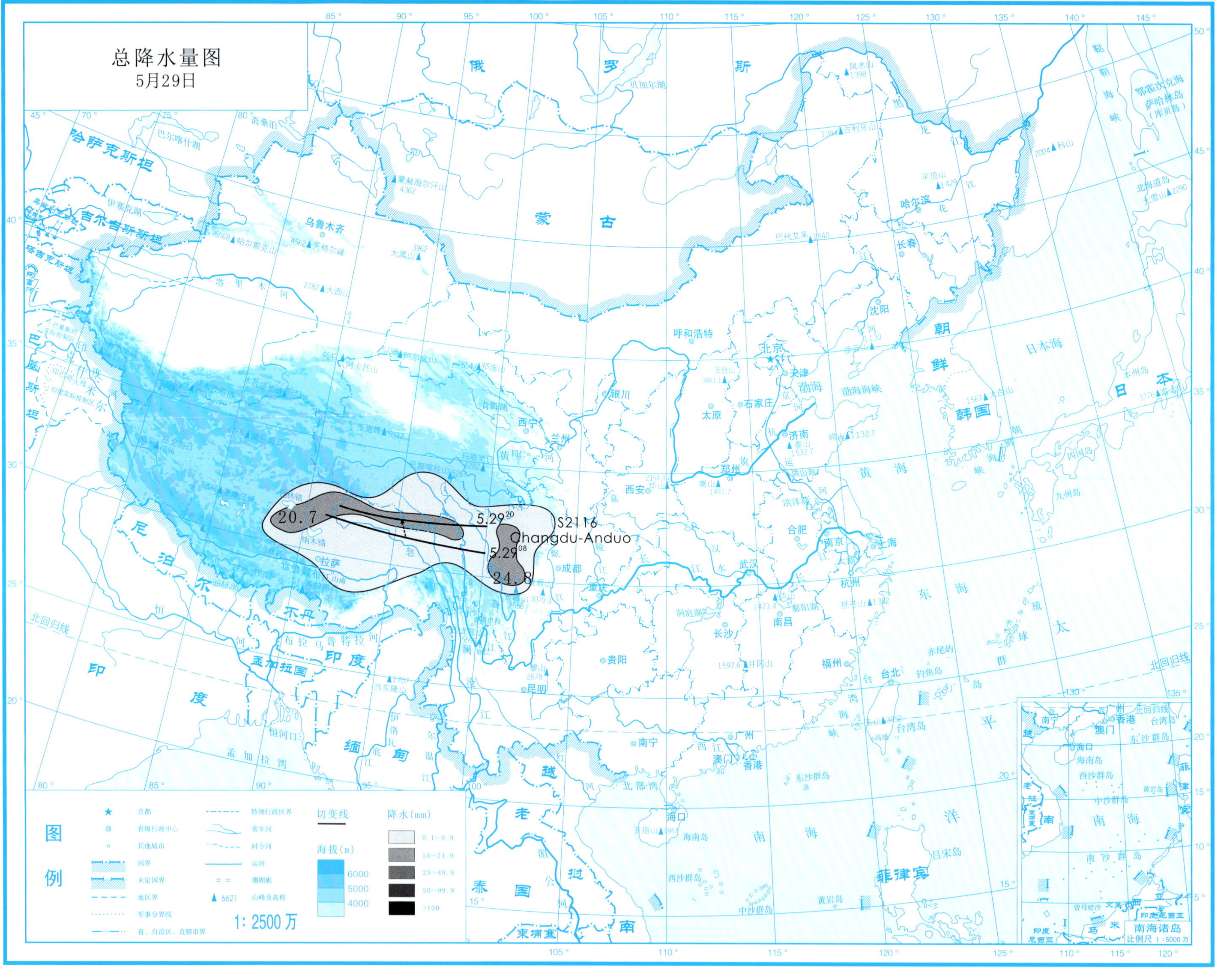
总降水量图
5月29日
20.7
5.29 20
S2116
Changdu-Anduo
5.29 08
24.8
图例
首都
省级行政中心
其他城市
国界
未定国界
地区界
军事分界线
省、自治区、直辖市界
特别行政区界
常年河
时令河
运河
珊瑚礁
6621 山峰及高程
1: 2500 万
切变线
海拔(m)
6000
5000
4000
降水(mm)
0.1~9.9
10~24.9
25~49.9
50~99.9
>100
南海诸岛
比例尺 1:5000 万

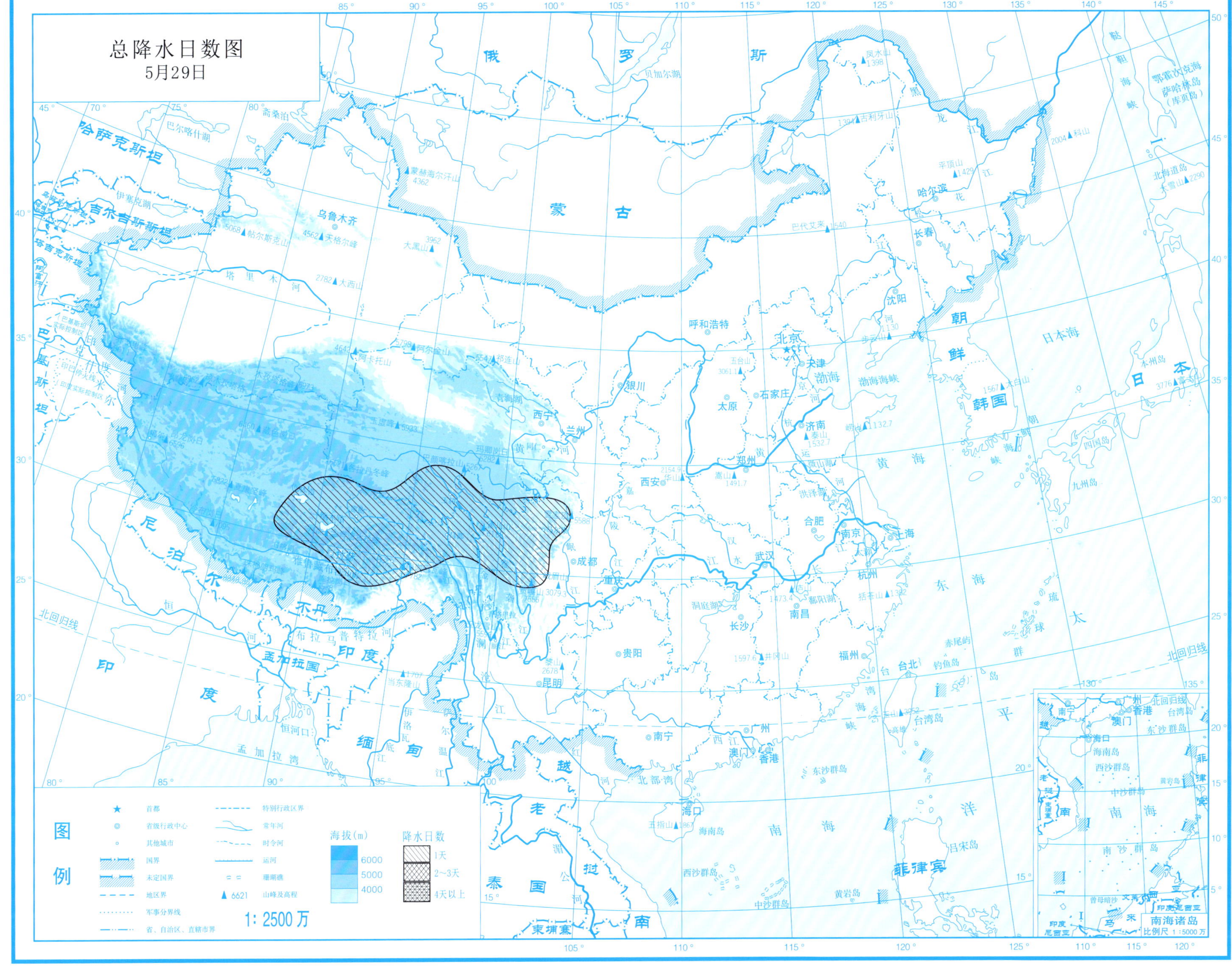
总降水日数图
5月29日
图例
首都
省级行政中心
其他城市
国界
未定国界
地区界
军事分界线
省、自治区、直辖市界
特别行政区界
常年河
时令河
运河
珊瑚礁
山峰及高程
海拔(m)
6000
5000
4000
降水日数
1天
2~3天
4天以上
1:2500万
南海诸岛
比例尺 1:5000万

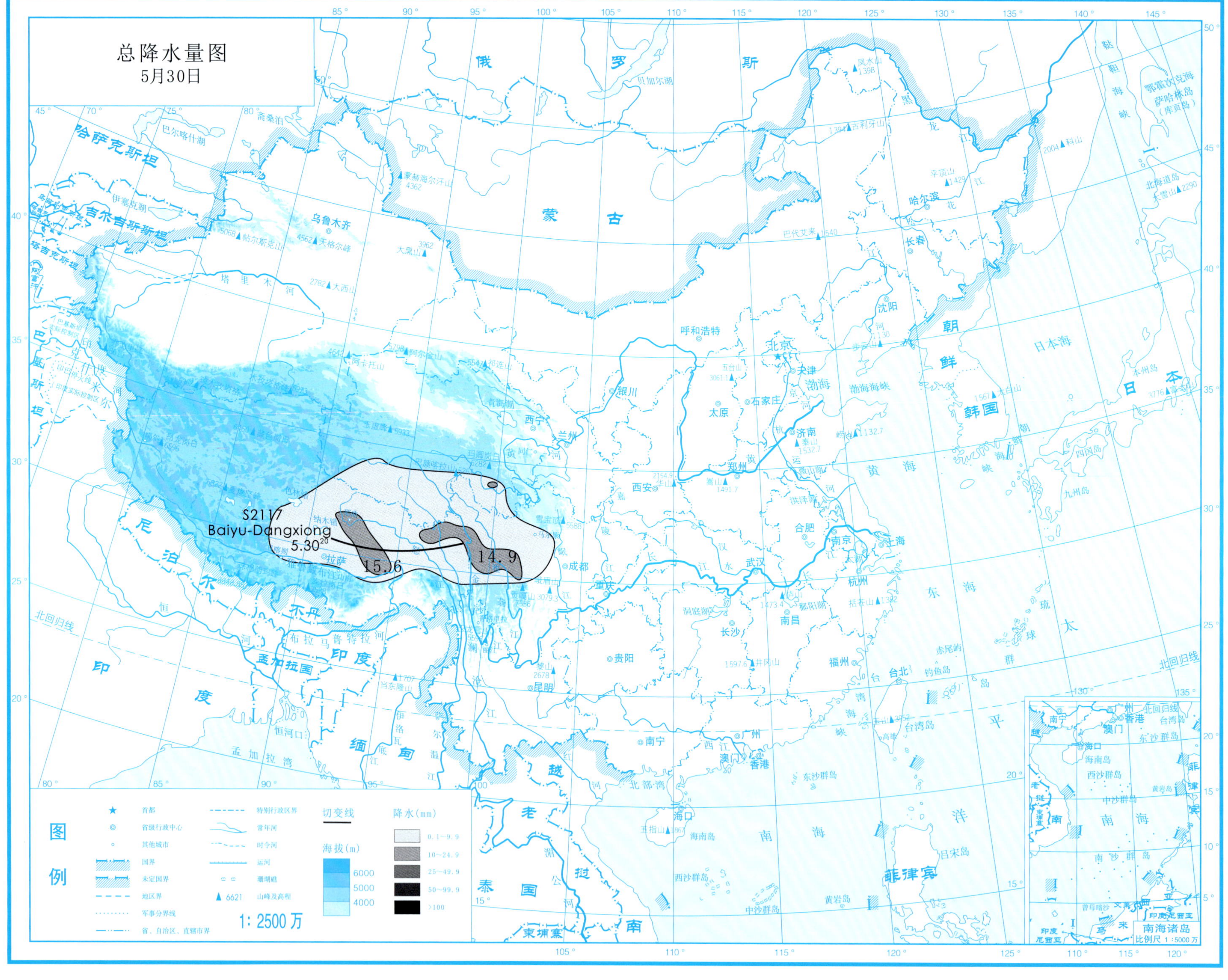
总降水量图
5月30日
S2117
Baiyu-Dangxiong
5.30 20
15.6
14.9
图例
首都
省级行政中心
其他城市
国界
未定国界
地区界
军事分界线
省、自治区、直辖市界
特别行政区界
常年河
时令河
运河
珊瑚礁
6621 山峰及高程
切变线
海拔(m)
6000
5000
4000
降水(mm)
0.1~9.9
10~24.9
25~49.9
50~99.9
>100
1: 2500 万
南海诸岛
比例尺 1:5000 万

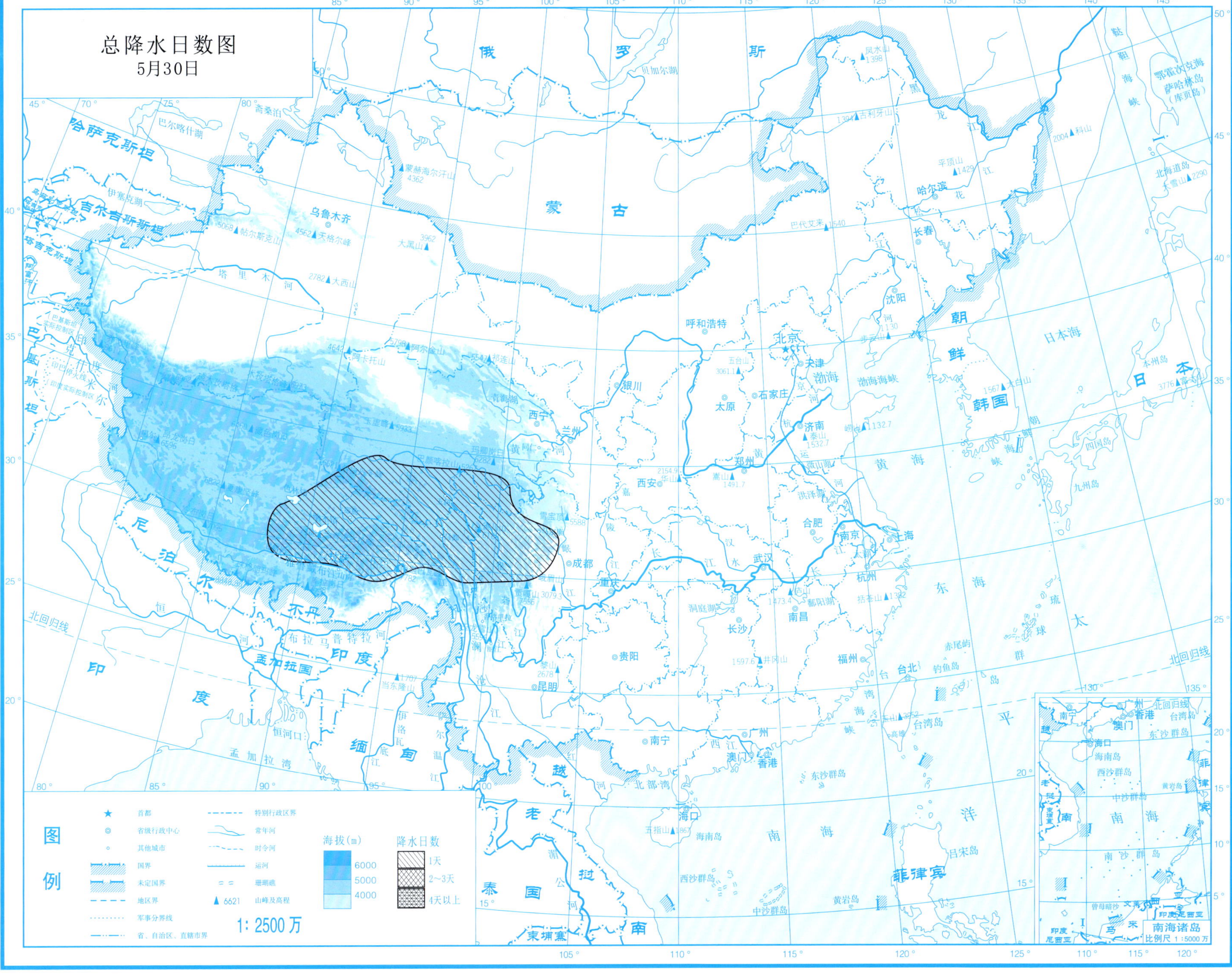

Page...177

高原切变线

第2部分

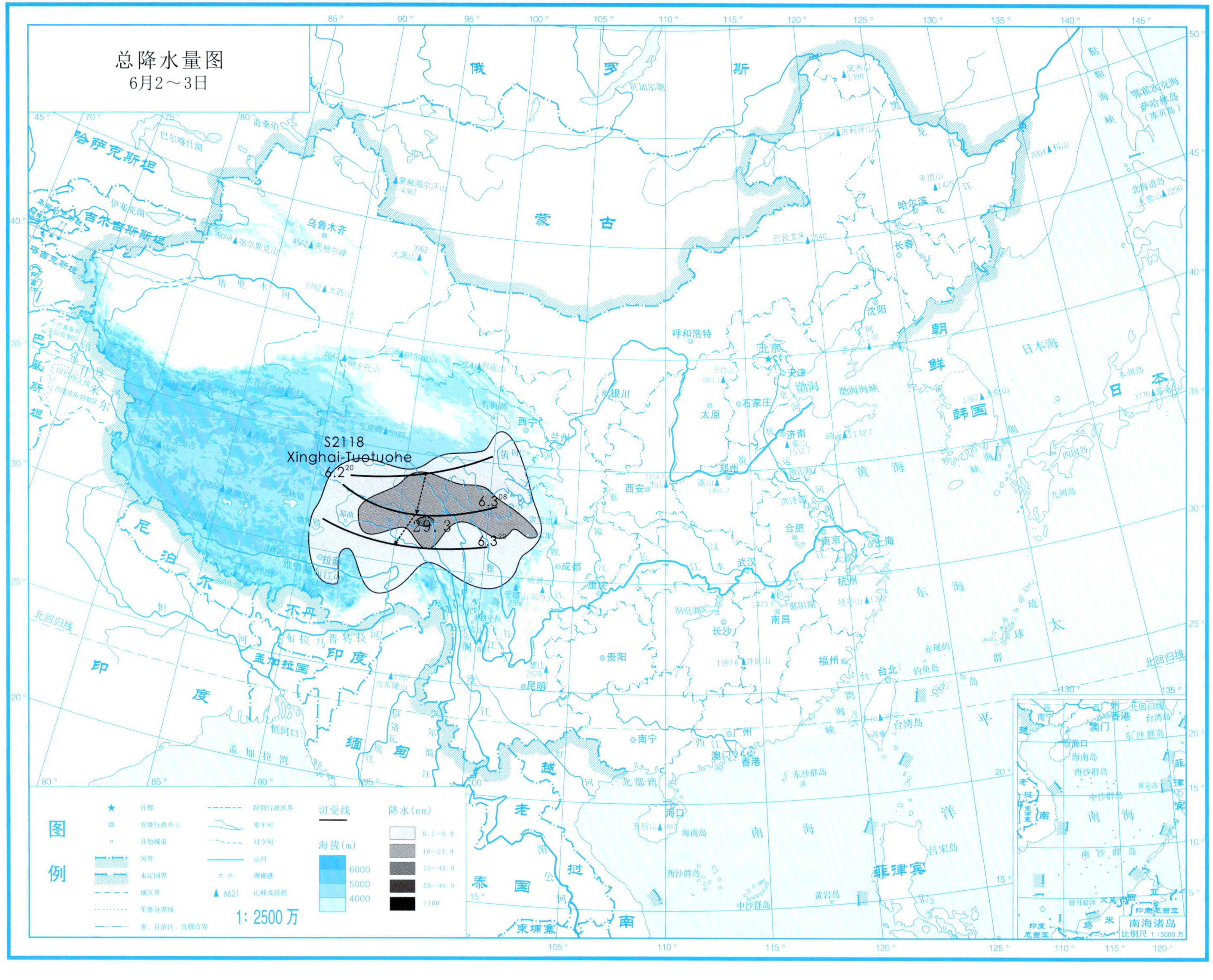
总降水量图
6月2～3日
S2118
Xinghai-Tuotuohe
6.2 20
6.3 08
29.3
6.3 20
图例
首都
省级行政中心
其他城市
国界
未定国界
地区界
军事分界线
省、自治区、直辖市界
特别行政区界
常年河
时令河
运河
珊瑚礁
6621 山峰及高程
切变线
海拔(m)
6000
5000
4000
降水(mm)
0.1～9.9
10～24.9
25～49.9
50～99.9
>100
1: 2500 万
南海诸岛
比例尺 1:5000 万

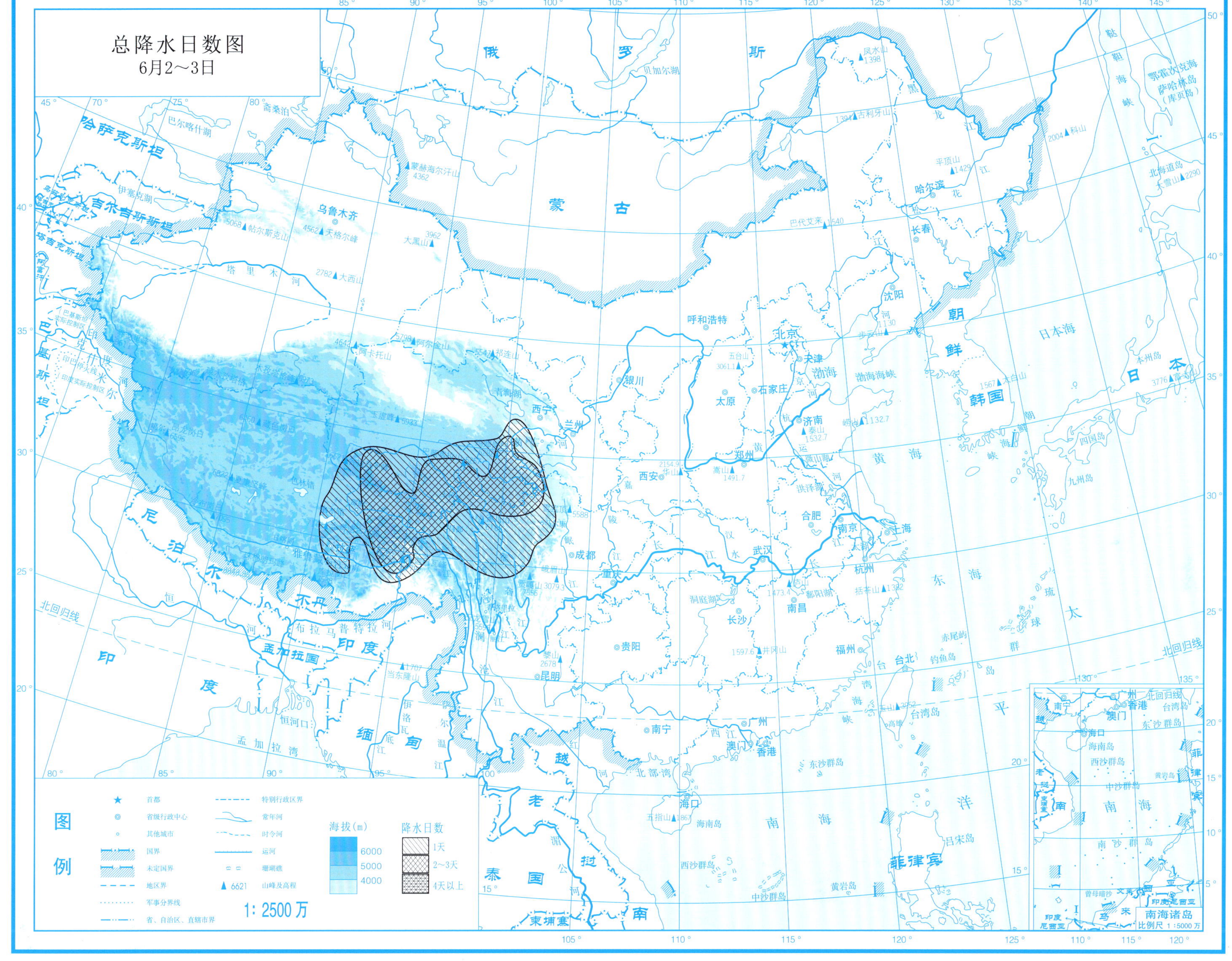
总降水日数图
6月2～3日
图例
首都
省级行政中心
其他城市
国界
未定国界
地区界
军事分界线
省、自治区、直辖市界
特别行政区界
常年河
时令河
运河
珊瑚礁
6621 山峰及高程
海拔(m)
6000
5000
4000
降水日数
1天
2～3天
4天以上
1: 2500 万
南海诸岛
比例尺 1:5000 万

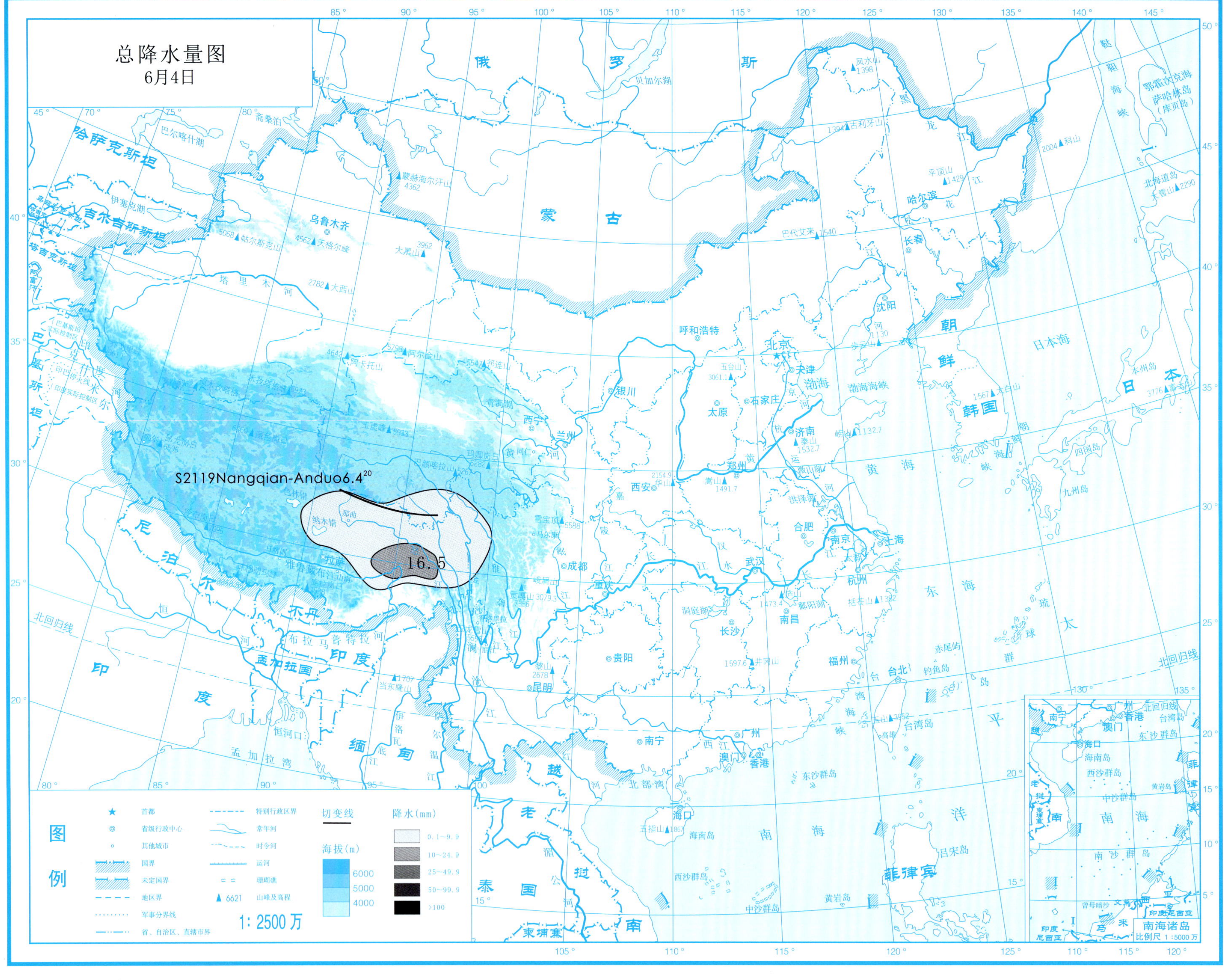
总降水量图
6月4日
S2119Nangqian-Anduo6.4[20]
16.5
图例
首都
省级行政中心
其他城市
国界
未定国界
地区界
军事分界线
省、自治区、直辖市界
特别行政区界
常年河
时令河
运河
珊瑚礁
山峰及高程
切变线
降水(mm)
0.1～9.9
10～24.9
25～49.9
50～99.9
>100
海拔(m)
6000
5000
4000
1: 2500 万
南海诸岛
比例尺 1:5000 万

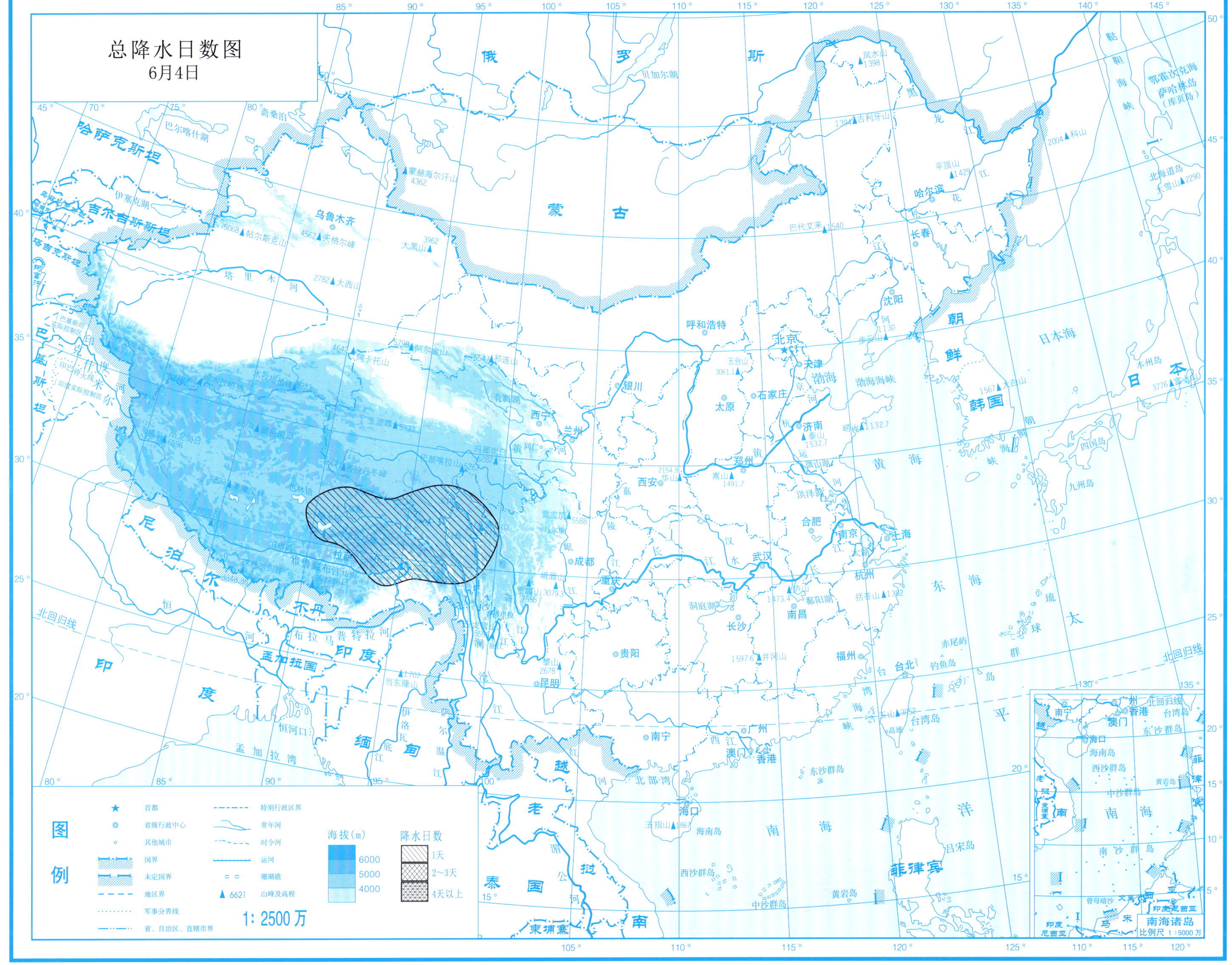
总降水日数图
6月4日
俄 罗 斯
蒙 古
哈萨克斯坦
吉尔吉斯斯坦
塔吉克斯坦
巴基斯坦
尼泊尔
不丹
孟加拉国
印度
缅甸
老挝
泰国
越南
柬埔寨
朝鲜
韩国
日本
菲律宾
乌鲁木齐
呼和浩特
北京
天津
石家庄
太原
济南
银川
西宁
兰州
西安
郑州
合肥
南京
上海
武汉
杭州
成都
重庆
长沙
南昌
福州
台北
贵阳
昆明
南宁
广州
澳门
香港
海口
拉萨
哈尔滨
长春
沈阳
渤海
黄海
东海
南海
日本海
太平洋
北回归线
南海诸岛
比例尺 1:5000万
图例
首都
省级行政中心
其他城市
国界
未定国界
地区界
军事分界线
省、自治区、直辖市界
特别行政区界
常年河
时令河
运河
珊瑚礁
6621 山峰及高程
1:2500万
海拔(m)
6000
5000
4000
降水日数
1天
2~3天
4天以上

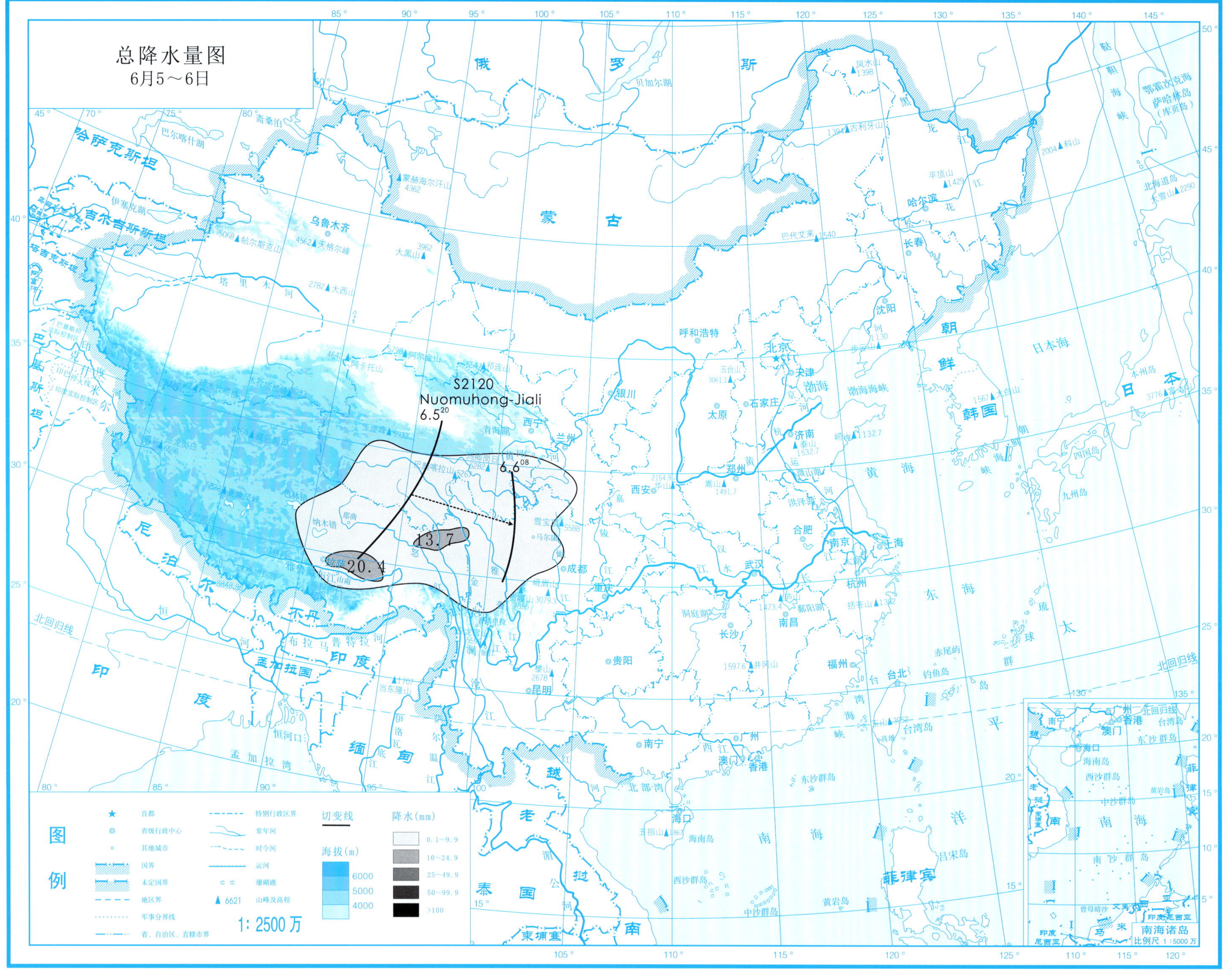
总降水量图
6月5～6日
S2120
Nuomuhong-Jiali
6.5 20
6.6 08
20.4
13.7
图例
首都
省级行政中心
其他城市
国界
未定国界
地区界
军事分界线
省、自治区、直辖市界
特别行政区界
常年河
时令河
运河
珊瑚礁
6621 山峰及高程
切变线
海拔(m)
6000
5000
4000
降水(mm)
0.1～9.9
10～24.9
25～49.9
50～99.9
>100
1: 2500万
南海诸岛
比例尺 1:5000万

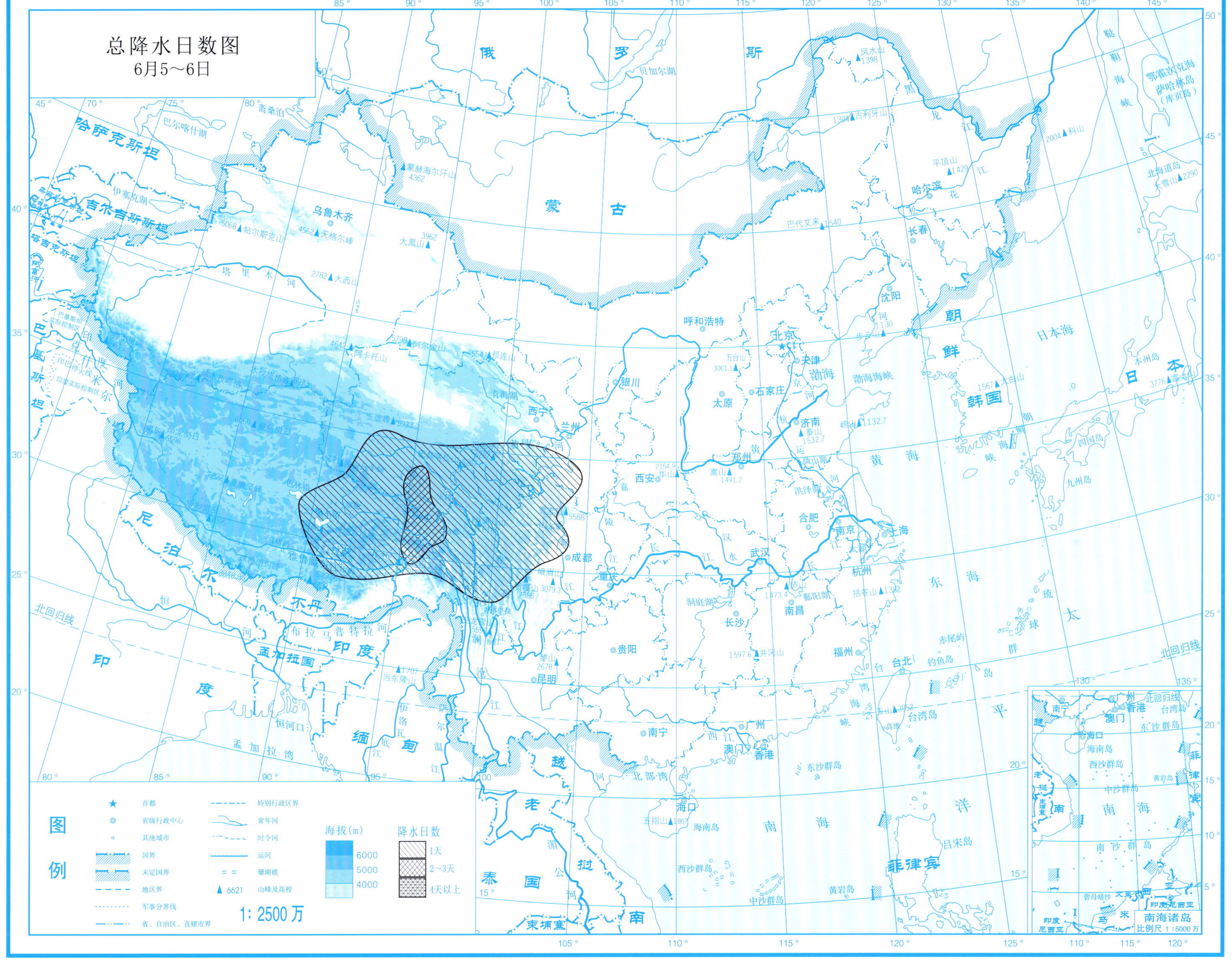

Page...183

高原切变线

第2部分

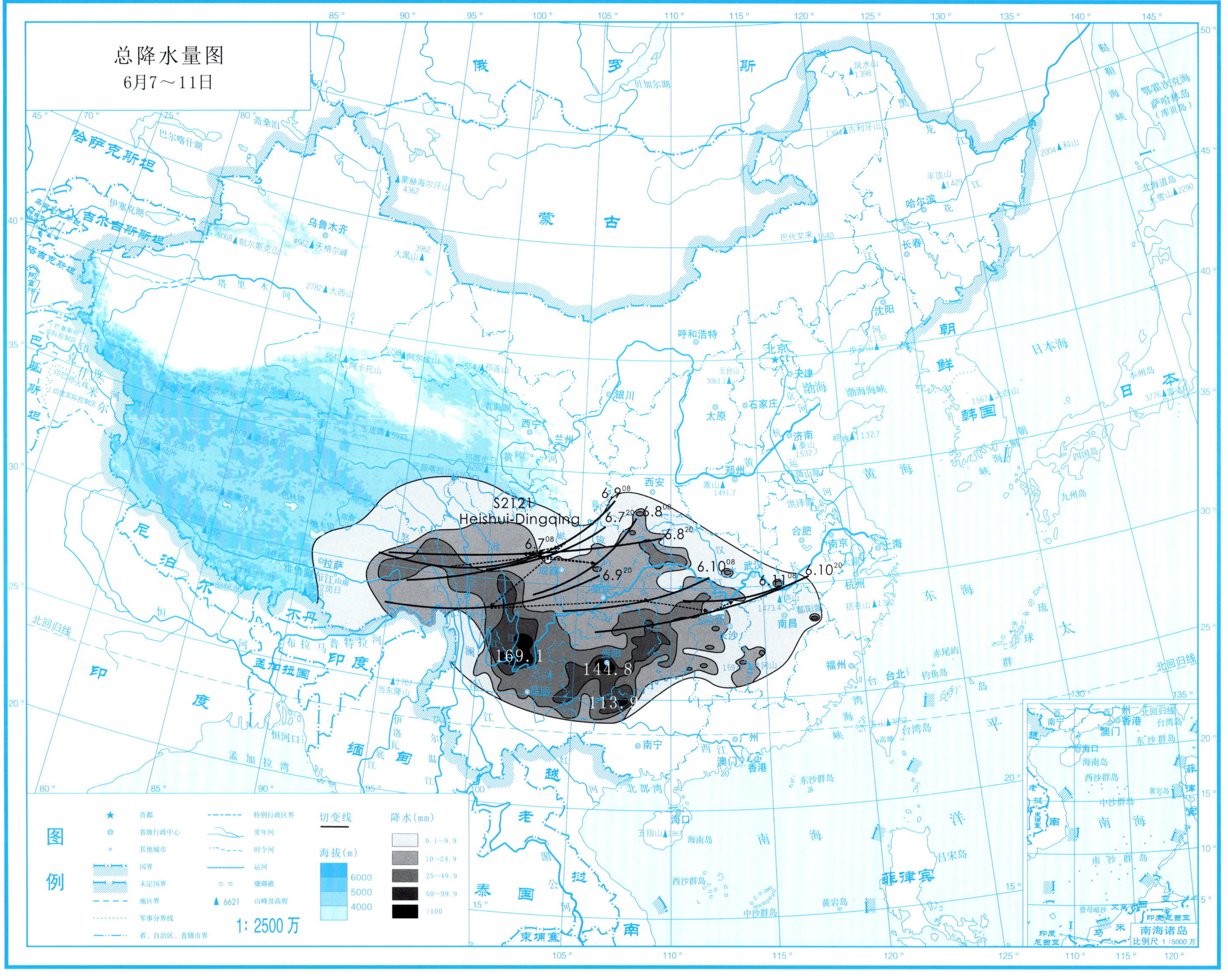
总降水量图
6月7～11日
S2121
Heishui-Dingqing
6.7
6.8
6.9
6.10
6.11
169.1
144.8
113.9
图例
首都
省级行政中心
其他城市
国界
未定国界
地区界
军事分界线
省、自治区、直辖市界
特别行政区界
常年河
时令河
运河
珊瑚礁
山峰及高程
切变线
降水(mm)
0.1～9.9
10～24.9
25～49.9
50～99.9
>100
海拔(m)
6000
5000
4000
1: 2500万
南海诸岛
比例尺 1:5000万

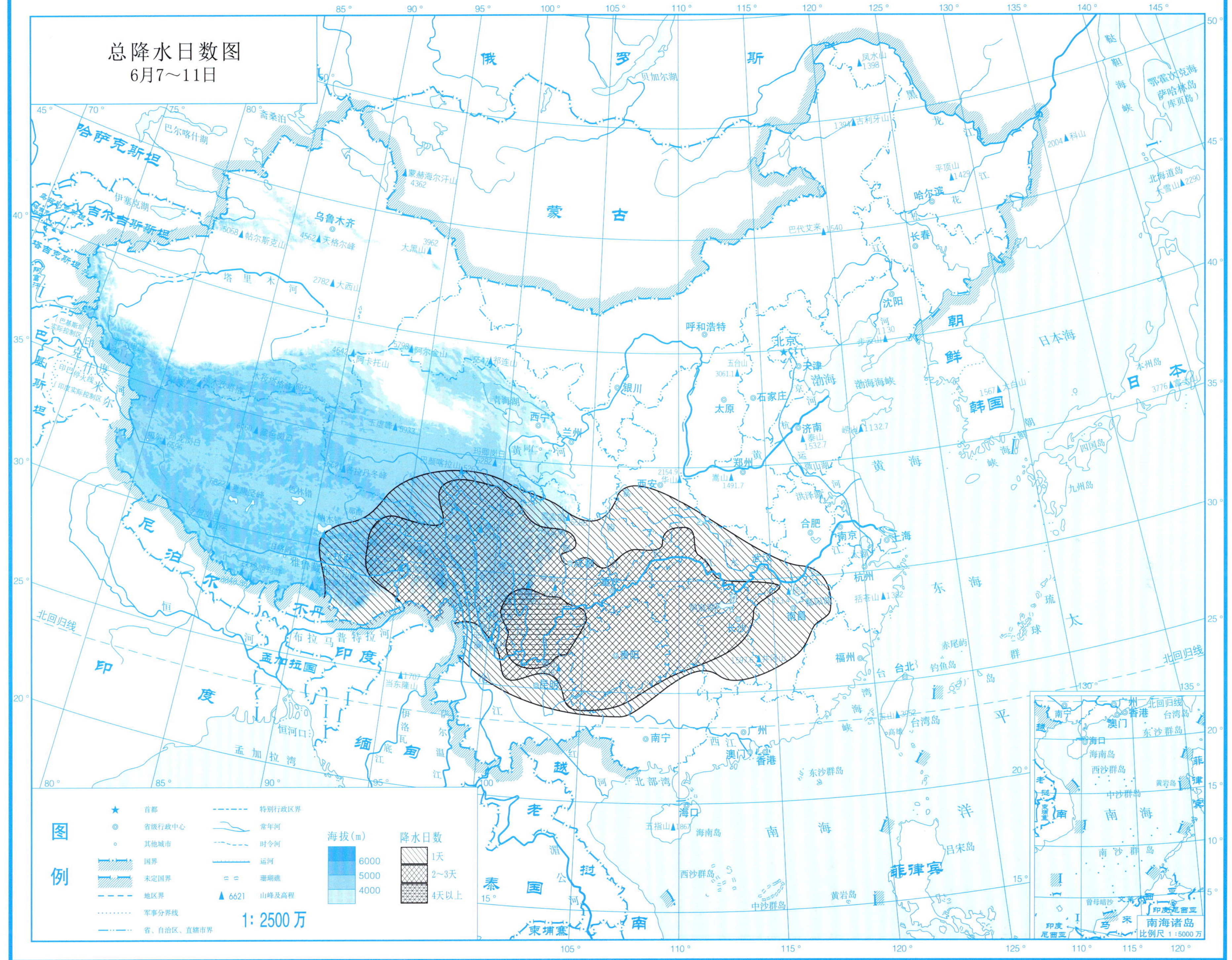
总降水日数图
6月7～11日
俄
罗
斯
蒙
古
哈萨克斯坦
吉尔吉斯斯坦
塔吉克斯坦
尼
泊
尔
不丹
印
度
孟加拉国
缅
甸
老
挝
越
泰
国
柬埔寨
朝
鲜
韩国
日
本
菲律宾
乌鲁木齐
呼和浩特
北京
天津
石家庄
太原
济南
银川
西宁
兰州
郑州
西安
合肥
南京
上海
杭州
南昌
福州
台北
贵阳
昆明
南宁
广州
香港
澳门
海口
哈尔滨
长春
沈阳
渤海
黄海
东海
南海
日本海
太
平
洋
北回归线
图
例
首都
省级行政中心
其他城市
国界
未定国界
地区界
军事分界线
省、自治区、直辖市界
特别行政区界
常年河
时令河
运河
珊瑚礁
6621 山峰及高程
海拔(m)
6000
5000
4000
降水日数
1天
2～3天
4天以上
1: 2500 万
南海诸岛
比例尺 1：5000 万

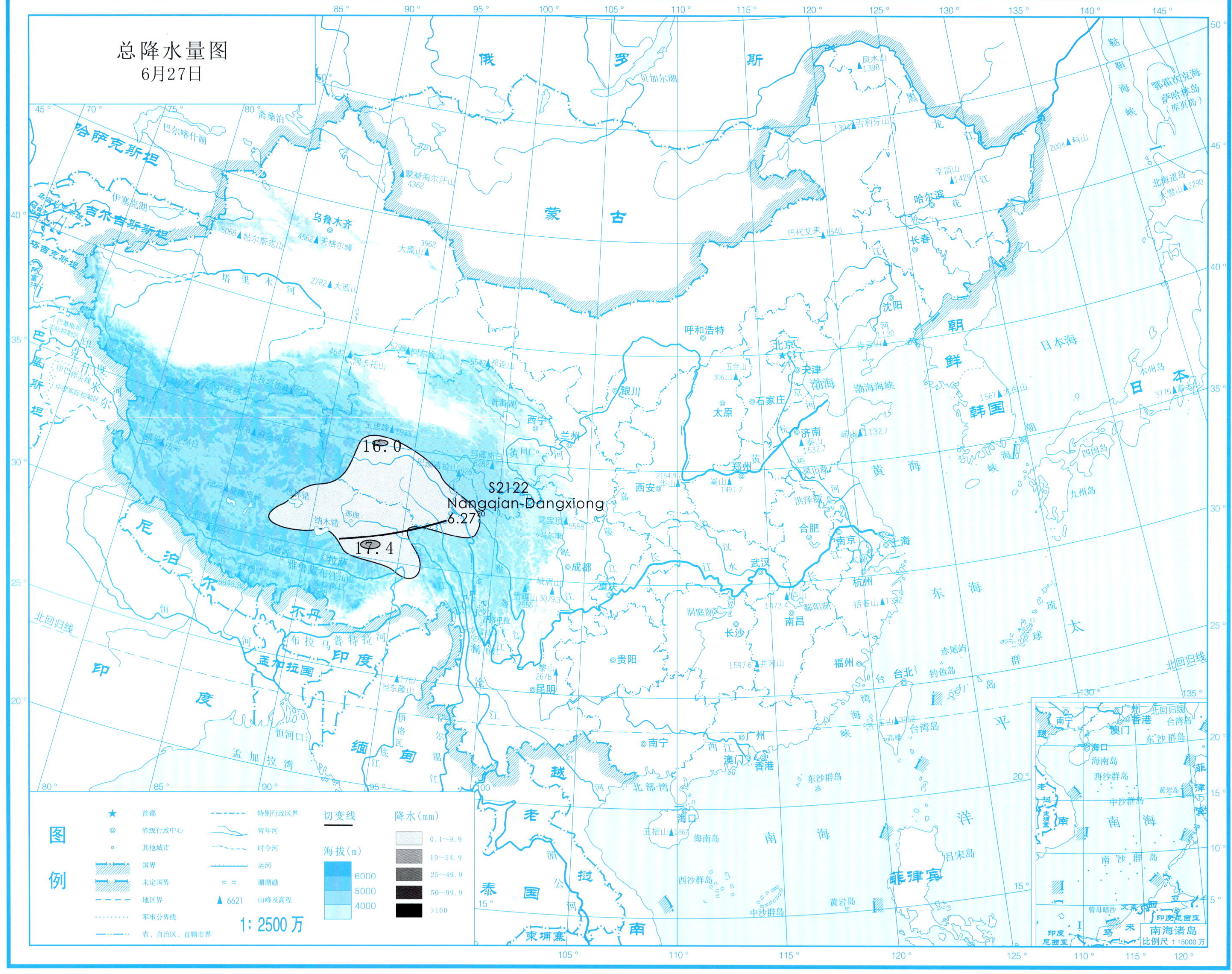
总降水量图
6月27日
S2122
Nangqian-Dangxiong
6.27
16.0
17.4
图例
首都
省级行政中心
其他城市
国界
未定国界
地区界
军事分界线
省、自治区、直辖市界
特别行政区界
常年河
时令河
运河
珊瑚礁
6621 山峰及高程
切变线
降水(mm)
0.1~9.9
10~24.9
25~49.9
50~99.9
>100
海拔(m)
6000
5000
4000
1: 2500万
南海诸岛
比例尺 1:5000万

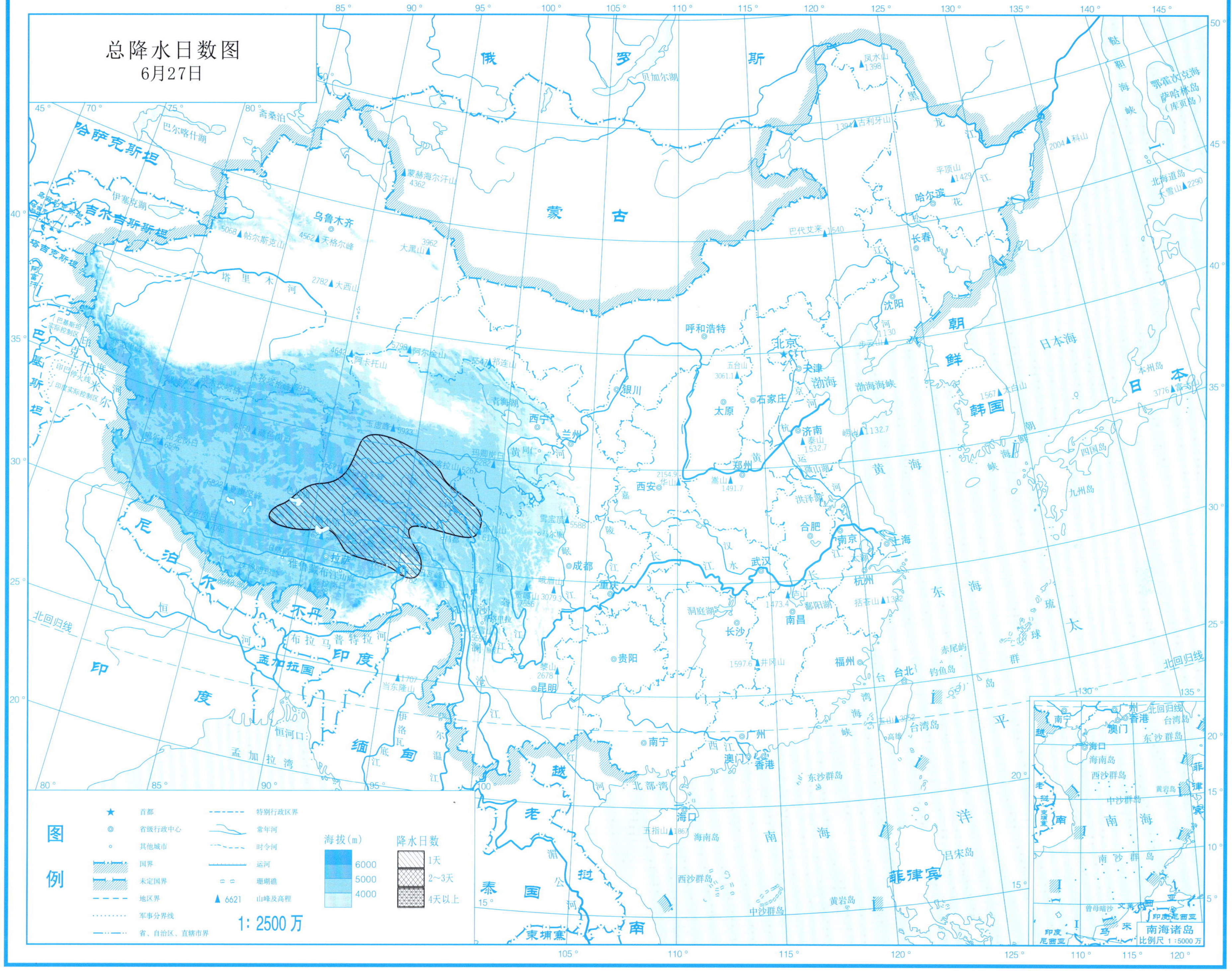

总降水日数图
6月27日
图例
首都
省级行政中心
其他城市
国界
未定国界
地区界
军事分界线
省、自治区、直辖市界
特别行政区界
常年河
时令河
运河
珊瑚礁
6621 山峰及高程
海拔(m)
6000
5000
4000
降水日数
1天
2~3天
4天以上
1: 2500万
南海诸岛
比例尺 1:5000万

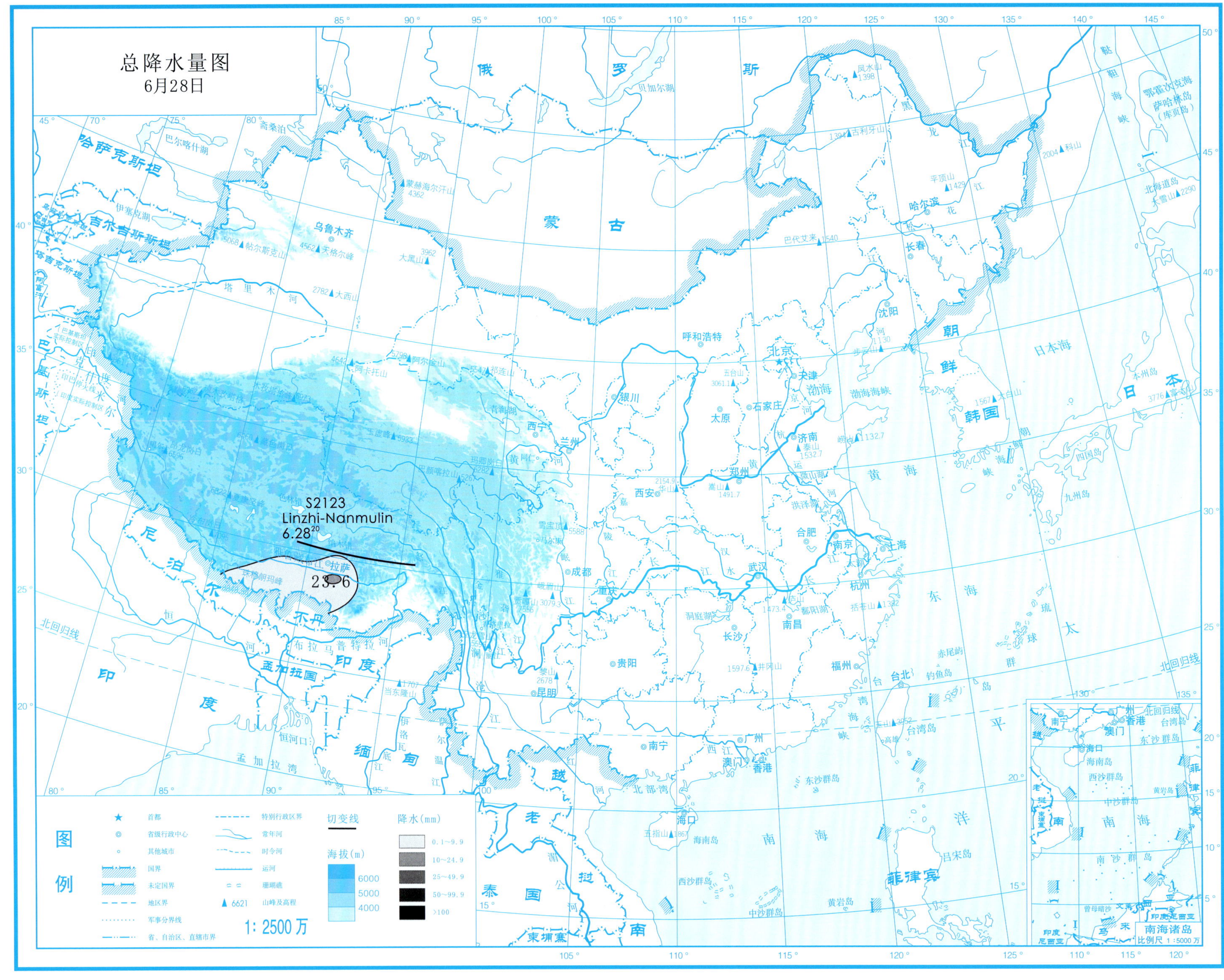

总降水量图
6月28日
S2123
Linzhi-Nanmulin
6.28 20
23.6
图例
首都
省级行政中心
其他城市
国界
未定国界
地区界
军事分界线
省、自治区、直辖市界
特别行政区界
常年河
时令河
运河
珊瑚礁
6621 山峰及高程
切变线
降水(mm)
0.1~9.9
10~24.9
25~49.9
50~99.9
>100
海拔(m)
6000
5000
4000
1: 2500 万
南海诸岛
比例尺 1:5000 万

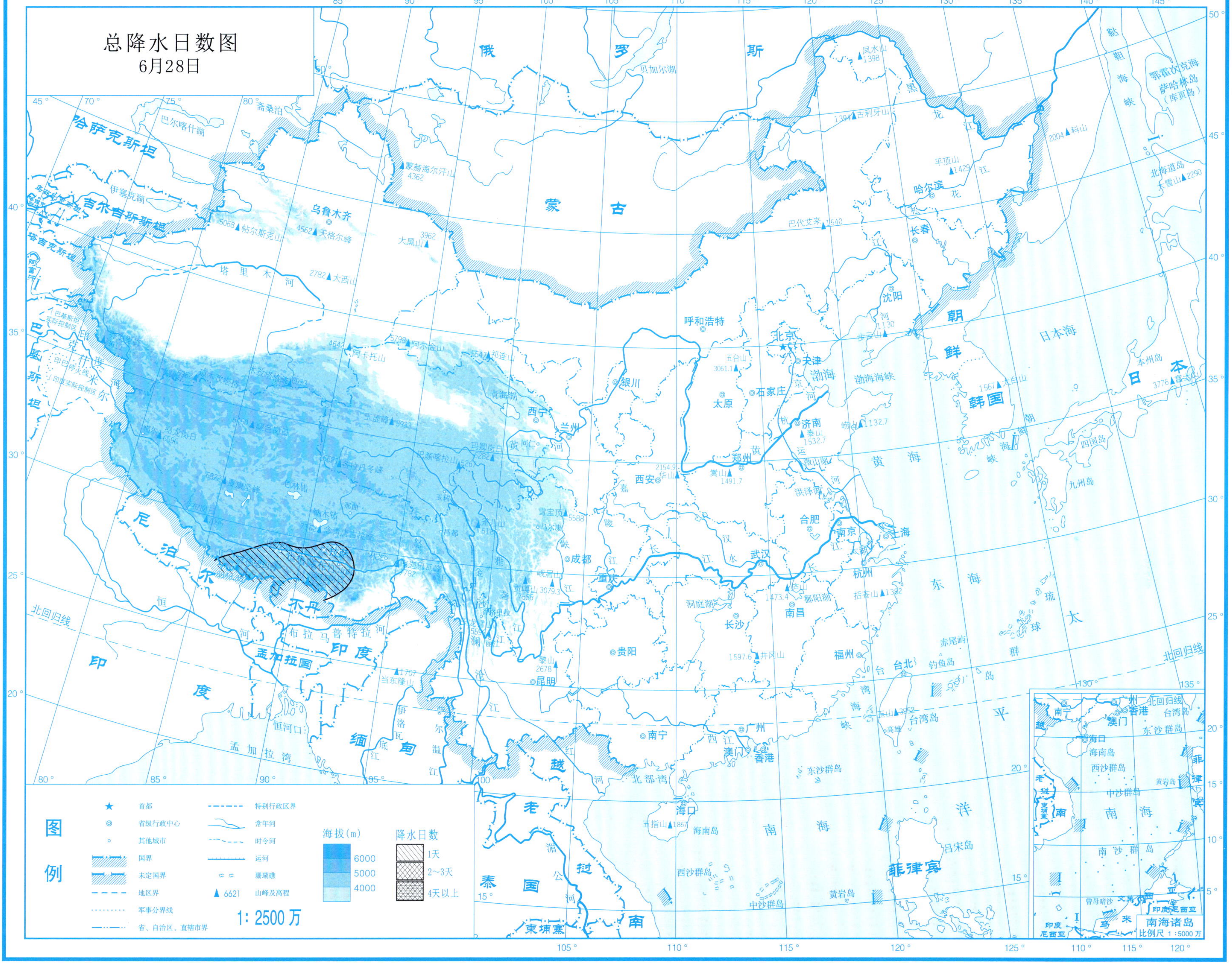
总降水日数图
6月28日
图例
首都
省级行政中心
其他城市
国界
未定国界
地区界
军事分界线
省、自治区、直辖市界
特别行政区界
常年河
时令河
运河
珊瑚礁
6621 山峰及高程
1: 2500 万
海拔(m)
6000
5000
4000
降水日数
1天
2~3天
4天以上
俄罗斯
蒙古
哈萨克斯坦
吉尔吉斯斯坦
塔吉克斯坦
巴基斯坦
尼泊尔
不丹
孟加拉国
印度
缅甸
老挝
泰国
越南
柬埔寨
朝鲜
韩国
日本
菲律宾
北京
天津
上海
重庆
乌鲁木齐
西宁
兰州
银川
呼和浩特
石家庄
太原
济南
郑州
西安
成都
武汉
合肥
南京
杭州
南昌
长沙
贵阳
昆明
南宁
广州
福州
台北
香港
澳门
海口
哈尔滨
长春
沈阳
渤海
黄海
东海
南海
日本海
太平洋
北回归线
南海诸岛
比例尺 1 : 5000 万

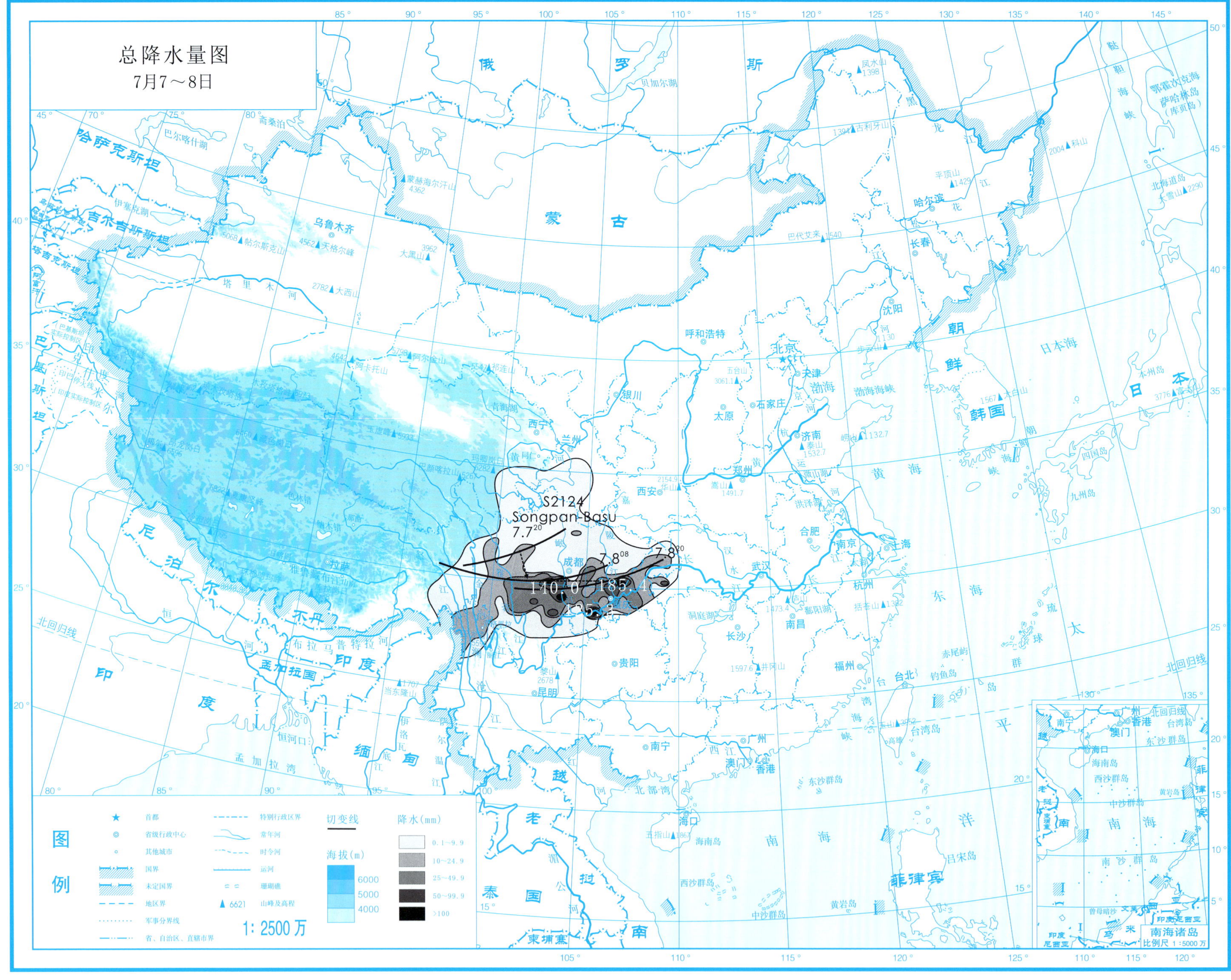
总降水量图
7月7～8日
S2124
Songpan-Basu
7.7^20
7.8^08
7.8^20
140.0
185.4
图例
首都
省级行政中心
其他城市
国界
未定国界
地区界
军事分界线
省、自治区、直辖市界
特别行政区界
常年河
时令河
运河
珊瑚礁
6621 山峰及高程
切变线
海拔(m)
6000
5000
4000
降水(mm)
0.1～9.9
10～24.9
25～49.9
50～99.9
>100
1:2500万
南海诸岛
比例尺 1:5000万

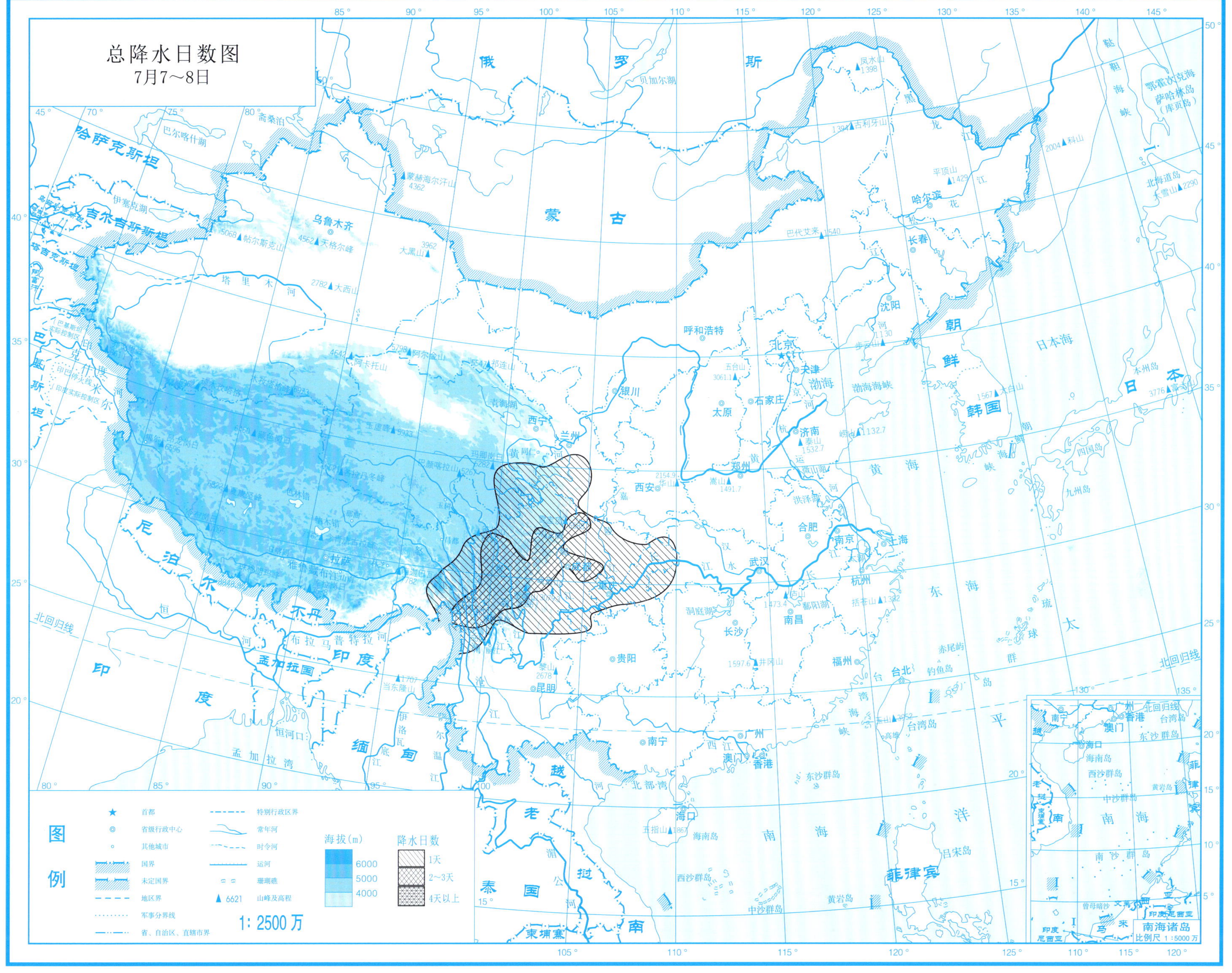
总降水日数图
7月7~8日
图例
首都
省级行政中心
其他城市
国界
未定国界
地区界
军事分界线
省、自治区、直辖市界
特别行政区界
常年河
时令河
运河
珊瑚礁
6621 山峰及高程
海拔(m)
6000
5000
4000
降水日数
1天
2~3天
4天以上
1: 2500万
俄
罗
斯
蒙
古
哈萨克斯坦
吉尔吉斯斯坦
塔吉克斯坦
尼
泊
尔
不丹
印
度
孟加拉国
缅
甸
老
挝
泰
国
越
南
柬埔寨
朝
鲜
韩国
日
本
菲律宾
乌鲁木齐
呼和浩特
北京
天津
石家庄
太原
银川
西宁
兰州
西安
郑州
济南
合肥
南京
上海
杭州
武汉
南昌
长沙
贵阳
昆明
拉萨
成都
重庆
南宁
广州
福州
台北
香港
澳门
海口
哈尔滨
长春
沈阳
渤海
黄海
东海
南海
日本海
太
平
洋
台湾岛
海南岛
南海诸岛
比例尺 1:5000万

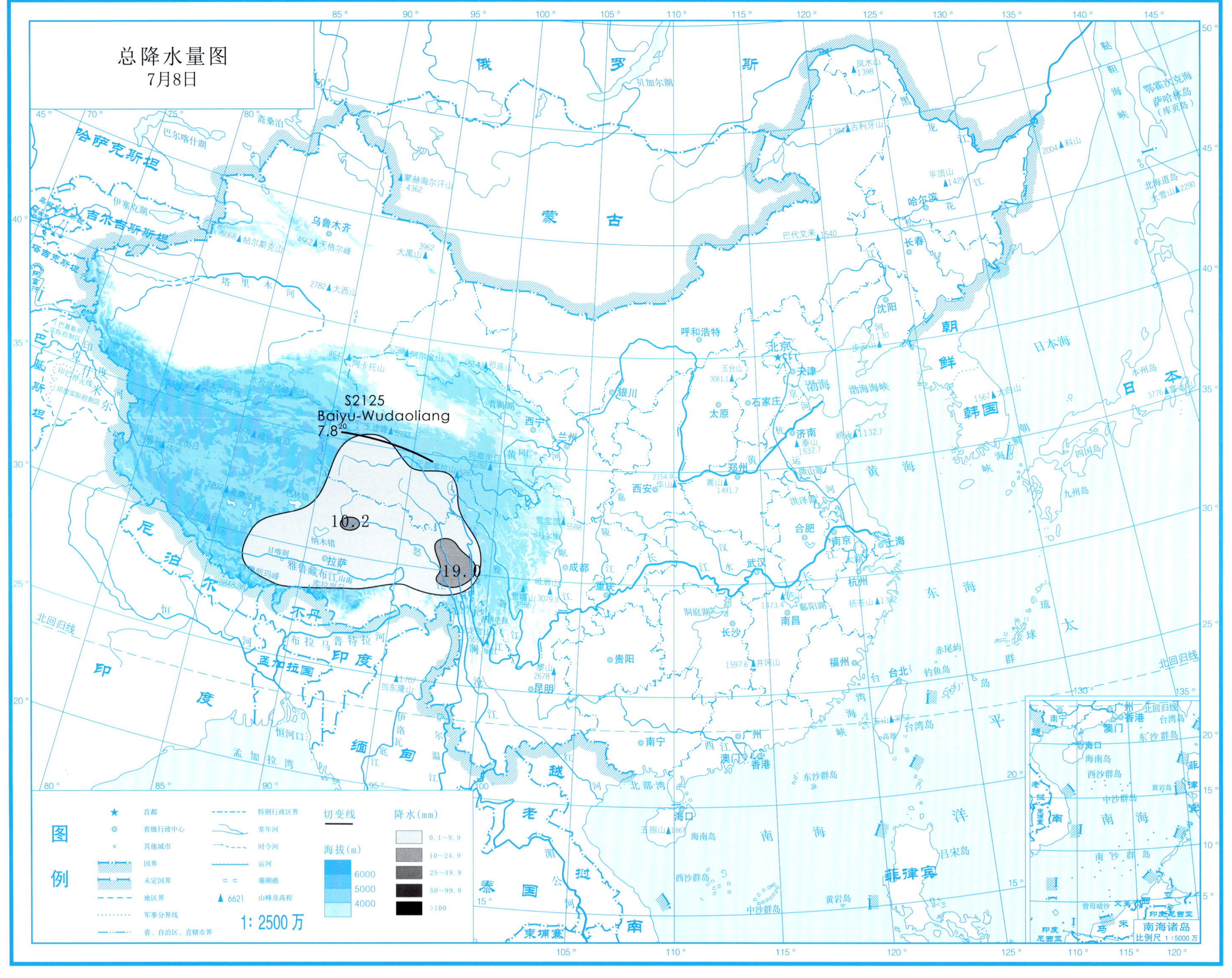

总降水量图
7月8日
S2125
Baiyu-Wudaoliang
7.8 20
10.2
19.0
图例
首都
省级行政中心
其他城市
国界
未定国界
地区界
军事分界线
省、自治区、直辖市界
特别行政区界
常年河
时令河
运河
珊瑚礁
6621 山峰及高程
切变线
海拔(m)
6000
5000
4000
降水(mm)
0.1~9.9
10~24.9
25~49.9
50~99.9
>100
1:2500万
南海诸岛
比例尺 1:5000万

总降水日数图
7月8日
图例
首都
省级行政中心
其他城市
国界
未定国界
地区界
军事分界线
省、自治区、直辖市界
特别行政区界
常年河
时令河
运河
珊瑚礁
6621 山峰及高程
海拔(m)
6000
5000
4000
降水日数
1天
2~3天
4天以上
1: 2500万
俄 罗 斯
蒙 古
哈萨克斯坦
吉尔吉斯斯坦
塔吉克斯坦
巴基斯坦
尼泊尔
不丹
印度
孟加拉国
缅甸
老挝
泰国
越南
柬埔寨
菲律宾
朝鲜
韩国
日本
乌鲁木齐
呼和浩特
北京
天津
石家庄
太原
银川
西宁
兰州
济南
郑州
西安
合肥
南京
上海
成都
重庆
武汉
杭州
长沙
南昌
贵阳
福州
昆明
南宁
广州
澳门
香港
海口
台北
哈尔滨
长春
沈阳
日本海
黄海
东海
南海
南海诸岛
比例尺 1:5000万

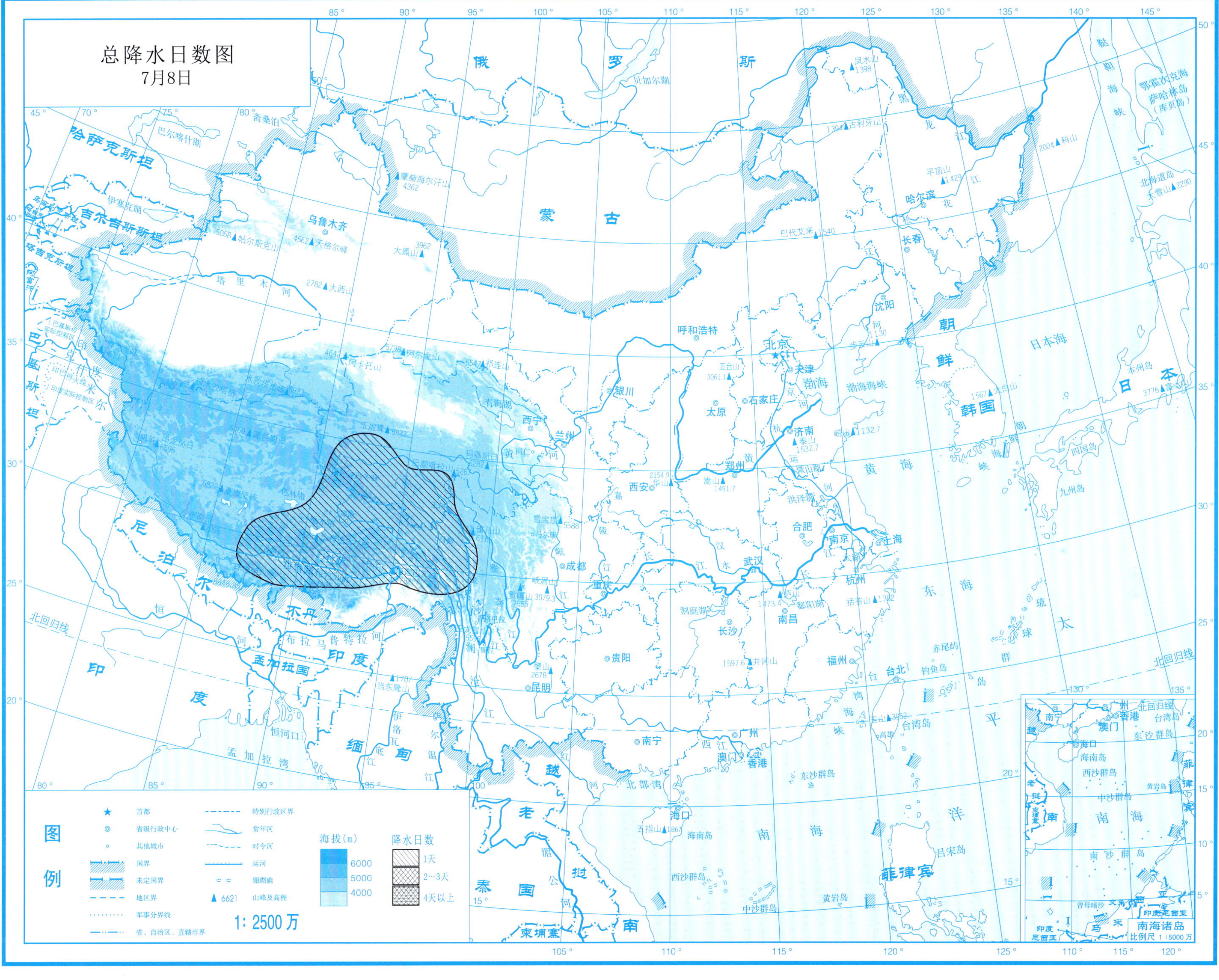

高原切变线 第2部分

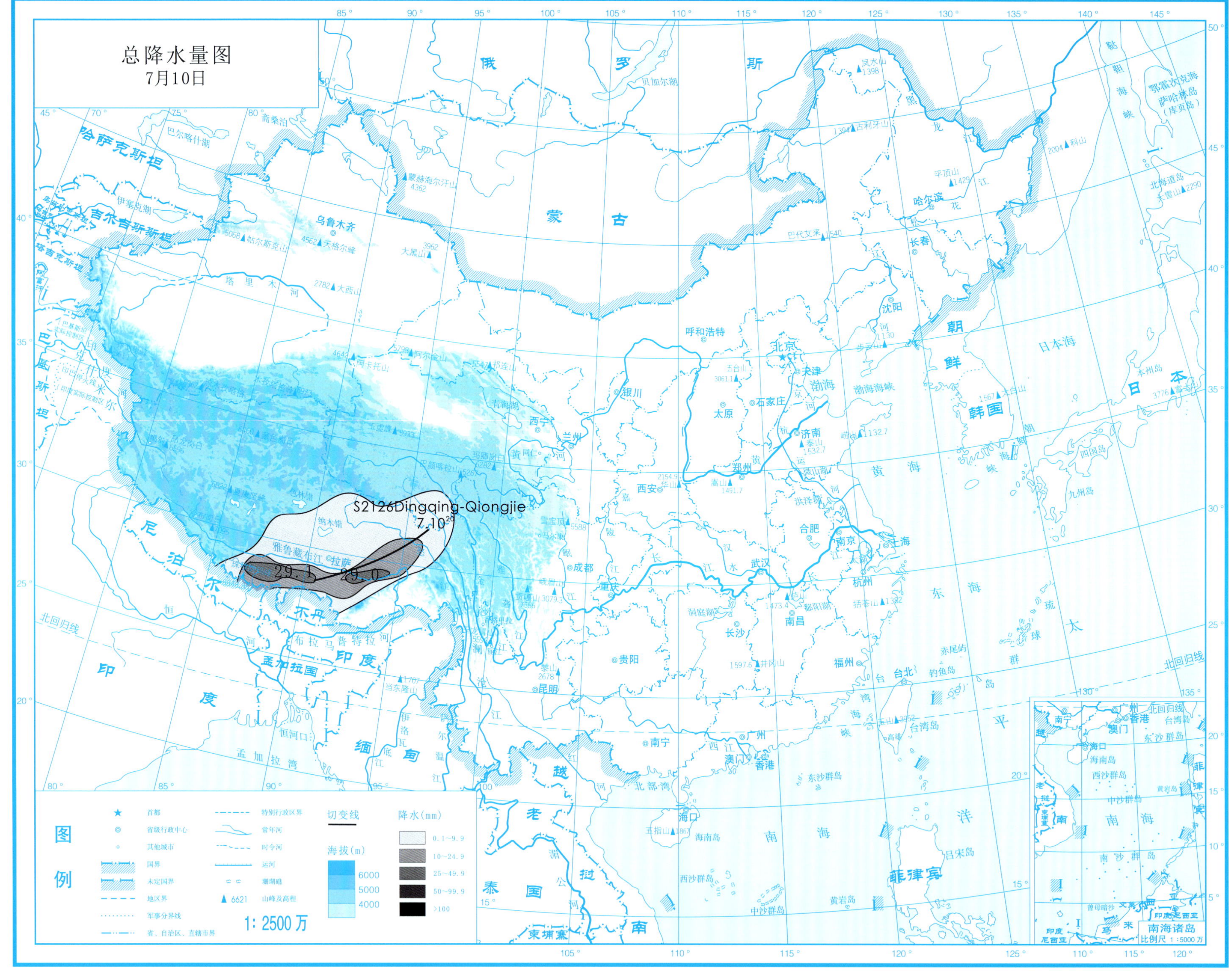

总降水量图
7月10日
S2126Dingqing-Qiongjie
7.10[20]
29.1
29.0
图例
首都
省级行政中心
其他城市
国界
未定国界
地区界
军事分界线
省、自治区、直辖市界
特别行政区界
常年河
时令河
运河
珊瑚礁
6621 山峰及高程
切变线
降水(mm)
0.1~9.9
10~24.9
25~49.9
50~99.9
>100
海拔(m)
6000
5000
4000
1: 2500万
南海诸岛
比例尺 1:5000万

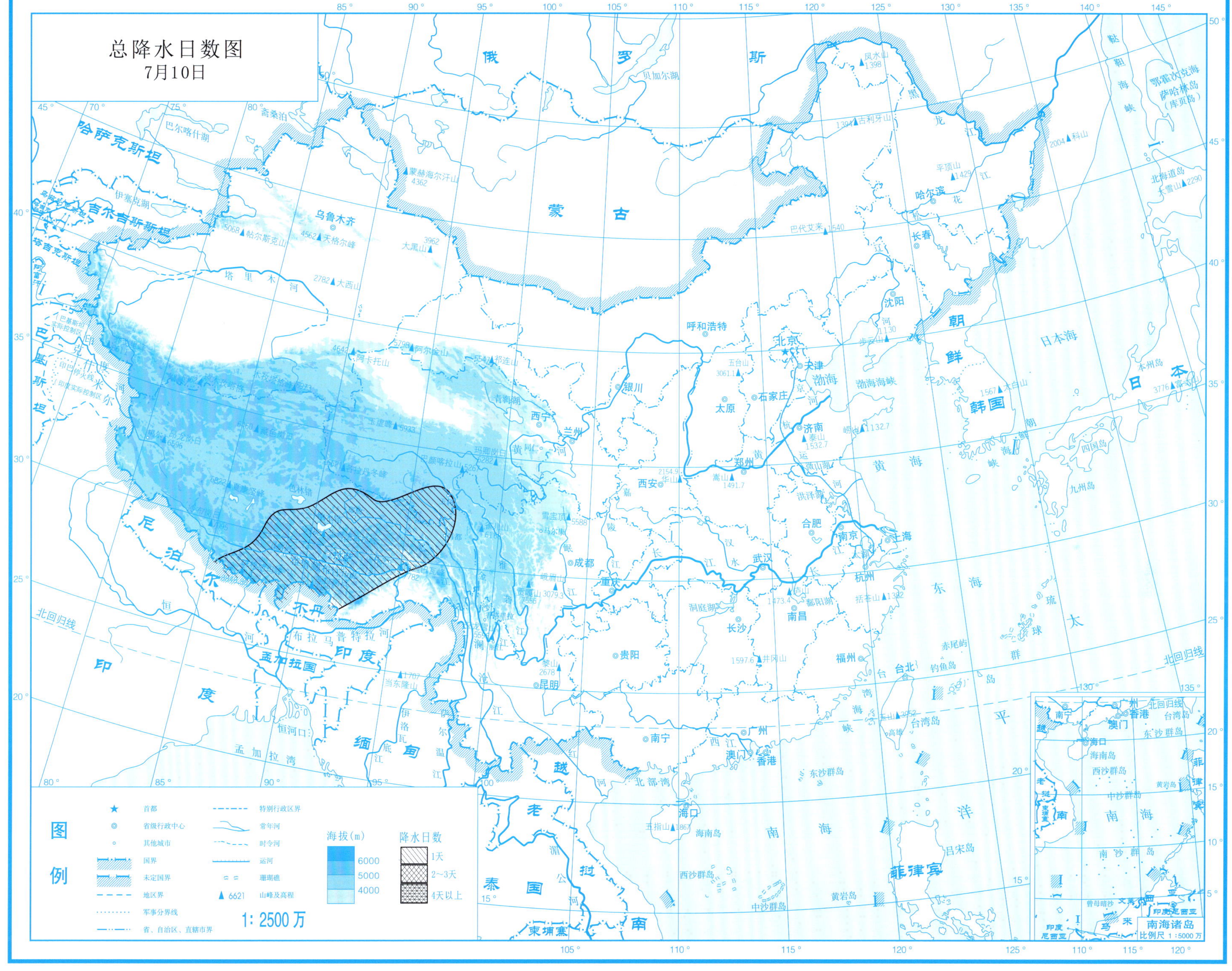
总降水日数图
7月10日
图例
首都
省级行政中心
其他城市
国界
未定国界
地区界
军事分界线
省、自治区、直辖市界
特别行政区界
常年河
时令河
运河
珊瑚礁
6621 山峰及高程
海拔(m)
6000
5000
4000
降水日数
1天
2~3天
4天以上
1:2500万
南海诸岛
比例尺 1:5000万

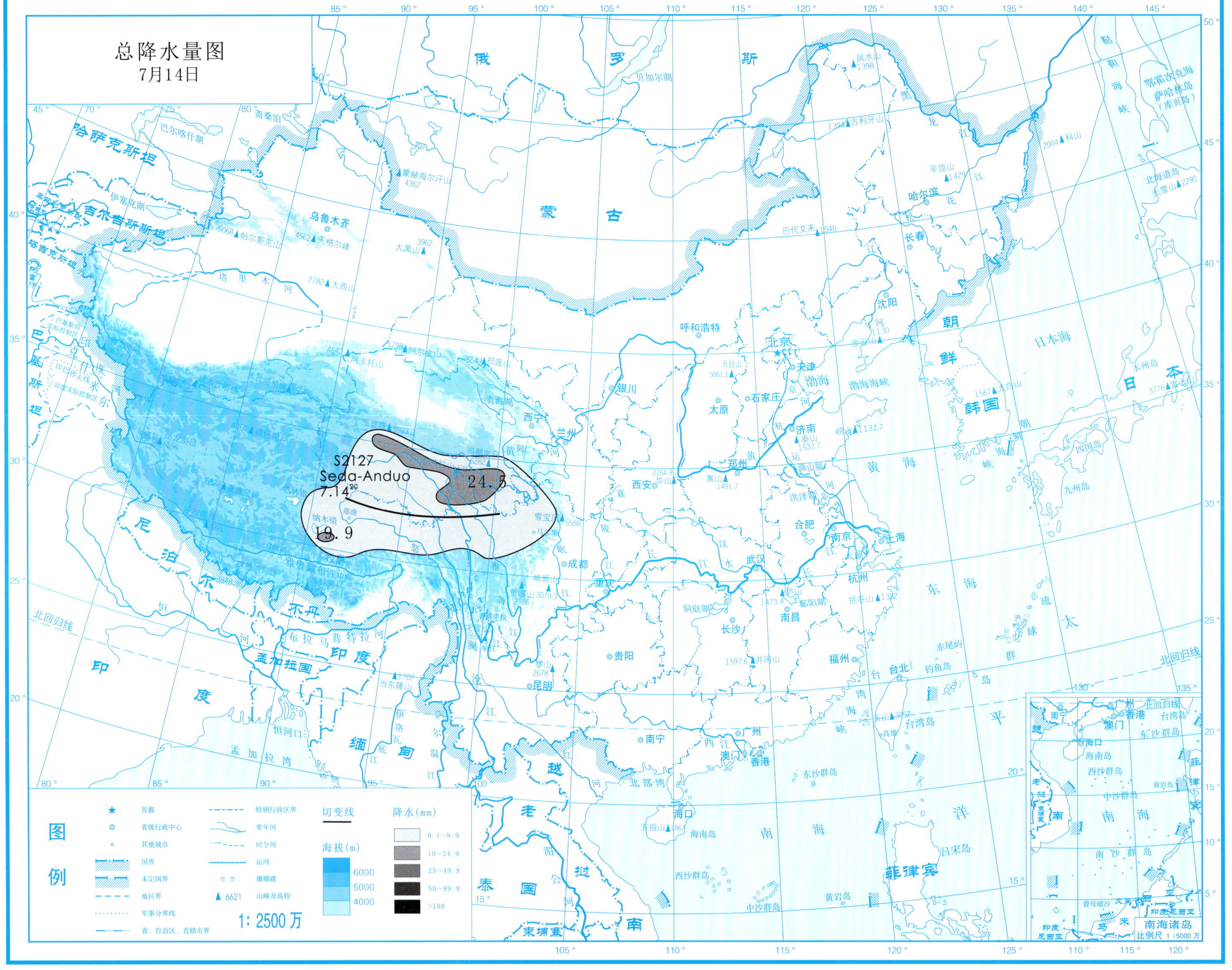
总降水量图
7月14日
S2127
Seda-Anduo
7.14[20]
24.5
19.9
图例
首都
省级行政中心
其他城市
国界
未定国界
地区界
军事分界线
省、自治区、直辖市界
特别行政区界
常年河
时令河
运河
珊瑚礁
6621 山峰及高程
切变线
降水(mm)
0.1～9.9
10～24.9
25～49.9
50～99.9
>100
海拔(m)
6000
5000
4000
1: 2500 万
南海诸岛
比例尺 1:5000 万

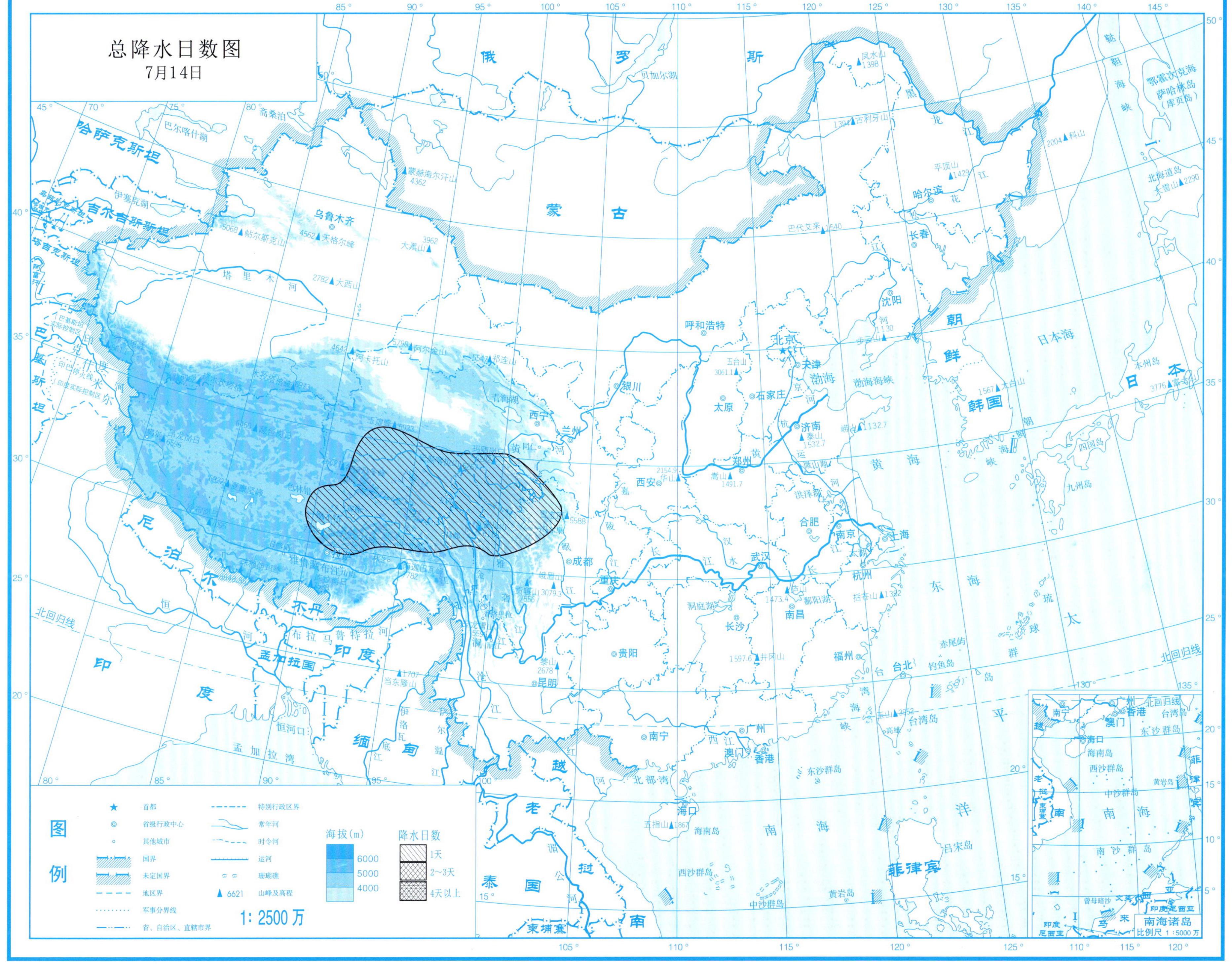

总降水日数图
7月14日
图例
首都
省级行政中心
其他城市
国界
未定国界
地区界
军事分界线
省、自治区、直辖市界
特别行政区界
常年河
时令河
运河
珊瑚礁
6621 山峰及高程
海拔(m)
6000
5000
4000
降水日数
1天
2~3天
4天以上
1:2500万
南海诸岛
比例尺 1:5000万

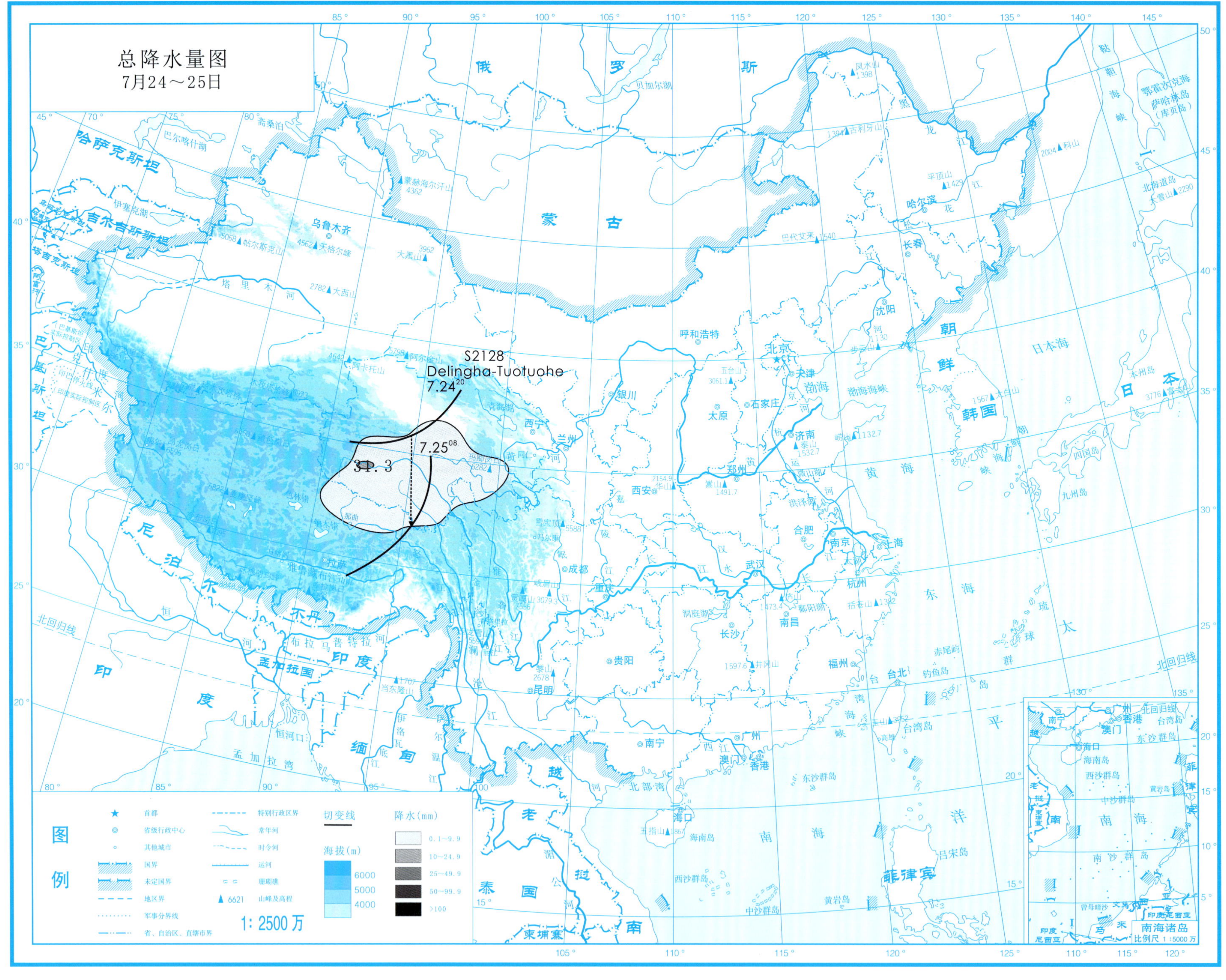
总降水量图
7月24～25日
S2128
Delingha-Tuotuohe
7.24 20
7.25 08
34.3
图例
首都
省级行政中心
其他城市
国界
未定国界
地区界
军事分界线
省、自治区、直辖市界
特别行政区界
常年河
时令河
运河
珊瑚礁
6621 山峰及高程
切变线
海拔(m)
6000
5000
4000
降水(mm)
0.1～9.9
10～24.9
25～49.9
50～99.9
>100
1: 2500万
南海诸岛
比例尺 1:5000万

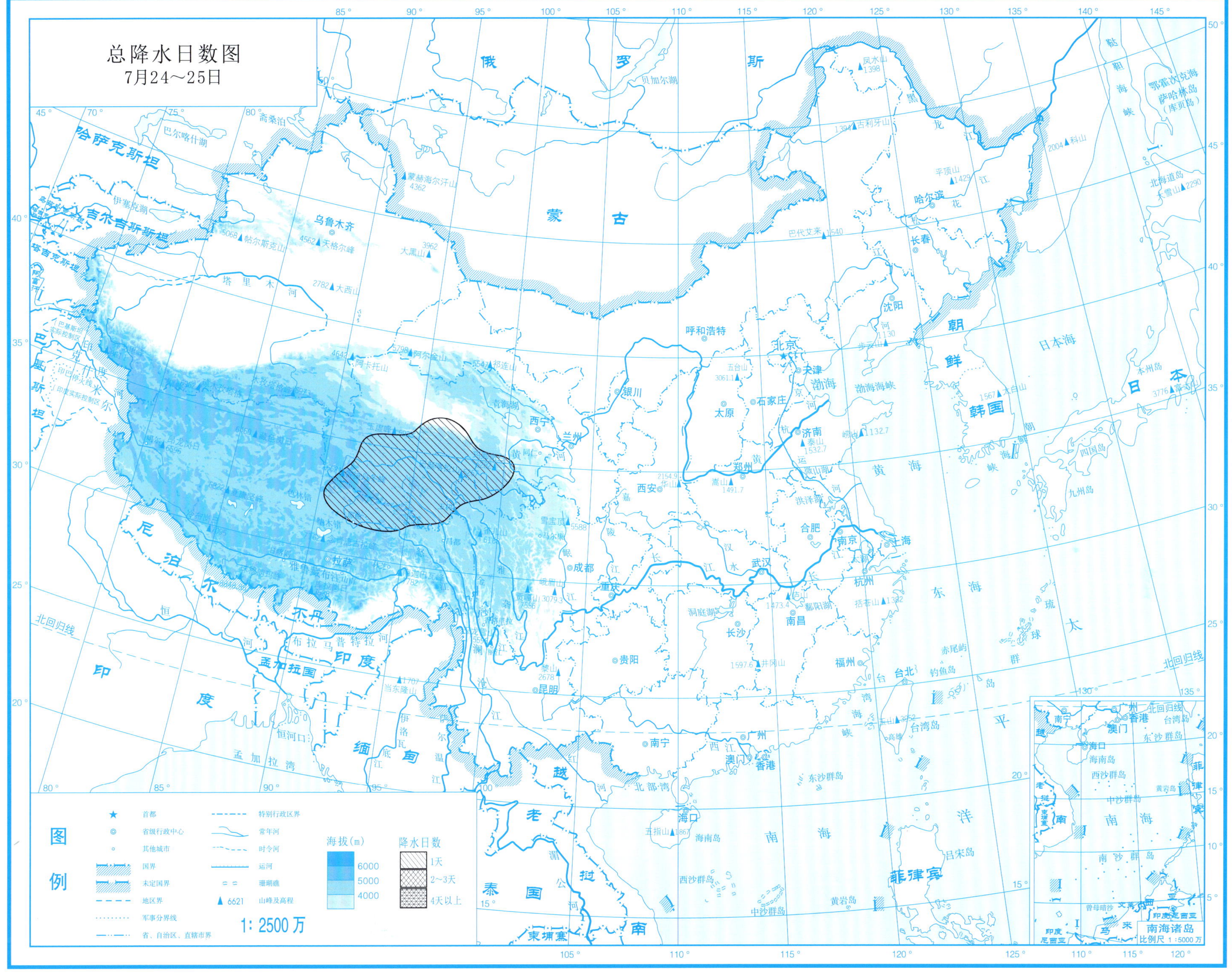
总降水日数图
7月24～25日
图例
首都
省级行政中心
其他城市
国界
未定国界
地区界
军事分界线
省、自治区、直辖市界
特别行政区界
常年河
时令河
运河
珊瑚礁
6621 山峰及高程
海拔(m)
6000
5000
4000
降水日数
1天
2～3天
4天以上
1：2500万
南海诸岛
比例尺 1：5000万

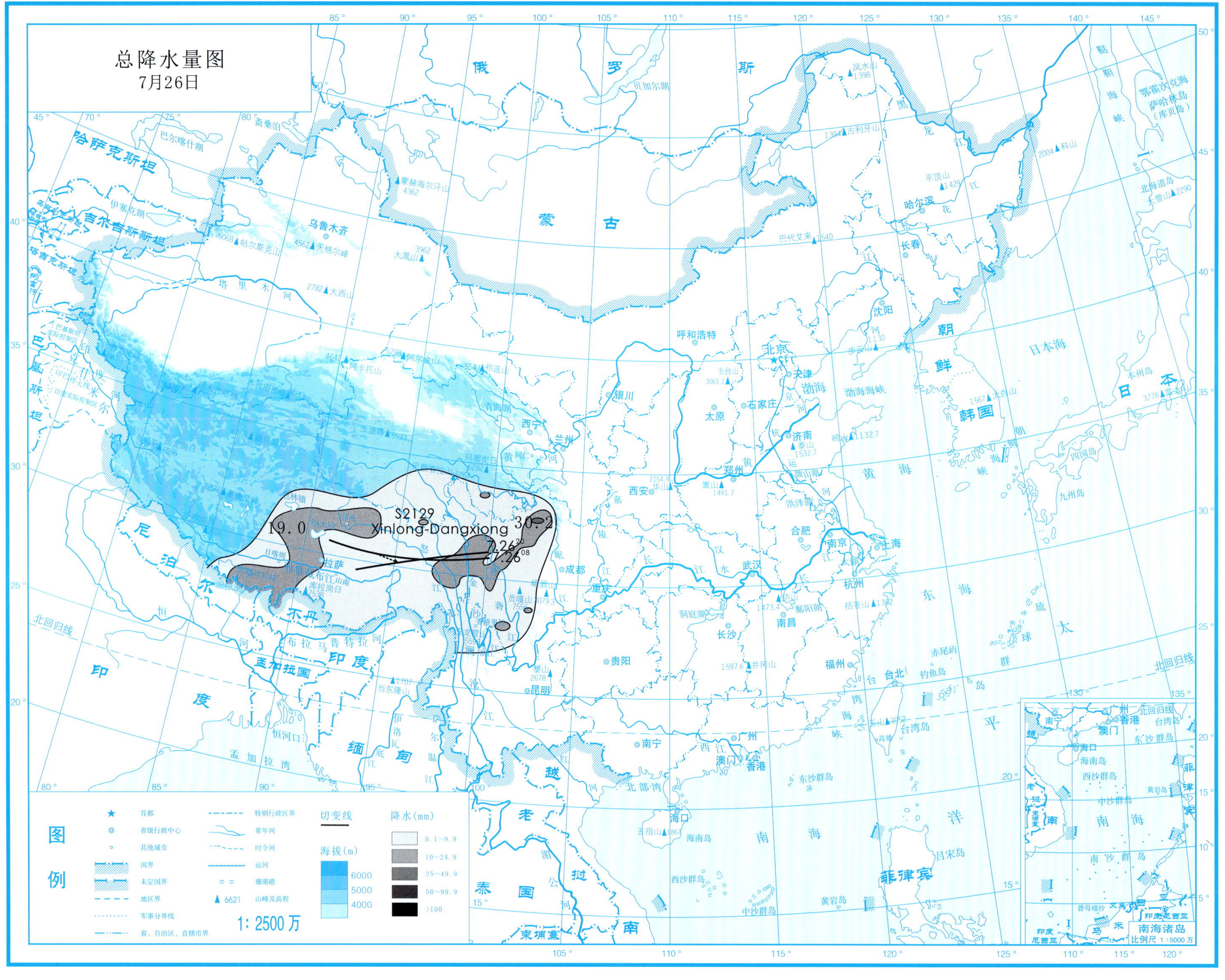
总降水量图
7月26日
S2129
Xinlong-Dangxiong
19.0
30.2
图例
切变线
降水(mm)
0.1~9.9
10~24.9
25~49.9
50~99.9
>100
海拔(m)
6000
5000
4000
1: 2500 万
南海诸岛
比例尺 1：5000 万

总降水日数图

7月26日

图例

- ★ 首都
- ◎ 省级行政中心
- ○ 其他城市
- 国界
- 未定国界
- 地区界
- 军事分界线
- 省、自治区、直辖市界
- 特别行政区界
- 常年河
- 时令河
- 运河
- 珊瑚礁
- ▲ 6621 山峰及高程

海拔(m)
6000
5000
4000

降水日数
1天
2~3天
4天以上

1: 2500万

南海诸岛

比例尺 1:5000万

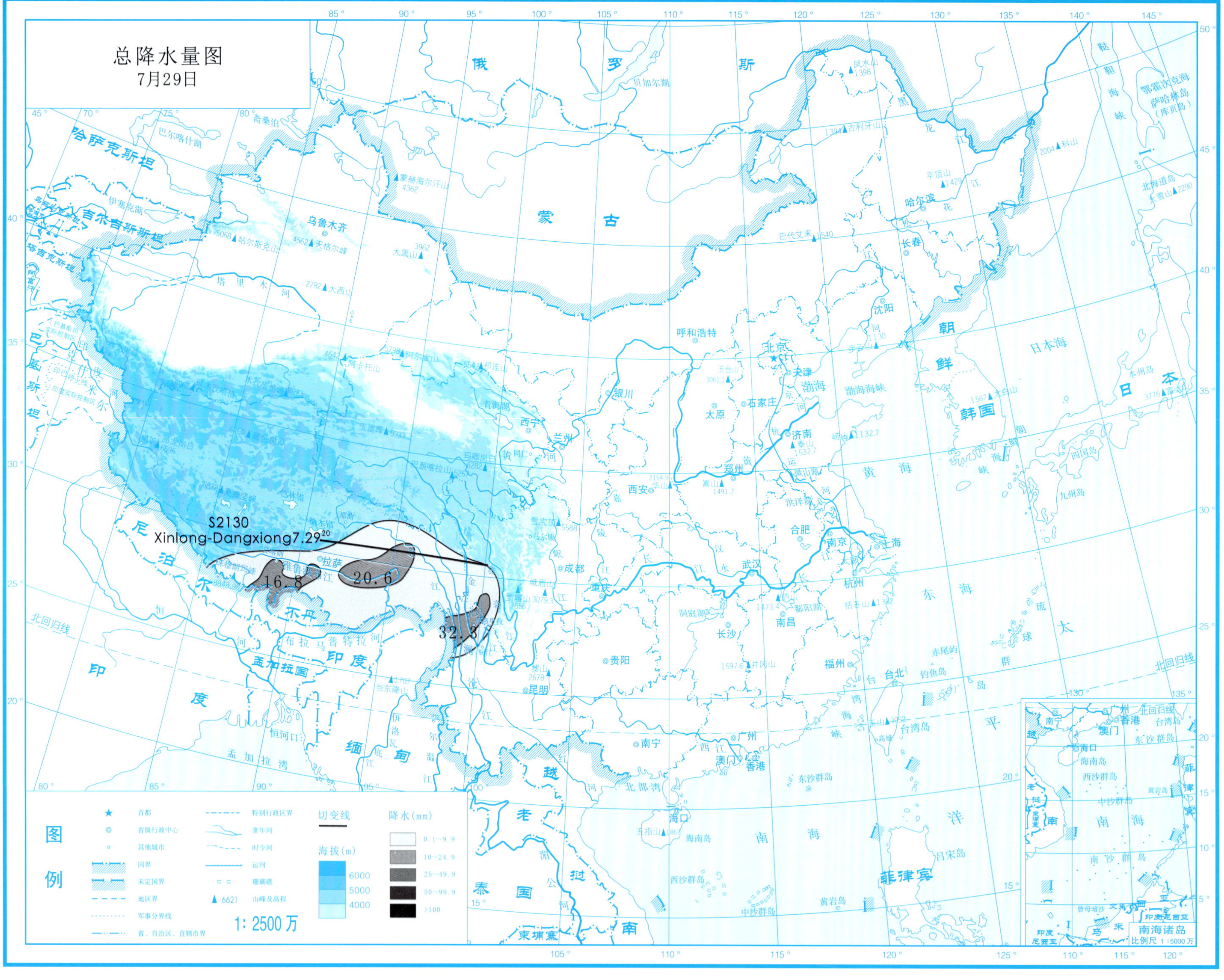

总降水量图
7月29日
S2130
Xinlong-Dangxiong7.29 20
16.8
20.6
32.3
图例
首都
省级行政中心
其他城市
国界
未定国界
地区界
军事分界线
省、自治区、直辖市界
特别行政区界
常年河
时令河
运河
珊瑚礁
6621 山峰及高程
切变线
降水(mm)
0.1～9.9
10～24.9
25～49.9
50～99.9
>100
海拔(m)
6000
5000
4000
1: 2500万
南海诸岛
比例尺 1:5000万

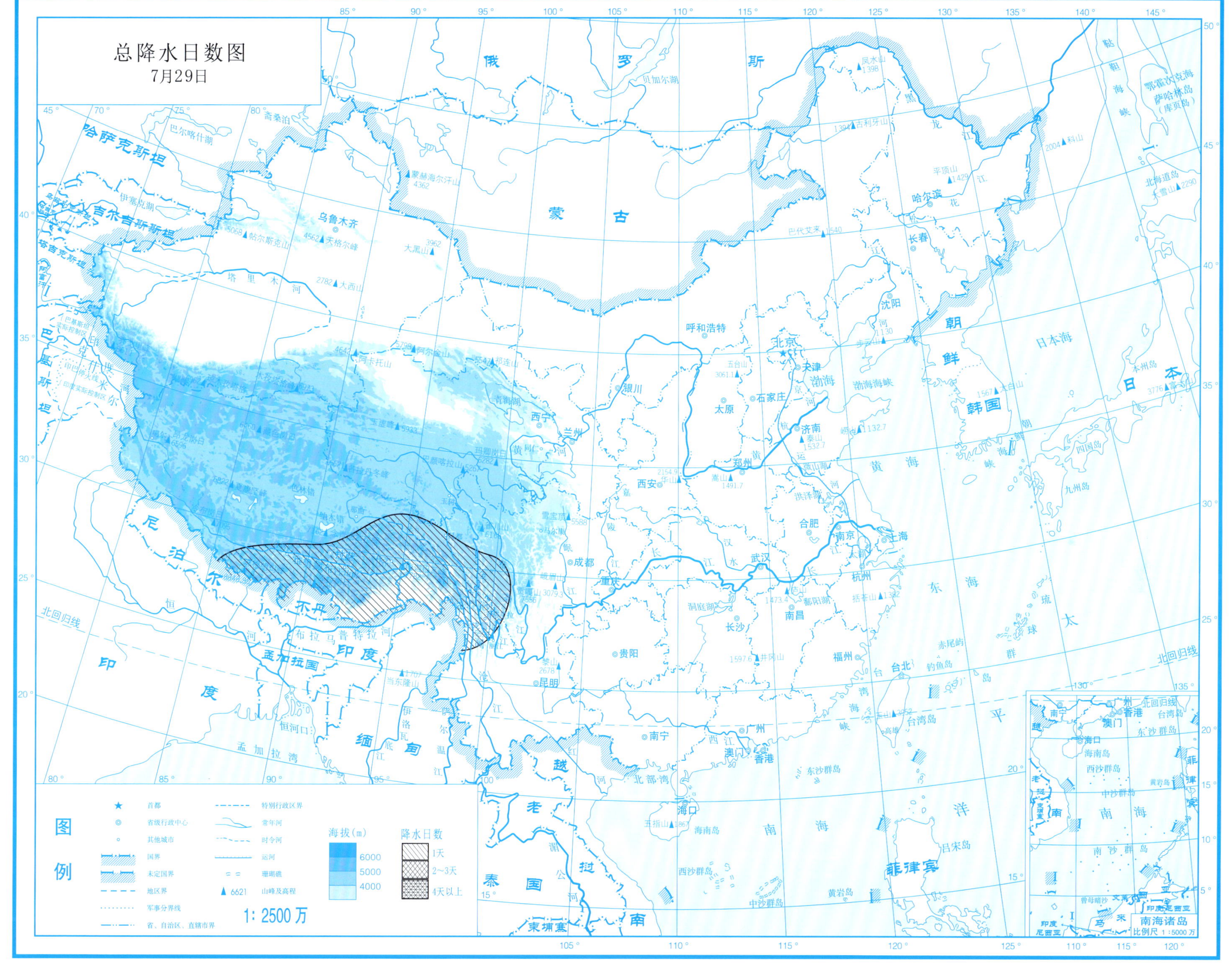
总降水日数图
7月29日
图例
首都
省级行政中心
其他城市
国界
未定国界
地区界
军事分界线
省、自治区、直辖市界
特别行政区界
常年河
时令河
运河
珊瑚礁
6621 山峰及高程
海拔(m)
6000
5000
4000
降水日数
1天
2~3天
4天以上
1:2500万
南海诸岛
比例尺 1:5000万

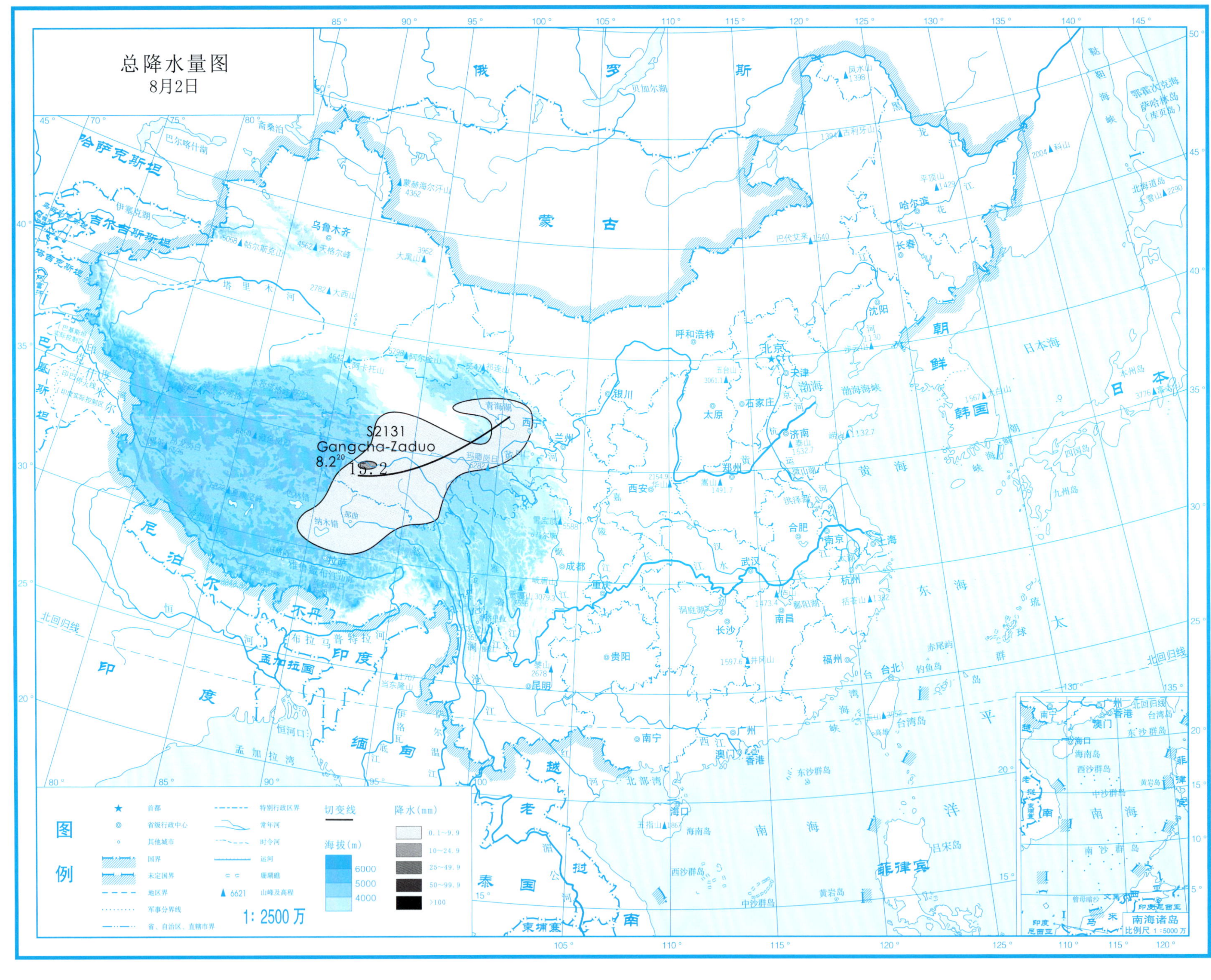
总降水量图
8月2日
S2131
Gangcha-Zaduo
8.2[20]
15.2
图例
首都
省级行政中心
其他城市
国界
未定国界
地区界
军事分界线
省、自治区、直辖市界
特别行政区界
常年河
时令河
运河
珊瑚礁
山峰及高程
切变线
降水(mm)
0.1~9.9
10~24.9
25~49.9
50~99.9
>100
海拔(m)
6000
5000
4000
1: 2500万
南海诸岛
比例尺 1:5000万

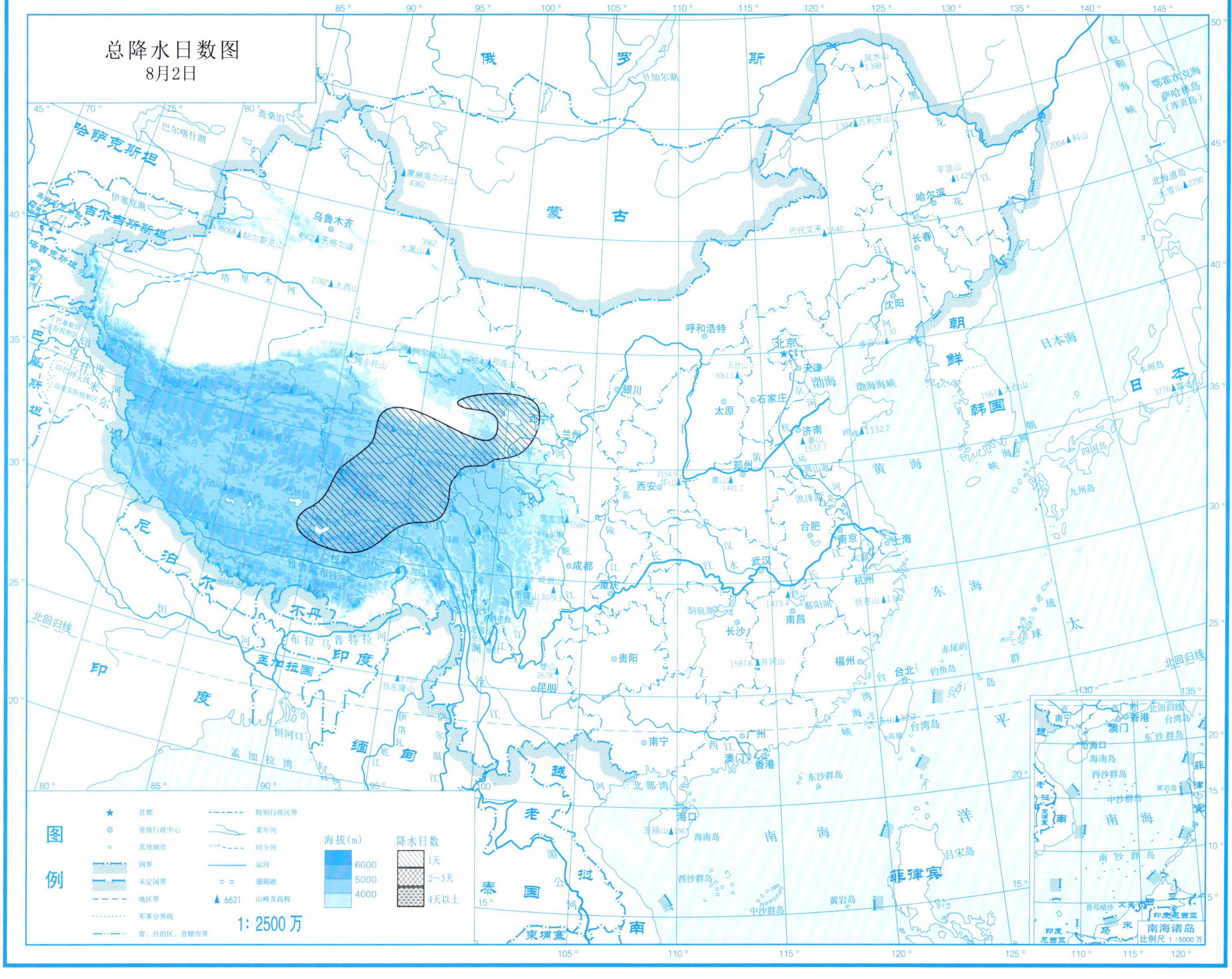
总降水日数图
8月2日
图例
首都
省级行政中心
其他城市
国界
未定国界
地区界
军事分界线
省、自治区、直辖市界
特别行政区界
常年河
时令河
运河
珊瑚礁
6621 山峰及高程
海拔(m)
6000
5000
4000
降水日数
1天
2~3天
4天以上
1: 2500万
南海诸岛
比例尺 1:5000万

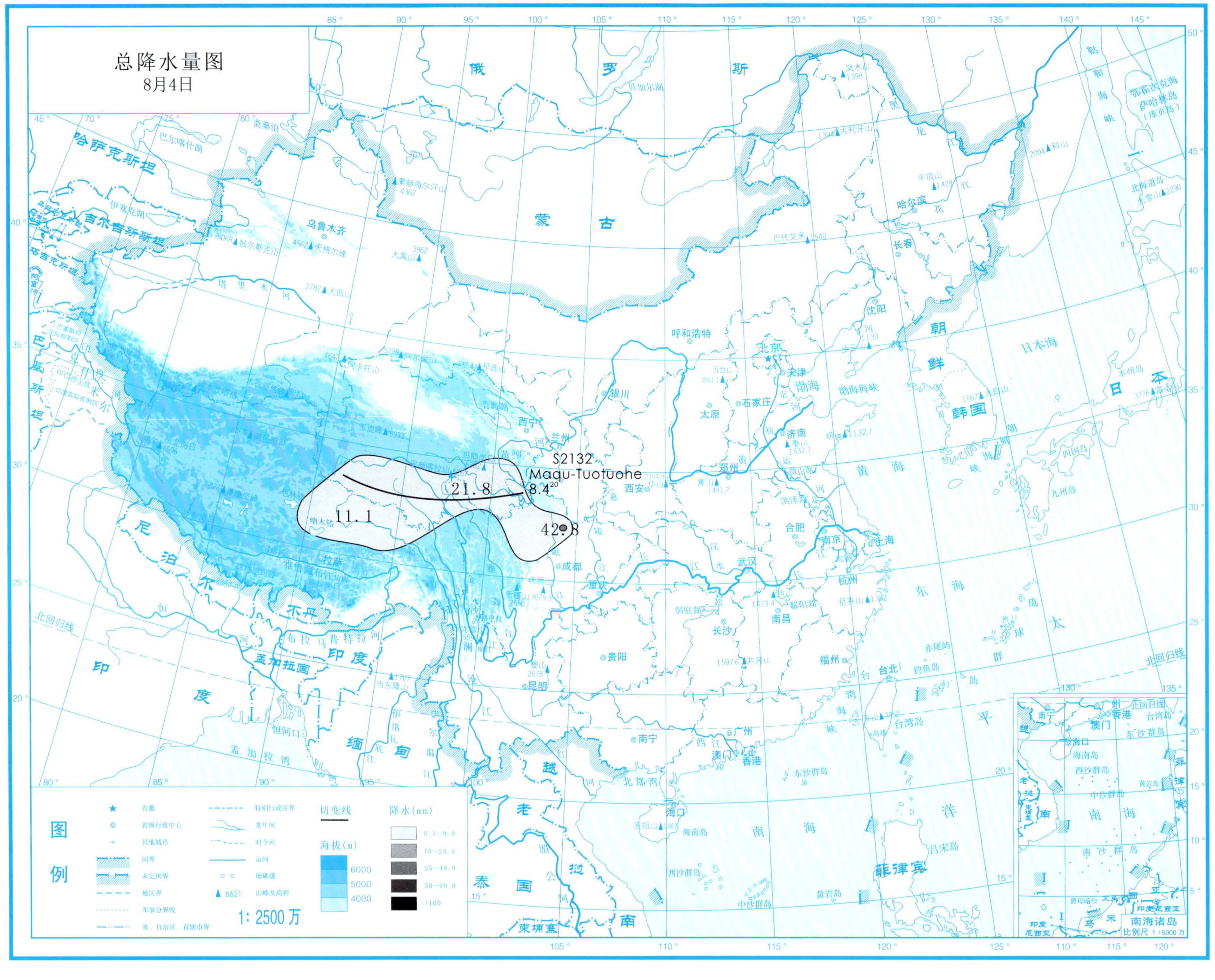
总降水量图
8月4日
S2132
Maqu-Tuotuohe
11.1
21.8
8.4
42.8
图例
切变线
降水(mm)
0.1~9.9
10~24.9
25~49.9
50~99.9
>100
海拔(m)
6000
5000
4000
1:2500万
南海诸岛
比例尺 1:5000万

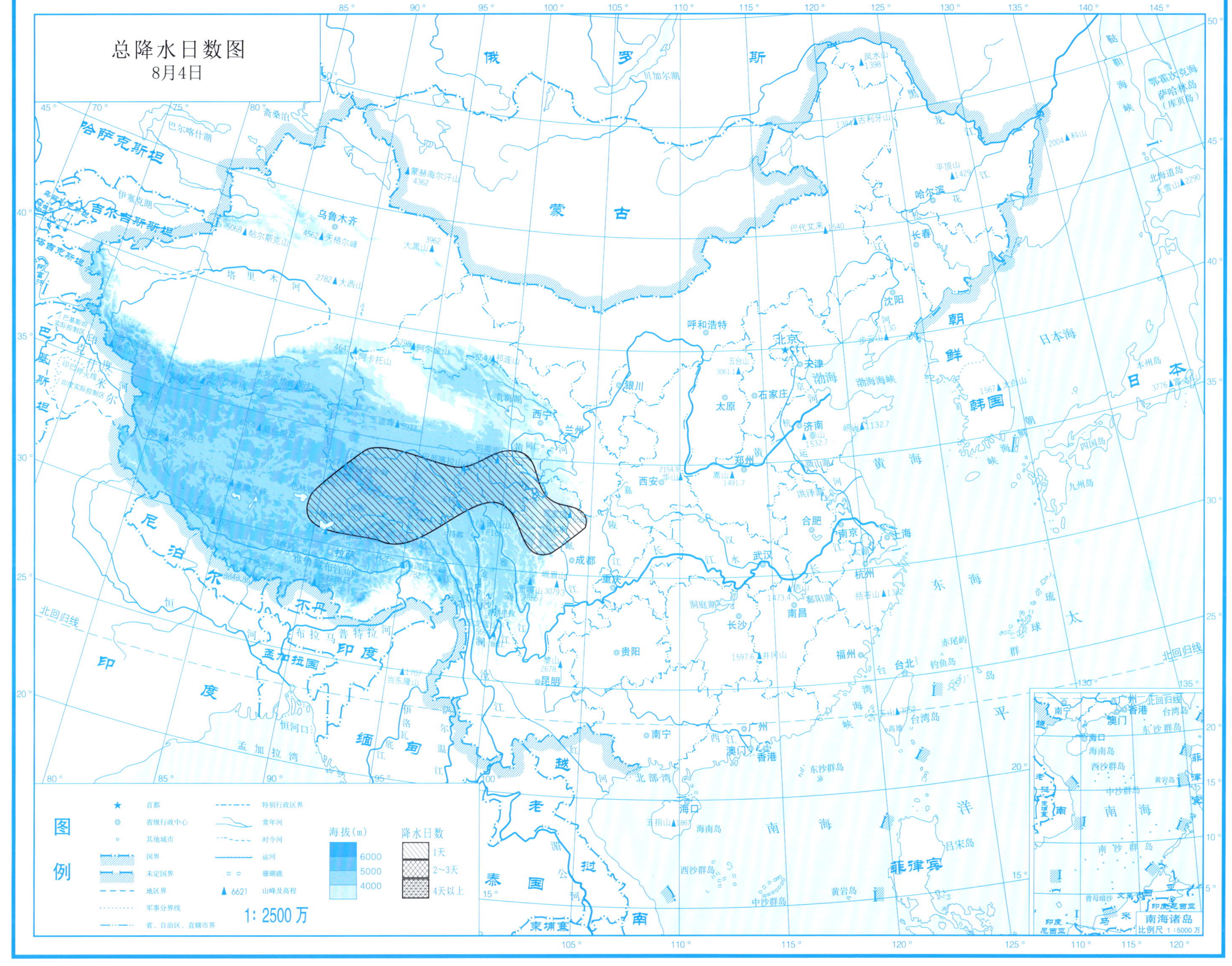
总降水日数图
8月4日
图例
首都
省级行政中心
其他城市
国界
未定国界
地区界
军事分界线
省、自治区、直辖市界
特别行政区界
常年河
时令河
运河
珊瑚礁
山峰及高程
海拔(m)
6000
5000
4000
降水日数
1天
2~3天
4天以上
1: 2500万
俄罗斯
蒙古
哈萨克斯坦
吉尔吉斯斯坦
塔吉克斯坦
巴基斯坦
尼泊尔
不丹
印度
孟加拉国
缅甸
老挝
泰国
越南
柬埔寨
朝鲜
韩国
日本
菲律宾
北京
天津
石家庄
太原
呼和浩特
沈阳
长春
哈尔滨
济南
郑州
西安
银川
兰州
西宁
乌鲁木齐
拉萨
成都
重庆
贵阳
昆明
南宁
广州
长沙
武汉
南昌
合肥
南京
上海
杭州
福州
台北
海口
香港
澳门
渤海
黄海
东海
南海
日本海
太平洋
南海诸岛
比例尺 1:5000万

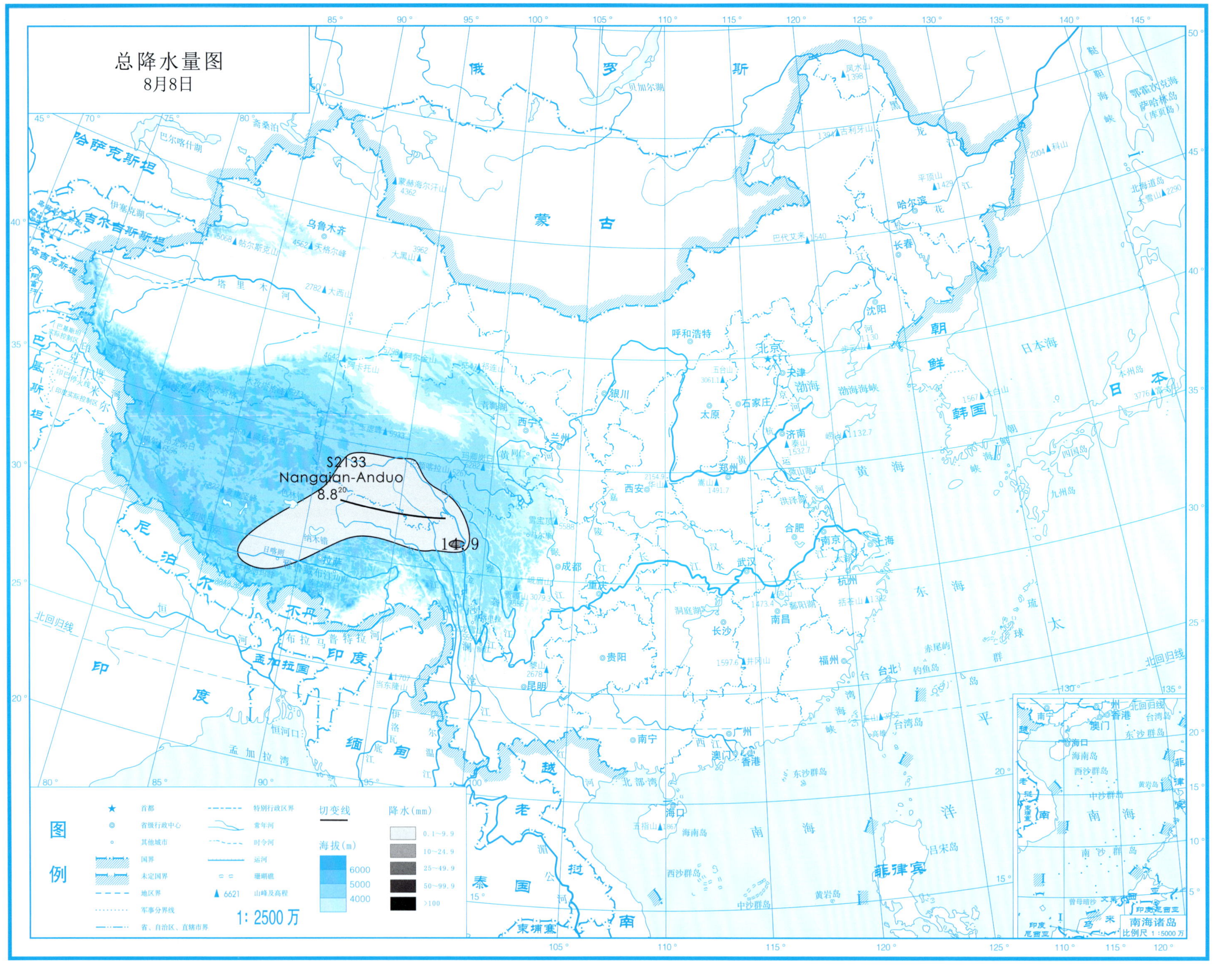
总降水量图
8月8日
S2133
Nangqian-Anduo
8.8 20
图例
首都
省级行政中心
其他城市
国界
未定国界
地区界
军事分界线
省、自治区、直辖市界
特别行政区界
常年河
时令河
运河
珊瑚礁
6621 山峰及高程
切变线
海拔(m)
6000
5000
4000
降水(mm)
0.1~9.9
10~24.9
25~49.9
50~99.9
>100
1: 2500 万
南海诸岛
比例尺 1:5000 万

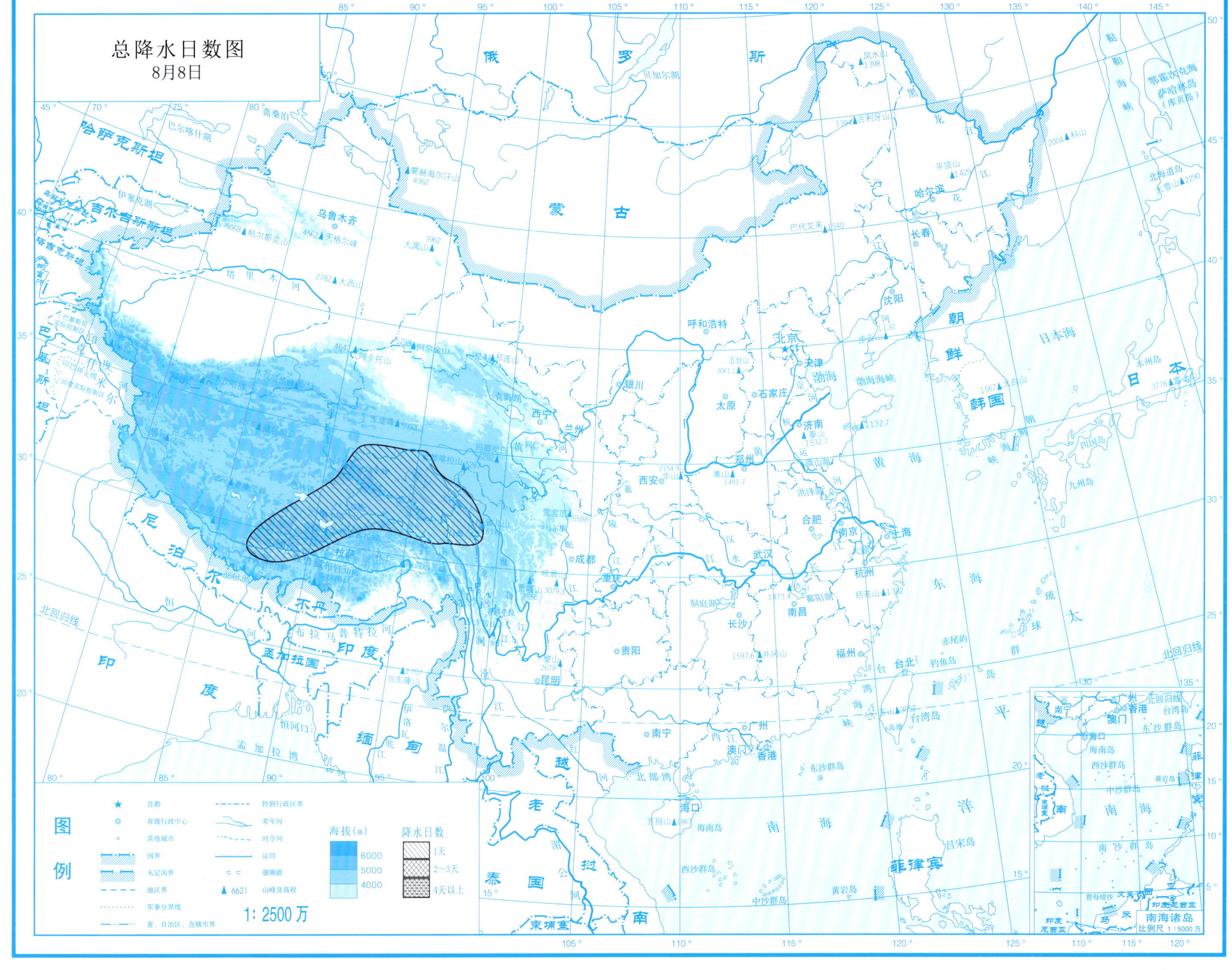

高原切变线

第2部分

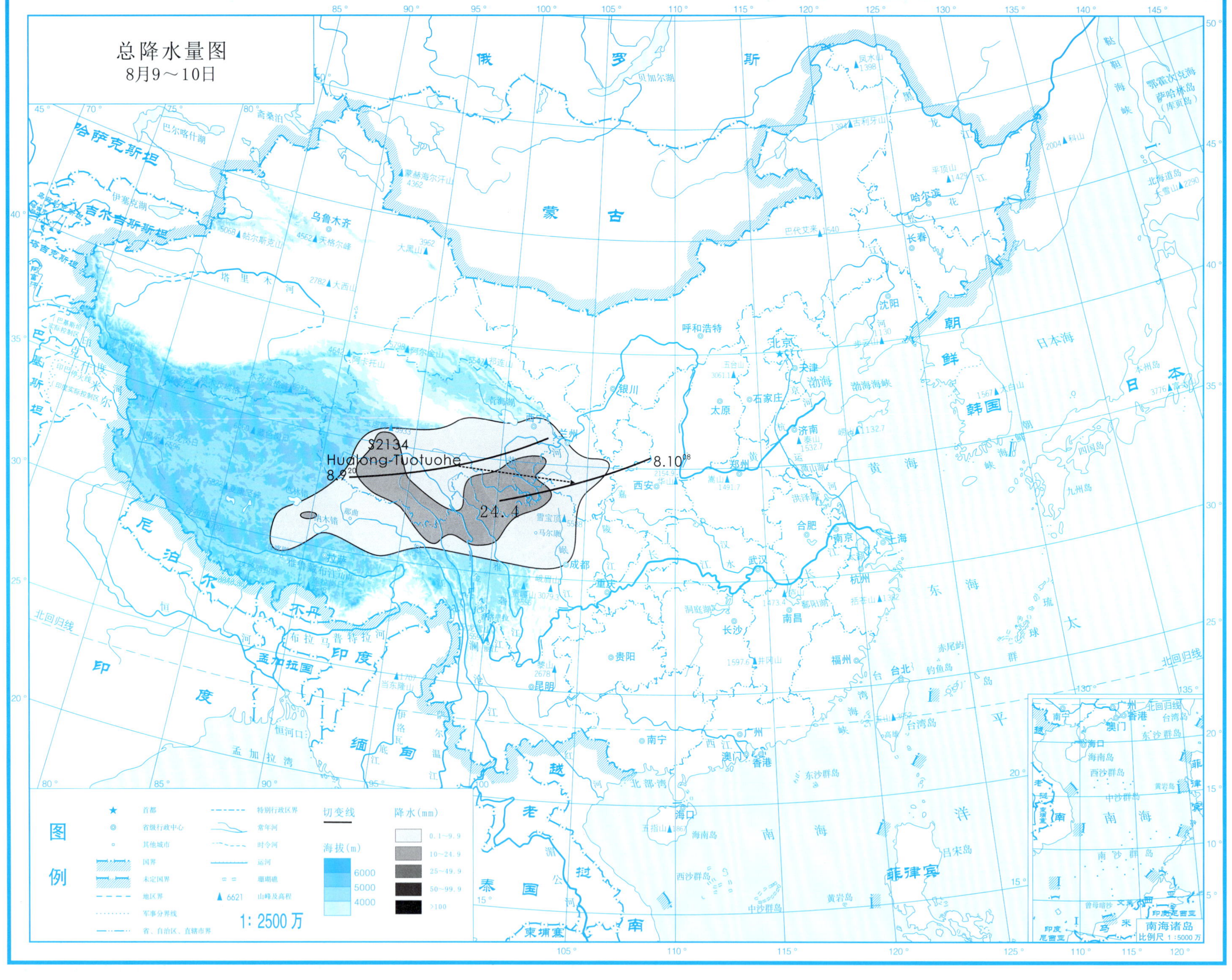

总降水量图
8月9～10日
S2134
Hualong-Tuotuohe
8.9[20]
8.10[08]
24.4
图例
首都
省级行政中心
其他城市
国界
未定国界
地区界
军事分界线
省、自治区、直辖市界
特别行政区界
常年河
时令河
运河
珊瑚礁
山峰及高程
切变线
海拔(m)
6000
5000
4000
降水(mm)
0.1～9.9
10～24.9
25～49.9
50～99.9
>100
1:2500万
南海诸岛
比例尺 1:5000万

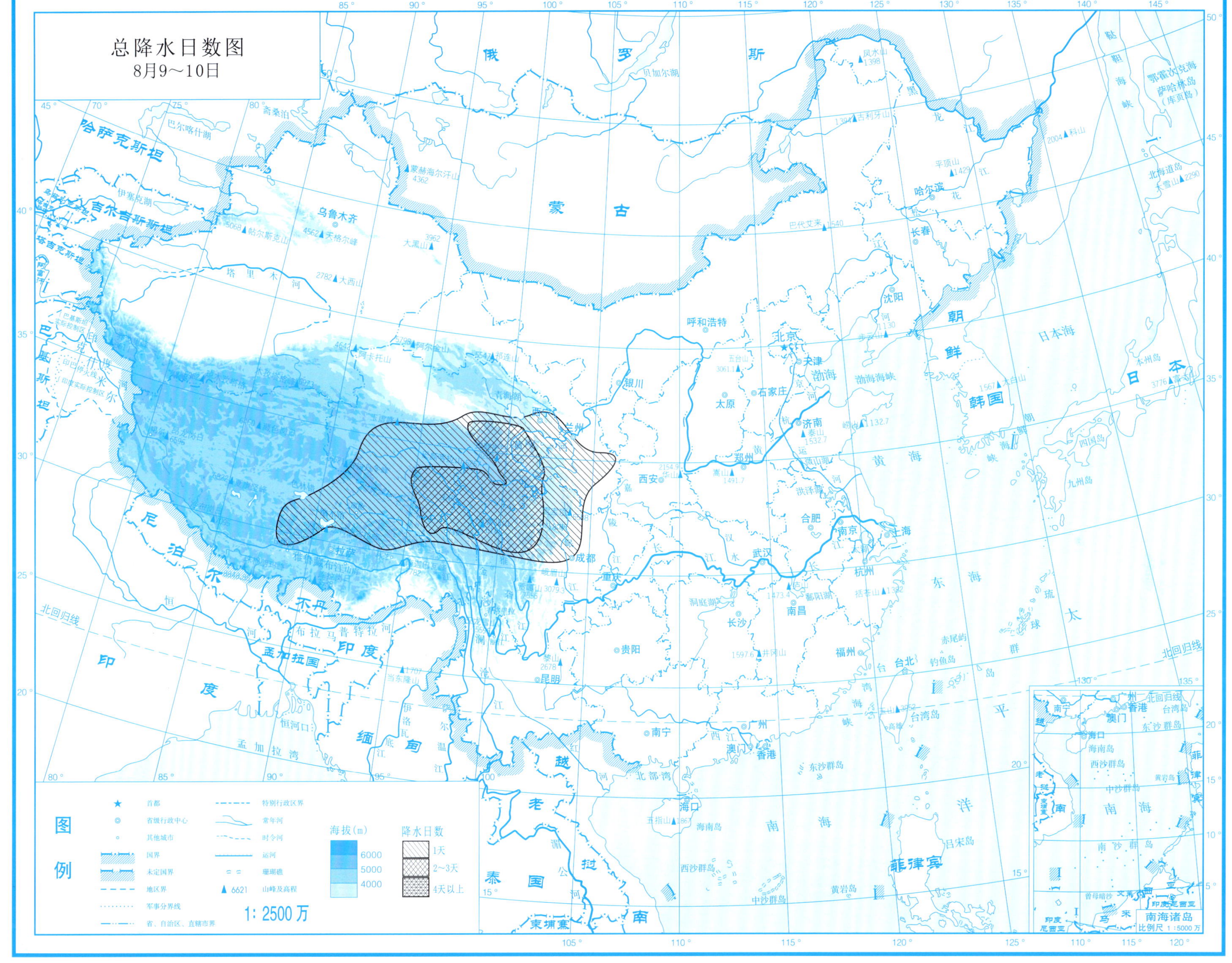
总降水日数图
8月9～10日
图例
首都
省级行政中心
其他城市
国界
未定国界
地区界
军事分界线
省、自治区、直辖市界
特别行政区界
常年河
时令河
运河
珊瑚礁
山峰及高程
海拔(m)
6000
5000
4000
降水日数
1天
2～3天
4天以上
1: 2500万
南海诸岛
比例尺 1 : 5000 万

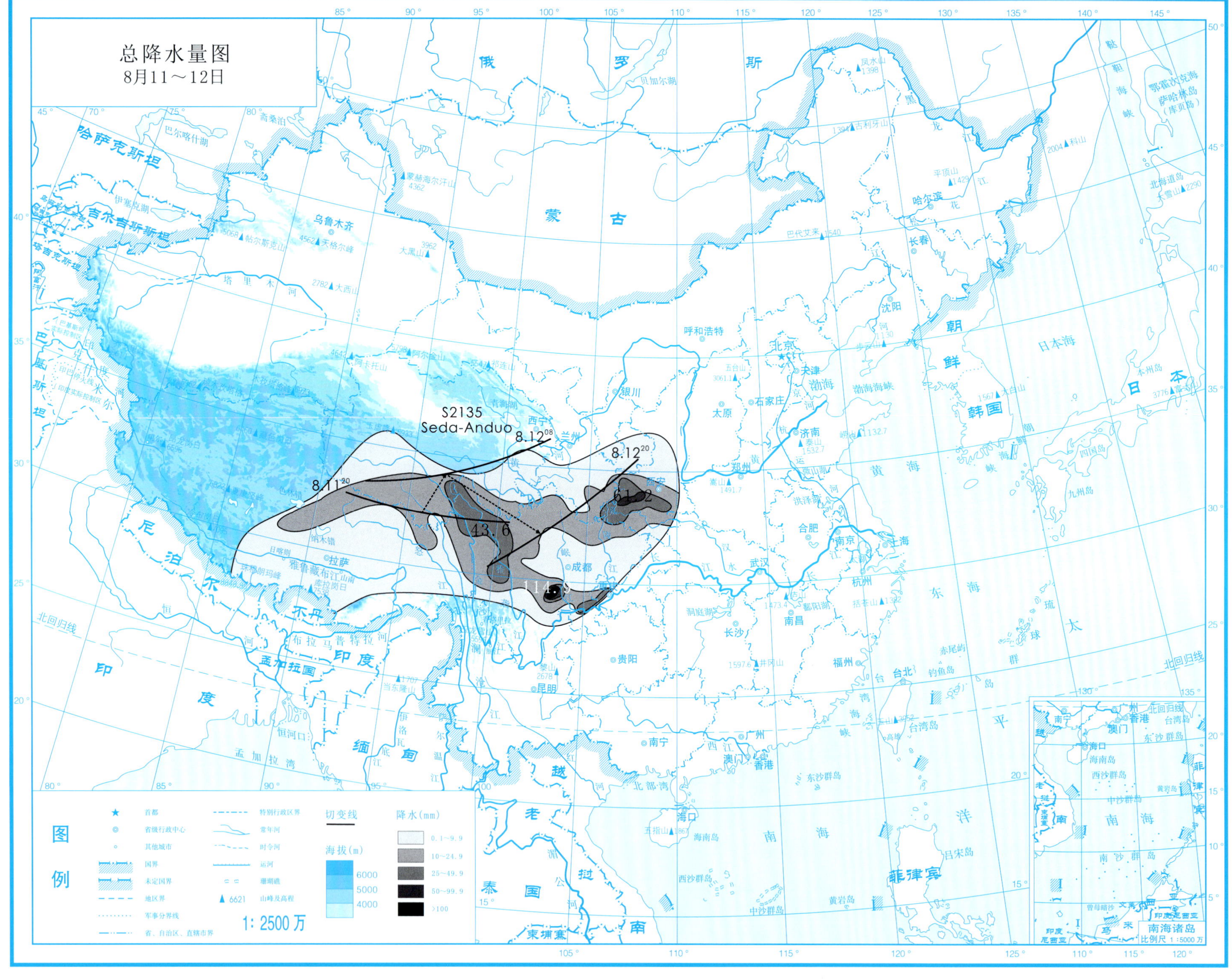
总降水量图
8月11～12日
S2135
Seda-Anduo
8.12 08
8.12 20
8.11 20
61.2
43.6
114.9
图例
首都
省级行政中心
其他城市
国界
未定国界
地区界
军事分界线
省、自治区、直辖市界
特别行政区界
常年河
时令河
运河
珊瑚礁
山峰及高程
切变线
海拔(m)
6000
5000
4000
降水(mm)
0.1～9.9
10～24.9
25～49.9
50～99.9
≥100
1: 2500万
南海诸岛
比例尺 1:5000万

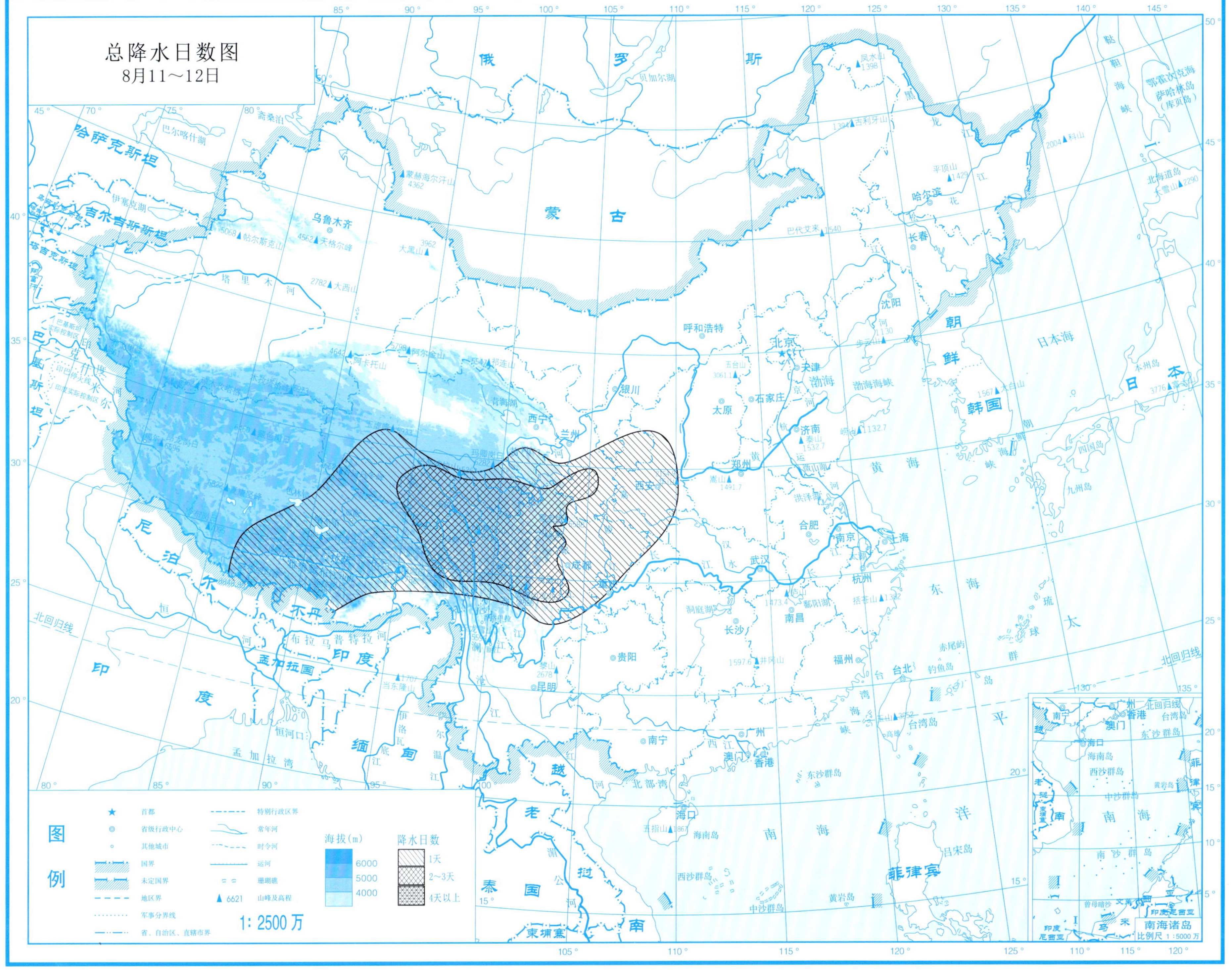
总降水日数图
8月11～12日
图例
首都
省级行政中心
其他城市
国界
未定国界
地区界
军事分界线
省、自治区、直辖市界
特别行政区界
常年河
时令河
运河
珊瑚礁
6621 山峰及高程
海拔(m)
6000
5000
4000
降水日数
1天
2～3天
4天以上
1: 2500万
南海诸岛
比例尺 1 : 5000万

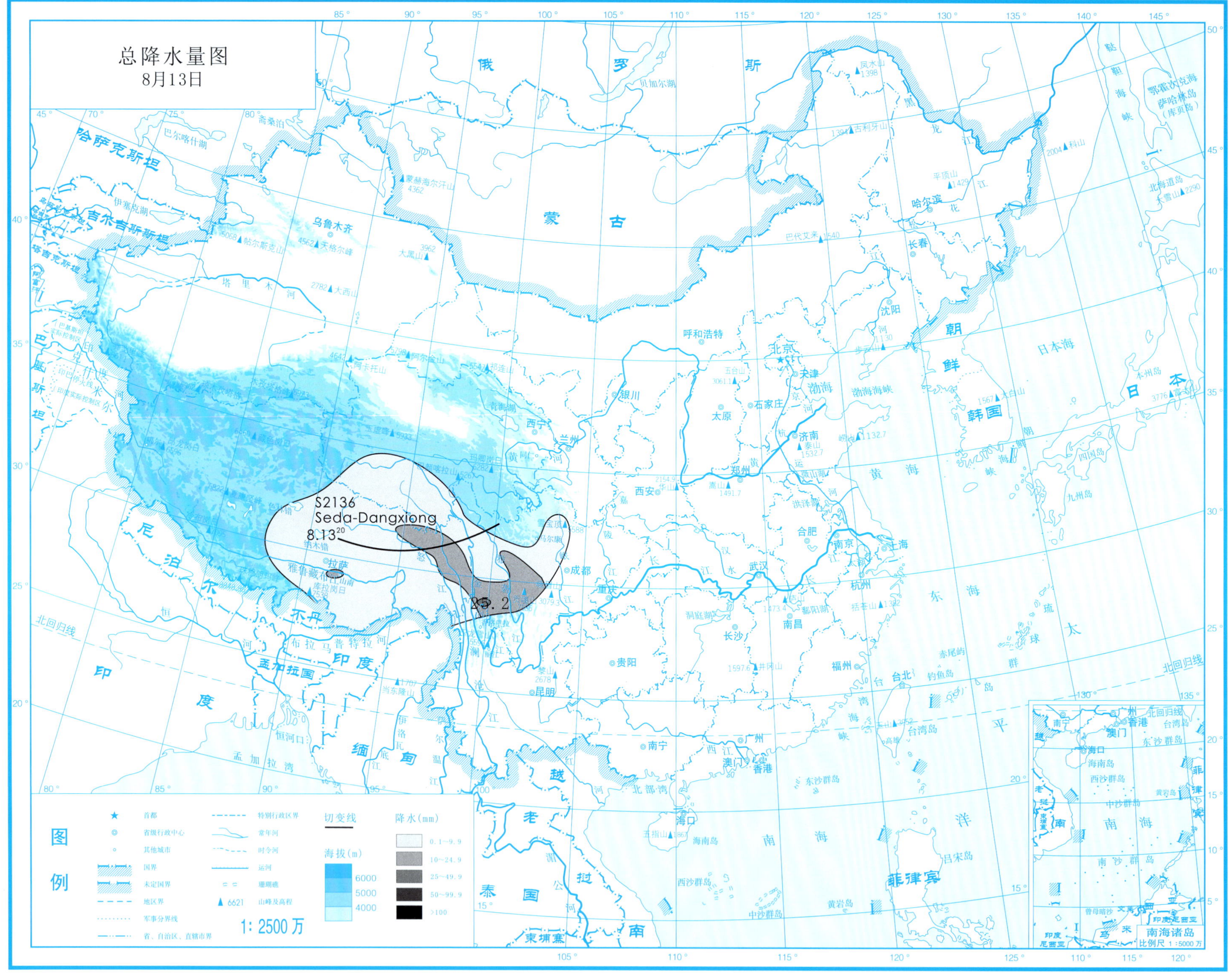
总降水量图
8月13日
S2136
Seda-Dangxiong
8.13[20]
图例
首都
省级行政中心
其他城市
国界
未定国界
地区界
军事分界线
省、自治区、直辖市界
特别行政区界
常年河
时令河
运河
珊瑚礁
6621 山峰及高程
切变线
海拔(m)
6000
5000
4000
降水(mm)
0.1~9.9
10~24.9
25~49.9
50~99.9
>100
1: 2500万
南海诸岛
比例尺 1:5000万

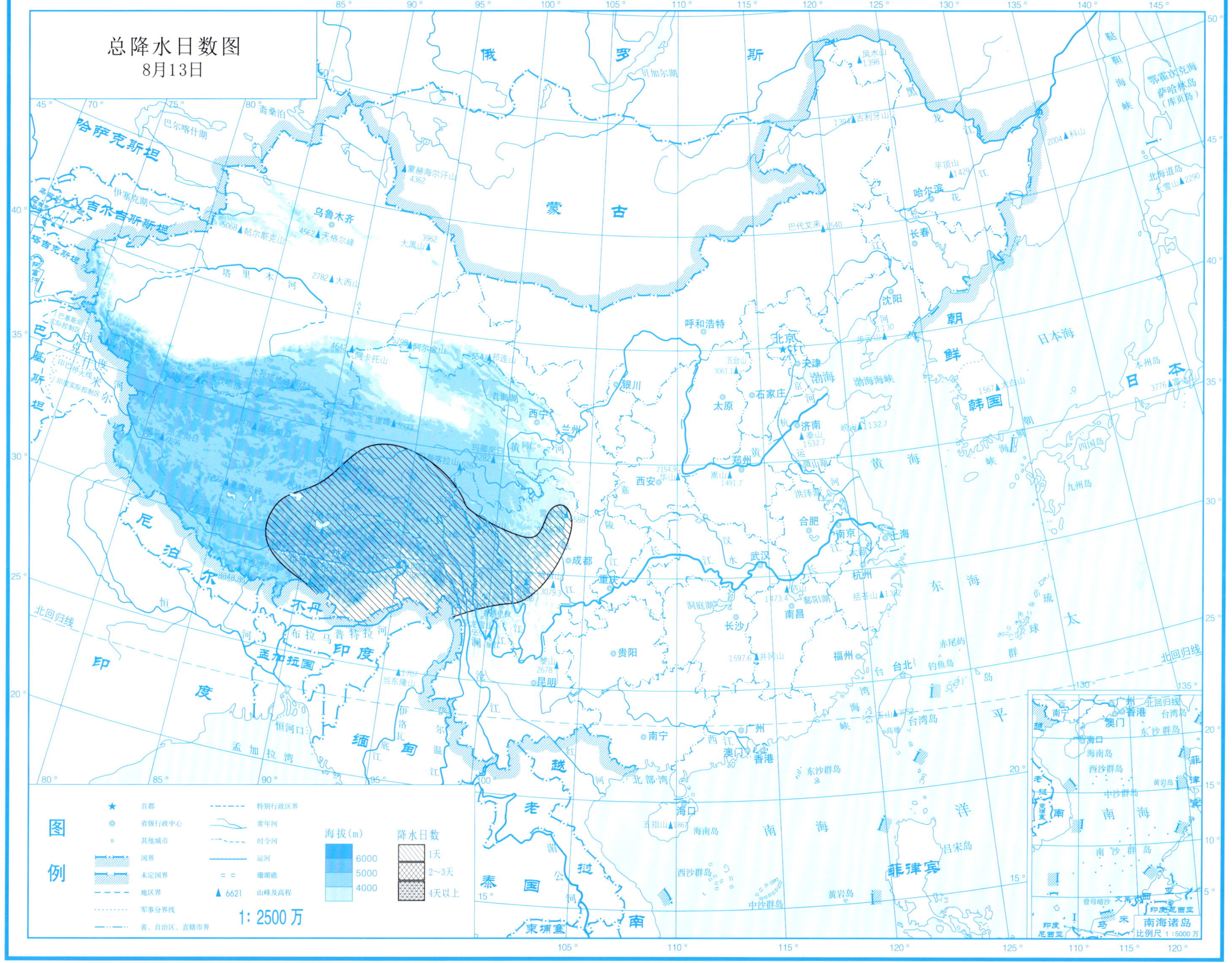

总降水日数图
8月13日
图例
首都
省级行政中心
其他城市
国界
未定国界
地区界
军事分界线
省、自治区、直辖市界
特别行政区界
常年河
时令河
运河
珊瑚礁
6621 山峰及高程
1:2500万
海拔(m)
6000
5000
4000
降水日数
1天
2~3天
4天以上
南海诸岛
比例尺 1:5000万

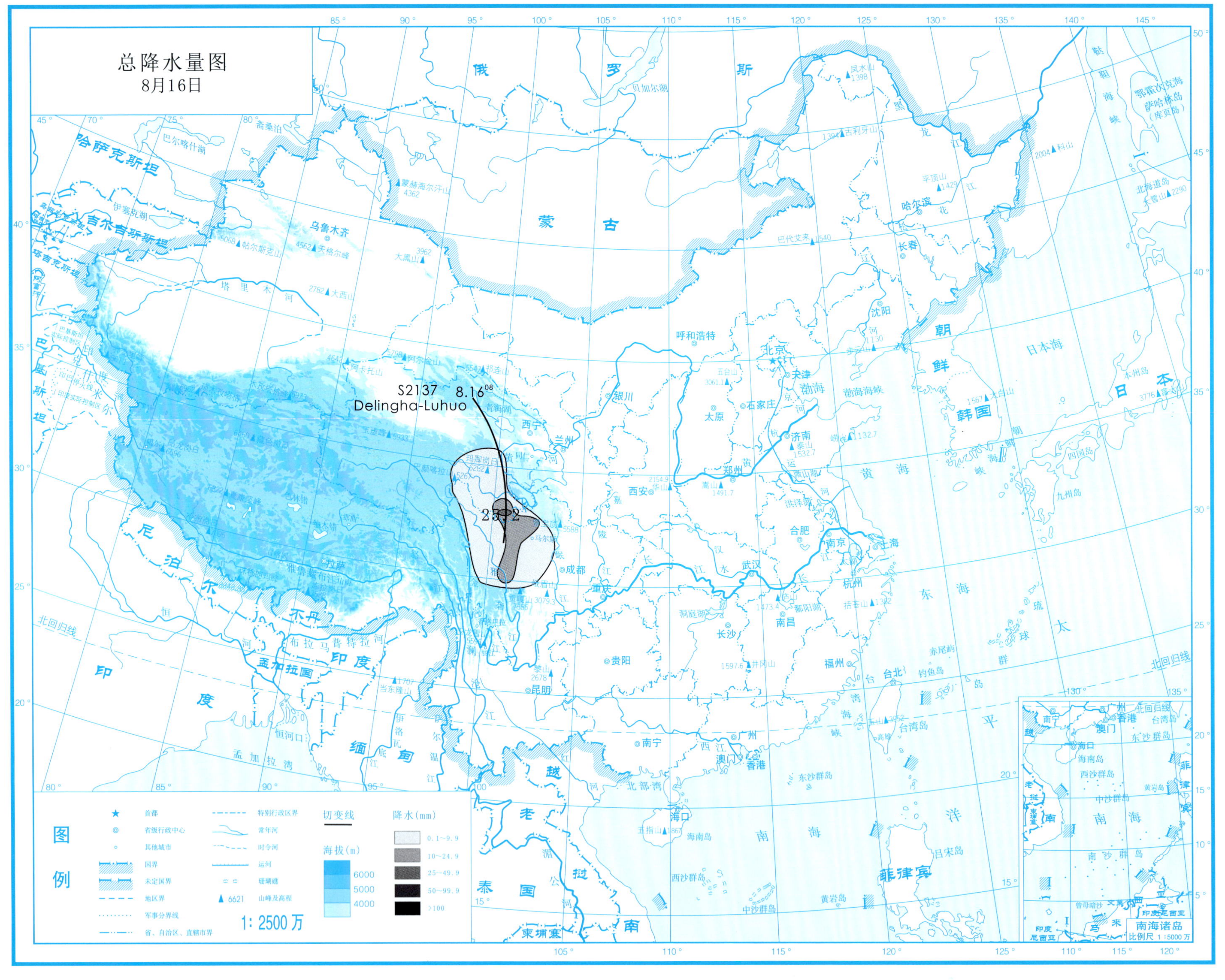

总降水量图
8月16日
S2137 8.16 08
Delingha-Luhuo
25.2
图例
首都
省级行政中心
其他城市
国界
未定国界
地区界
军事分界线
省、自治区、直辖市界
特别行政区界
常年河
时令河
运河
珊瑚礁
山峰及高程
切变线
降水(mm)
0.1~9.9
10~24.9
25~49.9
50~99.9
>100
海拔(m)
6000
5000
4000
1: 2500万
南海诸岛
比例尺 1:5000万

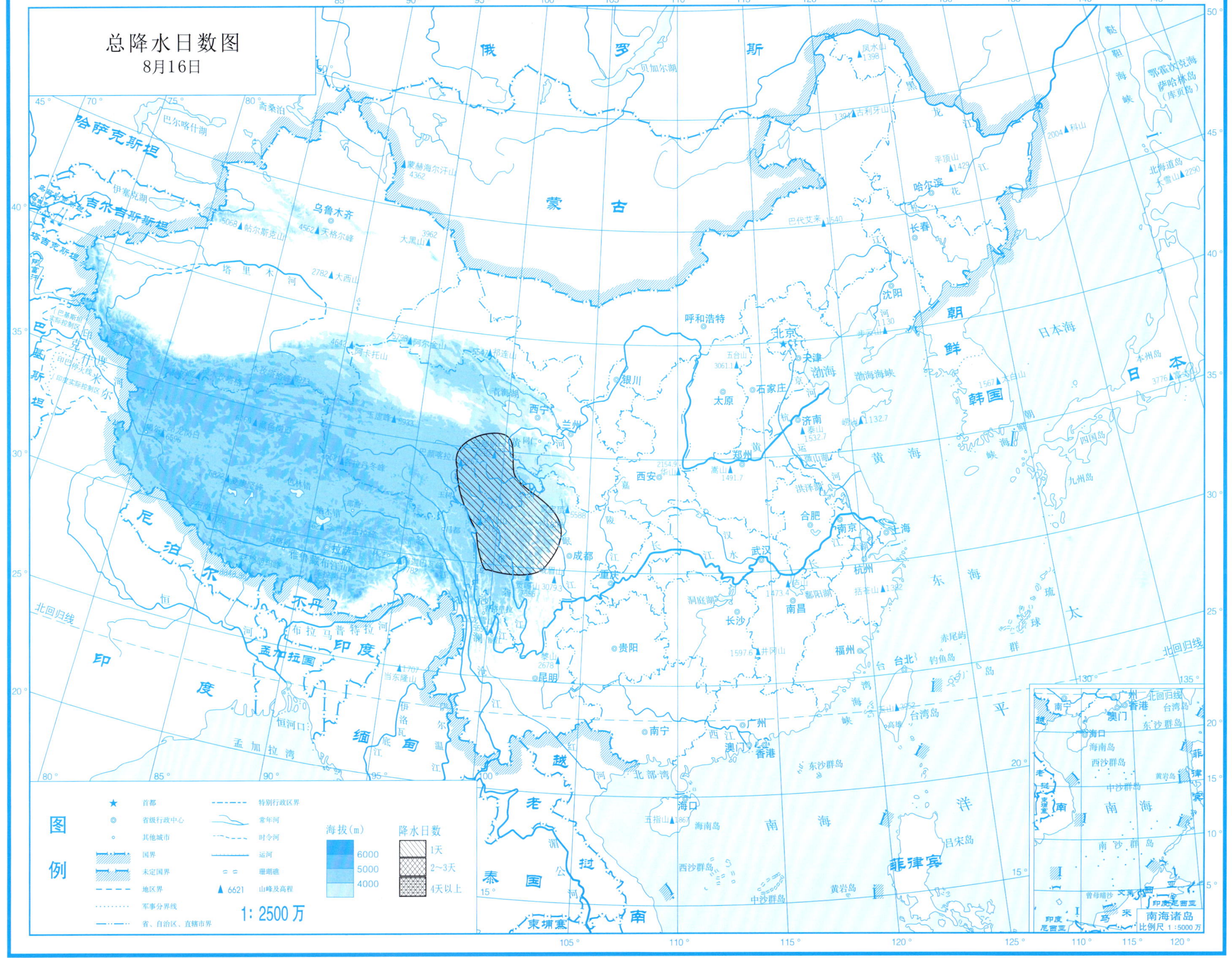
总降水日数图
8月16日
图例
首都
省级行政中心
其他城市
国界
未定国界
地区界
军事分界线
省、自治区、直辖市界
特别行政区界
常年河
时令河
运河
珊瑚礁
6621 山峰及高程
海拔(m)
6000
5000
4000
降水日数
1天
2~3天
4天以上
1:2500万
南海诸岛
比例尺 1:5000万
俄 罗 斯
蒙 古
哈萨克斯坦
吉尔吉斯斯坦
塔吉克斯坦
阿富汗
巴基斯坦
尼泊尔
不丹
印度
孟加拉国
缅甸
老挝
泰国
越南
柬埔寨
朝鲜
韩国
日本
菲律宾
北京
天津
石家庄
太原
呼和浩特
沈阳
长春
哈尔滨
济南
郑州
西安
银川
兰州
西宁
乌鲁木齐
拉萨
成都
重庆
贵阳
昆明
南宁
广州
香港
澳门
海口
长沙
武汉
南昌
合肥
南京
上海
杭州
福州
台北
日本海
渤海
黄海
东海
南海
太平洋
北回归线

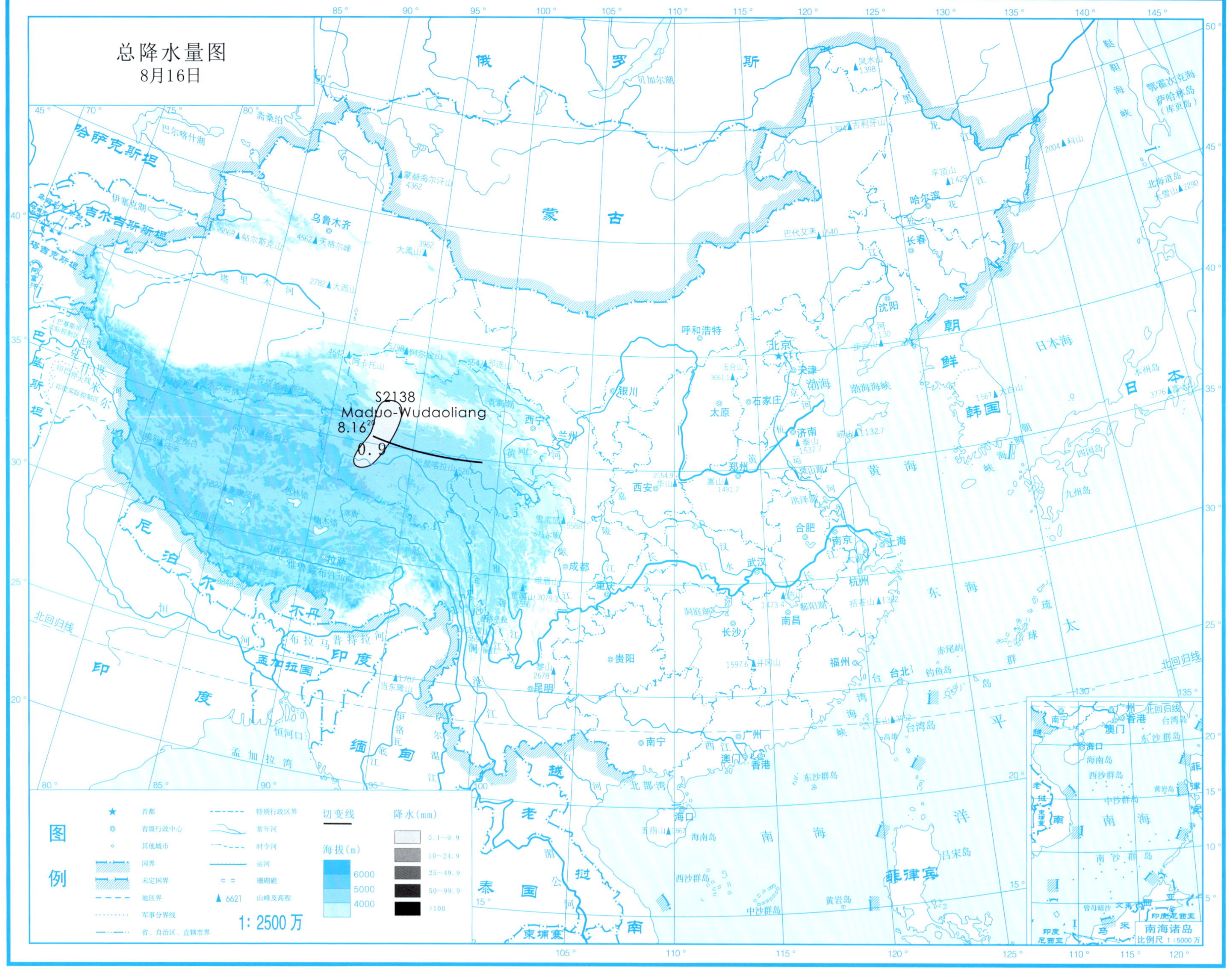
总降水量图
8月16日
S2138
Maduo-Wudaoliang
8.16 20
0.9
图例
切变线
降水(mm)
0.1~9.9
10~24.9
25~49.9
50~99.9
>100
海拔(m)
6000
5000
4000
1: 2500 万
南海诸岛
比例尺 1:5000 万

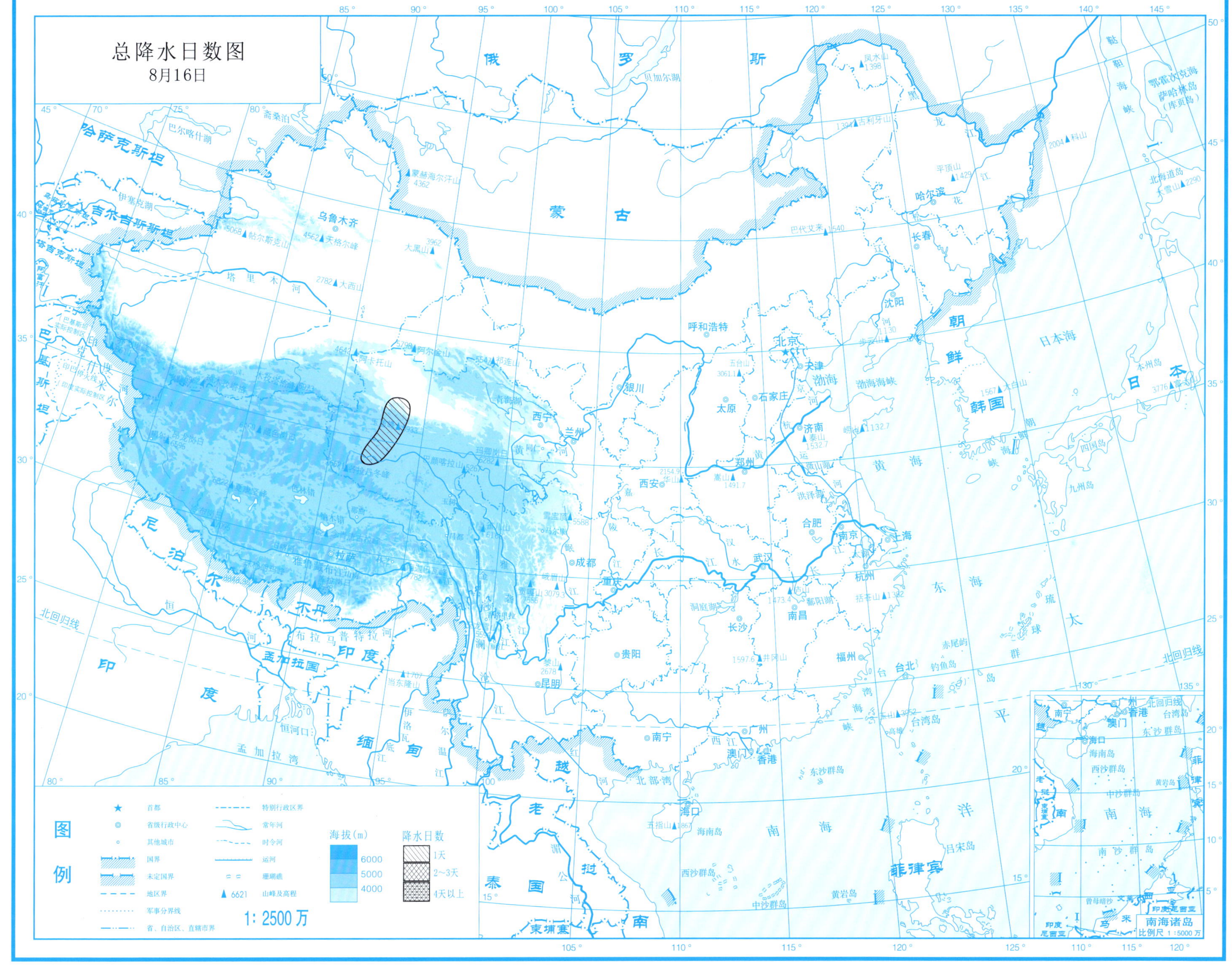

总降水日数图
8月16日
图例
首都
省级行政中心
其他城市
国界
未定国界
地区界
军事分界线
省、自治区、直辖市界
特别行政区界
常年河
时令河
运河
珊瑚礁
6621 山峰及高程
海拔(m)
6000
5000
4000
降水日数
1天
2~3天
4天以上
1:2500万
南海诸岛
比例尺 1:5000万

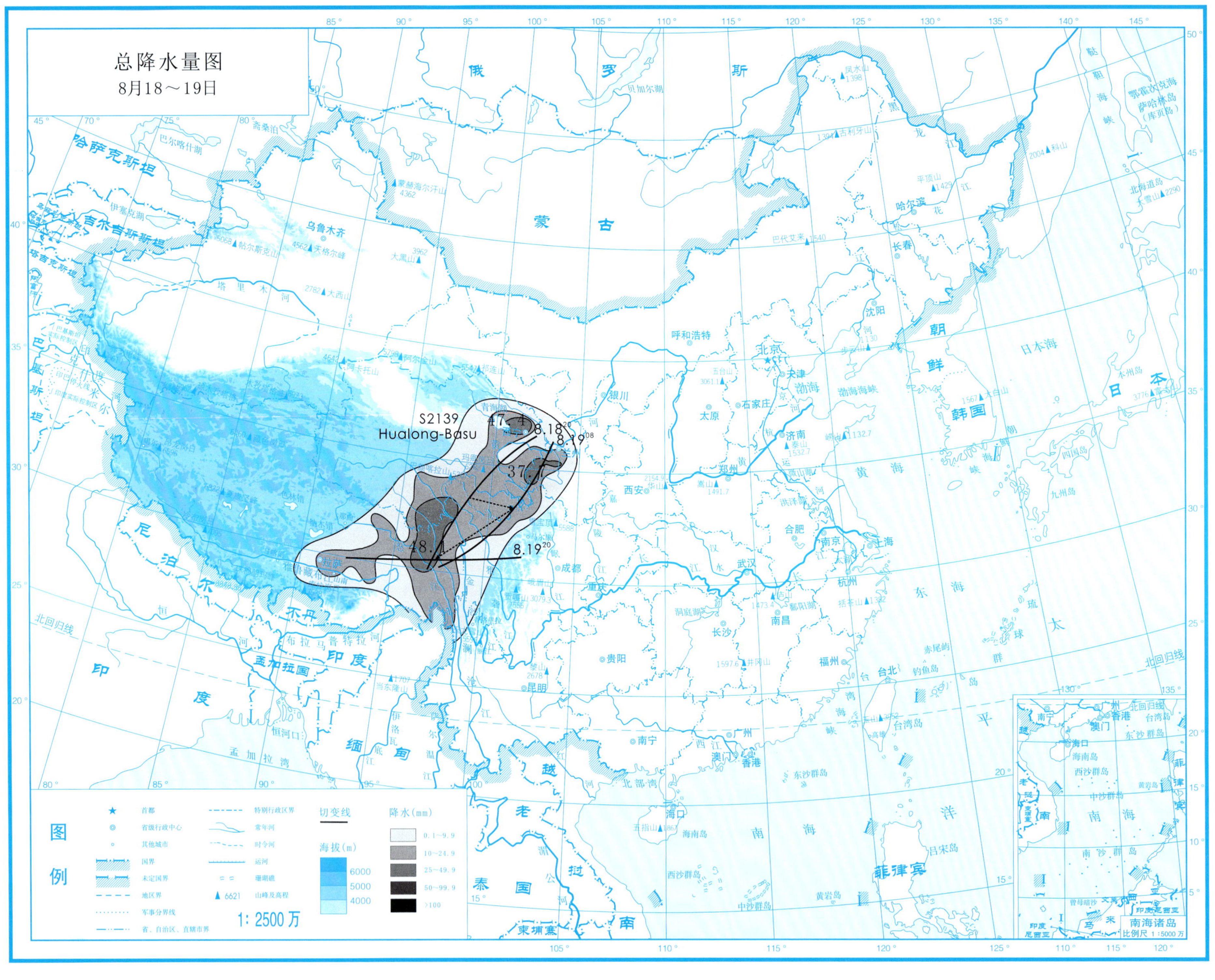
总降水量图
8月18～19日
S2139
Hualong-Basu
47.4
37.7
48.1
8.18 20
8.19 08
8.19 20
图例
首都
省级行政中心
其他城市
国界
未定国界
地区界
军事分界线
省、自治区、直辖市界
特别行政区界
常年河
时令河
运河
珊瑚礁
山峰及高程
切变线
海拔(m)
6000
5000
4000
降水(mm)
0.1~9.9
10~24.9
25~49.9
50~99.9
>100
1: 2500万
南海诸岛
比例尺 1:5000万

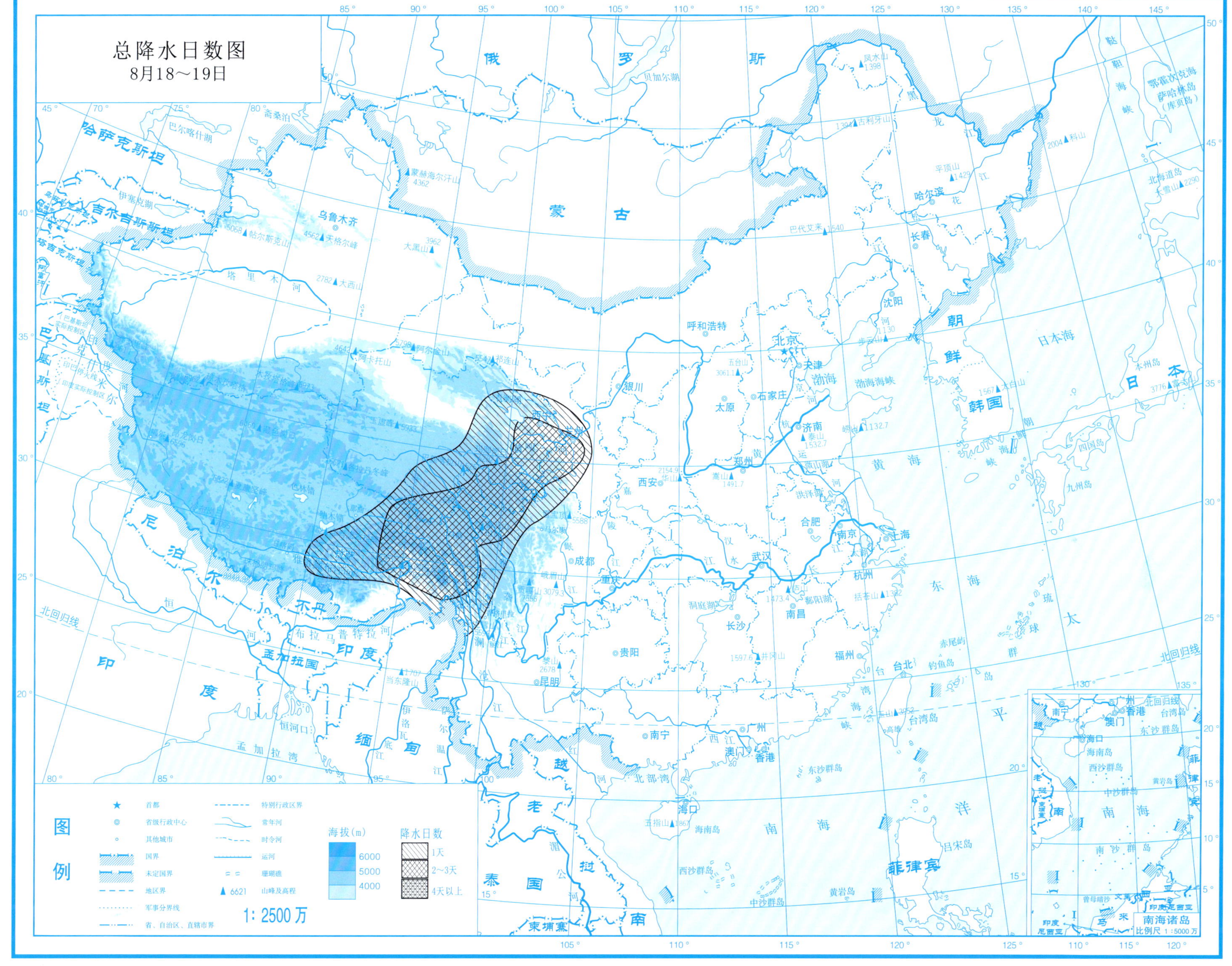
总降水日数图
8月18～19日
图例
首都
省级行政中心
其他城市
国界
未定国界
地区界
军事分界线
省、自治区、直辖市界
特别行政区界
常年河
时令河
运河
珊瑚礁
山峰及高程
1：2500万
海拔(m)
6000
5000
4000
降水日数
1天
2~3天
4天以上
南海诸岛
比例尺 1：5000万

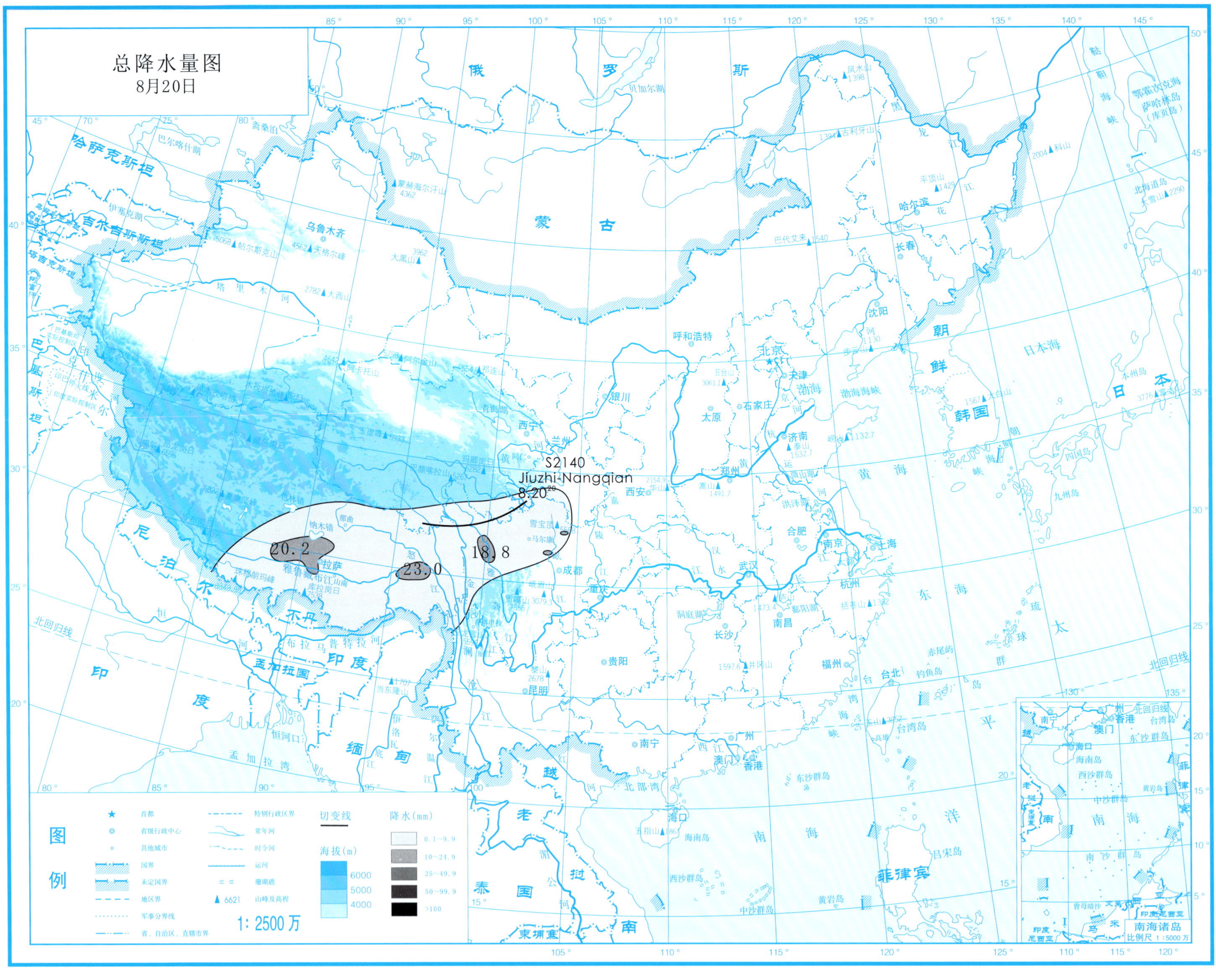
总降水量图
8月20日
S2140
Jiuzhi-Nangqian
8.20[20]
20.2
23.0
18.8
图例
首都
省级行政中心
其他城市
国界
未定国界
地区界
军事分界线
省、自治区、直辖市界
特别行政区界
常年河
时令河
运河
珊瑚礁
6621 山峰及高程
切变线
海拔(m)
6000
5000
4000
降水(mm)
0.1~9.9
10~24.9
25~49.9
50~99.9
>100
1: 2500万
南海诸岛
比例尺 1:5000万

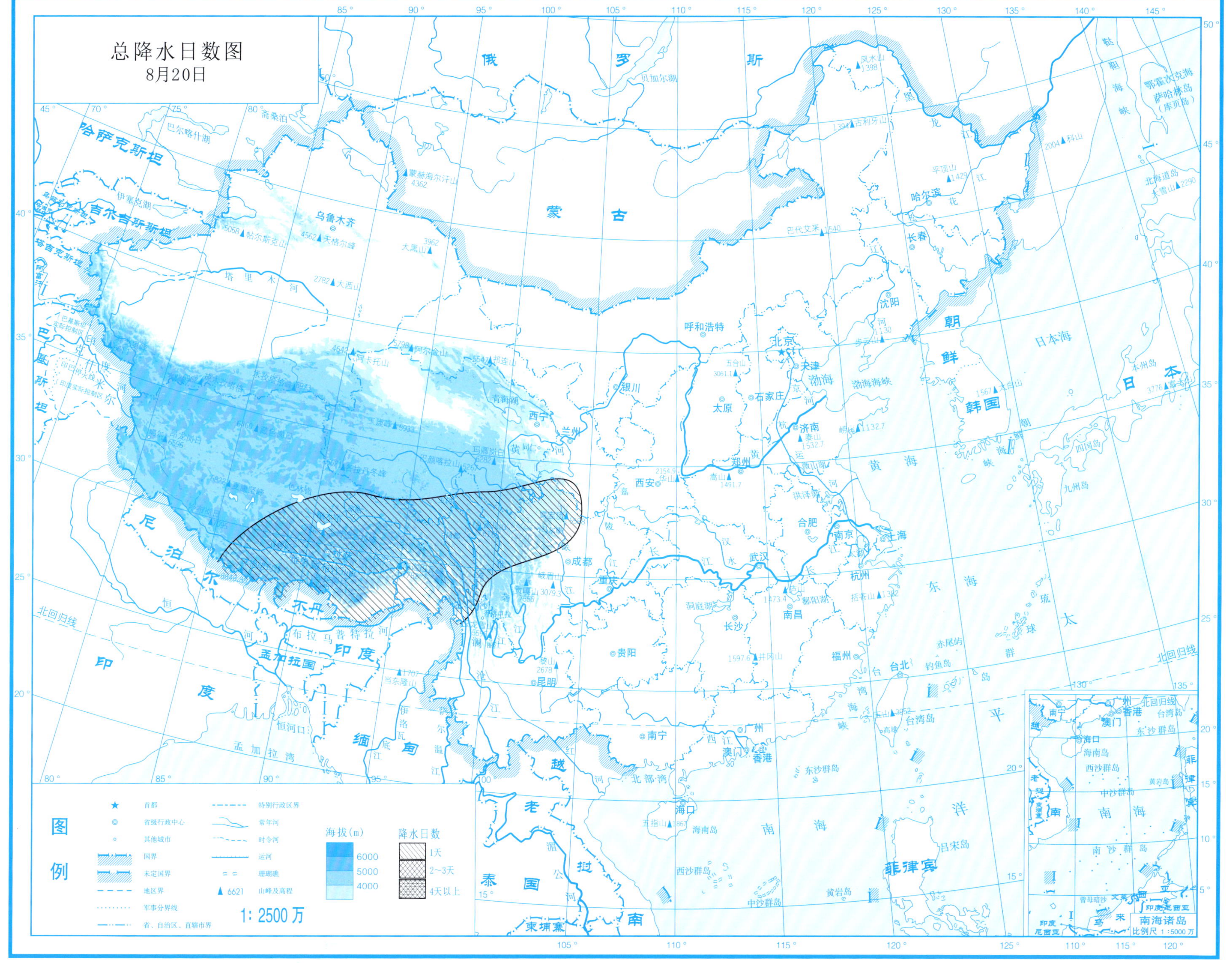
总降水日数图
8月20日
图例
首都
省级行政中心
其他城市
国界
未定国界
地区界
军事分界线
省、自治区、直辖市界
特别行政区界
常年河
时令河
运河
珊瑚礁
6621 山峰及高程
海拔(m)
6000
5000
4000
降水日数
1天
2~3天
4天以上
1: 2500万
南海诸岛
比例尺 1:5000万

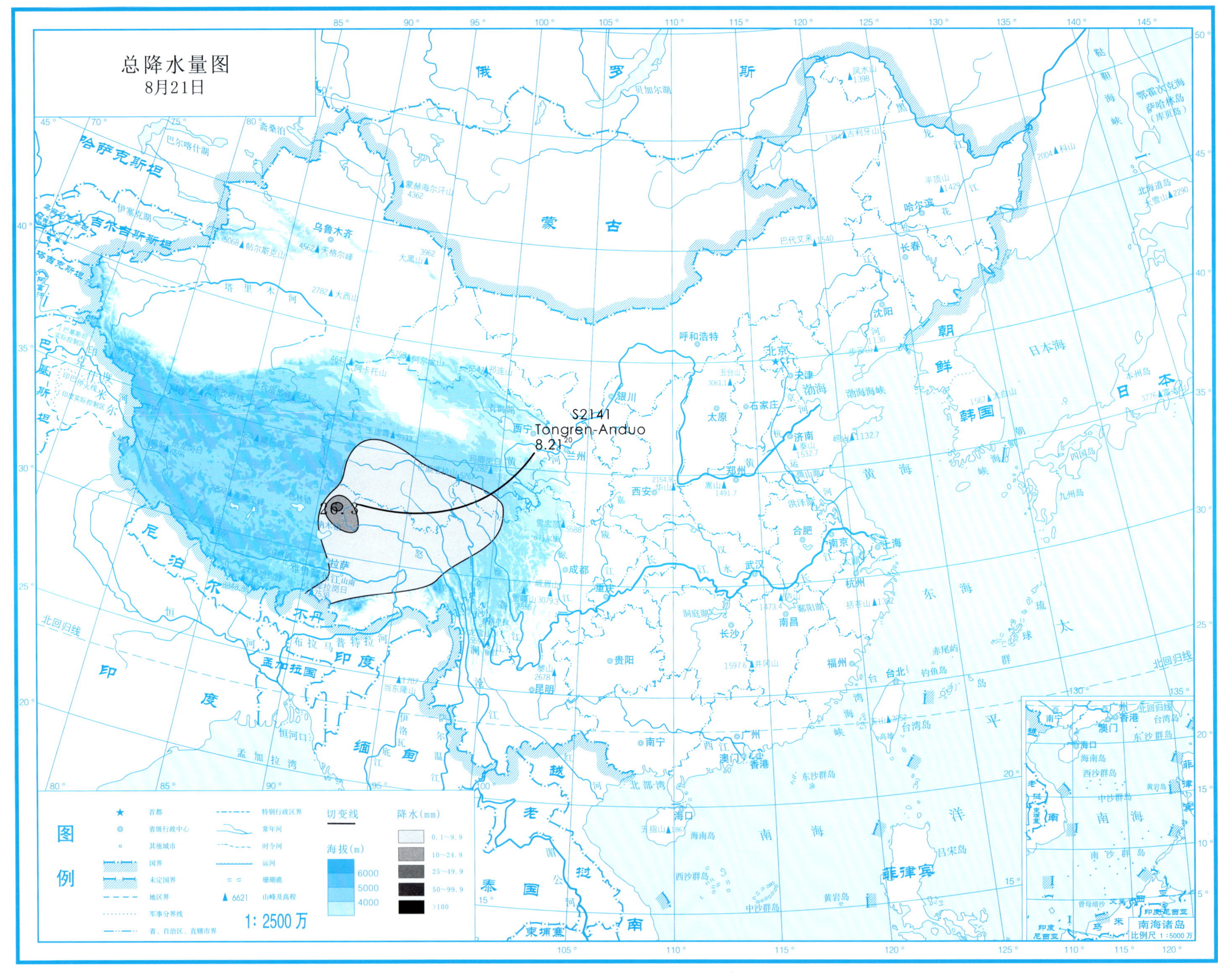
总降水量图
8月21日
S2141
Tongren-Anduo
8.21[20]
26.3
图例
首都
省级行政中心
其他城市
国界
未定国界
地区界
军事分界线
省、自治区、直辖市界
特别行政区界
常年河
时令河
运河
珊瑚礁
山峰及高程
切变线
海拔(m)
6000
5000
4000
降水(mm)
0.1~9.9
10~24.9
25~49.9
50~99.9
>100
1: 2500万
南海诸岛
比例尺 1:5000万

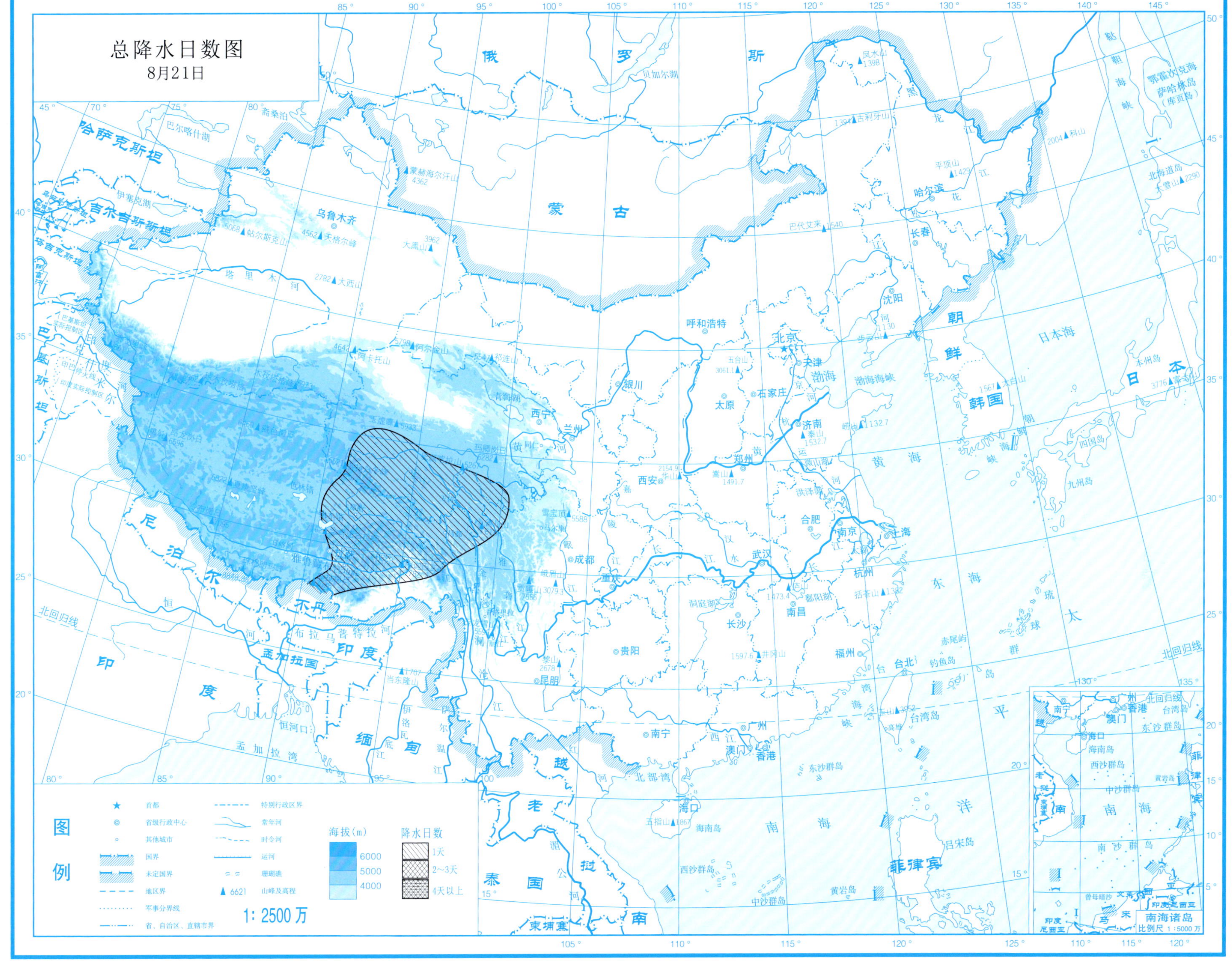
总降水日数图
8月21日
图例
首都
省级行政中心
其他城市
国界
未定国界
地区界
军事分界线
省、自治区、直辖市界
特别行政区界
常年河
时令河
运河
珊瑚礁
6621 山峰及高程
海拔(m)
6000
5000
4000
降水日数
1天
2~3天
4天以上
1: 2500 万
南海诸岛
比例尺 1:5000 万

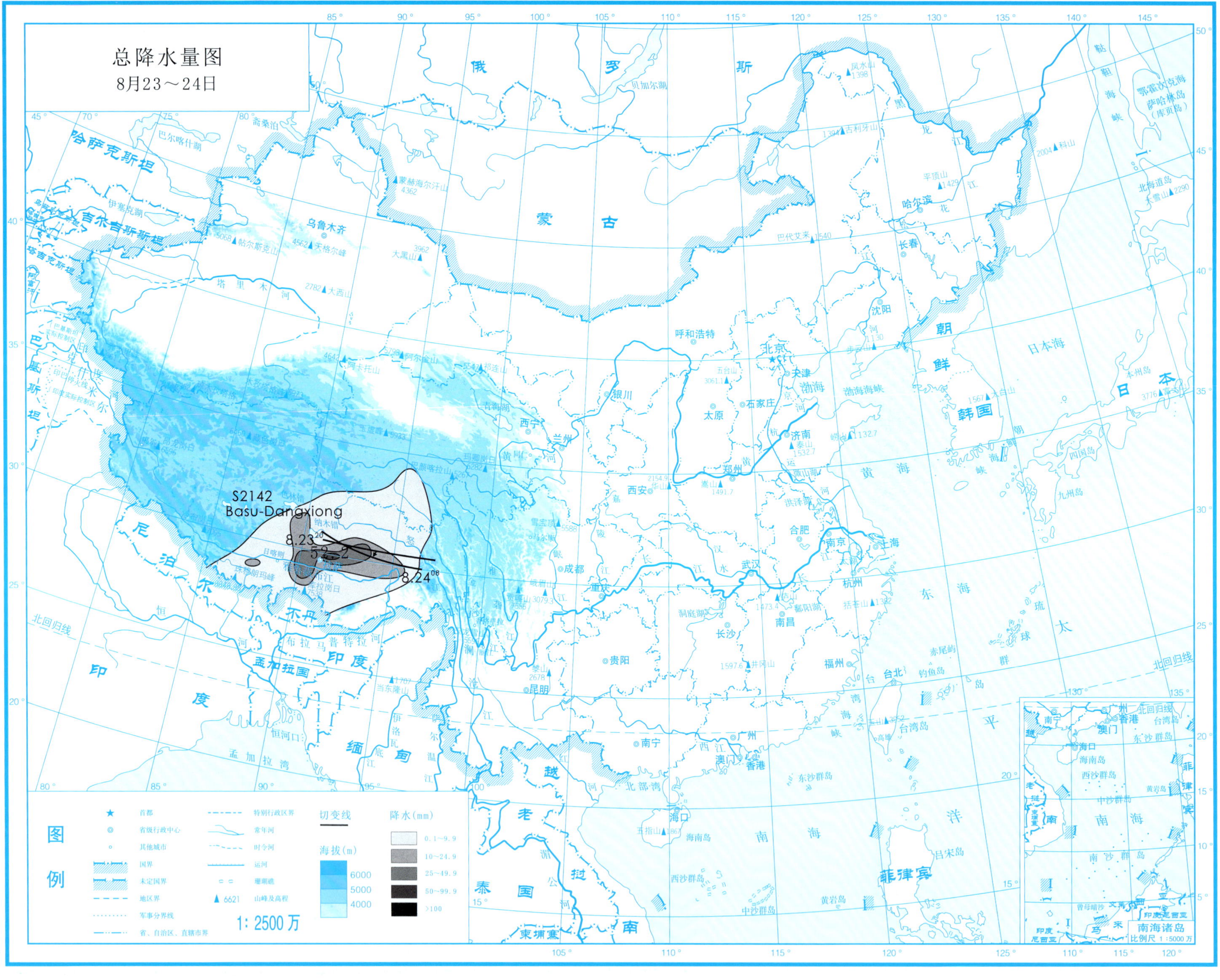
总降水量图
8月23～24日
S2142
Basu-Dangxiong
8.23^20
52.2
8.24^08
图例
首都
省级行政中心
其他城市
国界
未定国界
地区界
军事分界线
省、自治区、直辖市界
特别行政区界
常年河
时令河
运河
珊瑚礁
6621 山峰及高程
1: 2500 万
切变线
海拔(m)
6000
5000
4000
降水(mm)
0.1~9.9
10~24.9
25~49.9
50~99.9
>100
南海诸岛
比例尺 1:5000 万

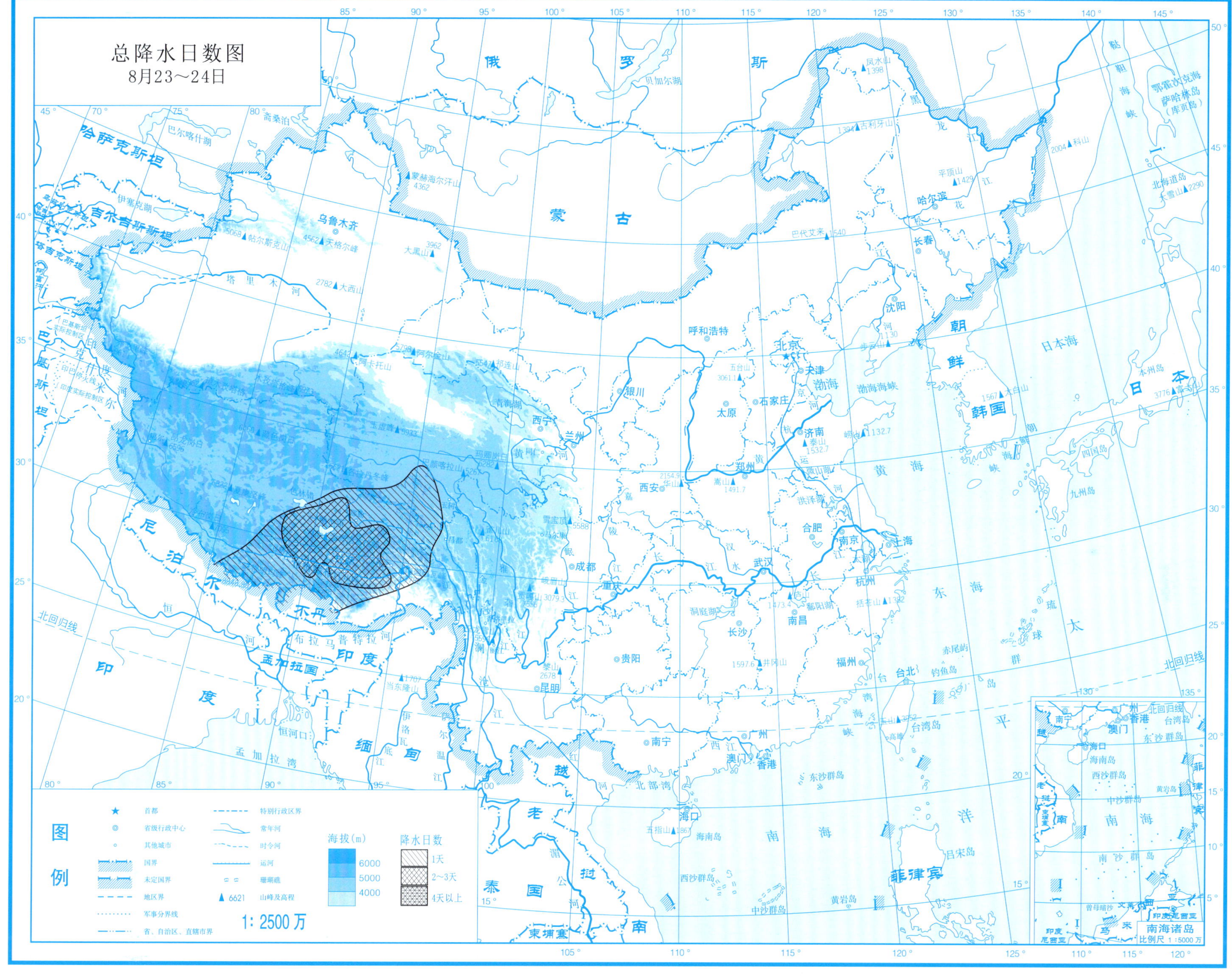

Page...227

高原切变线 第2部分

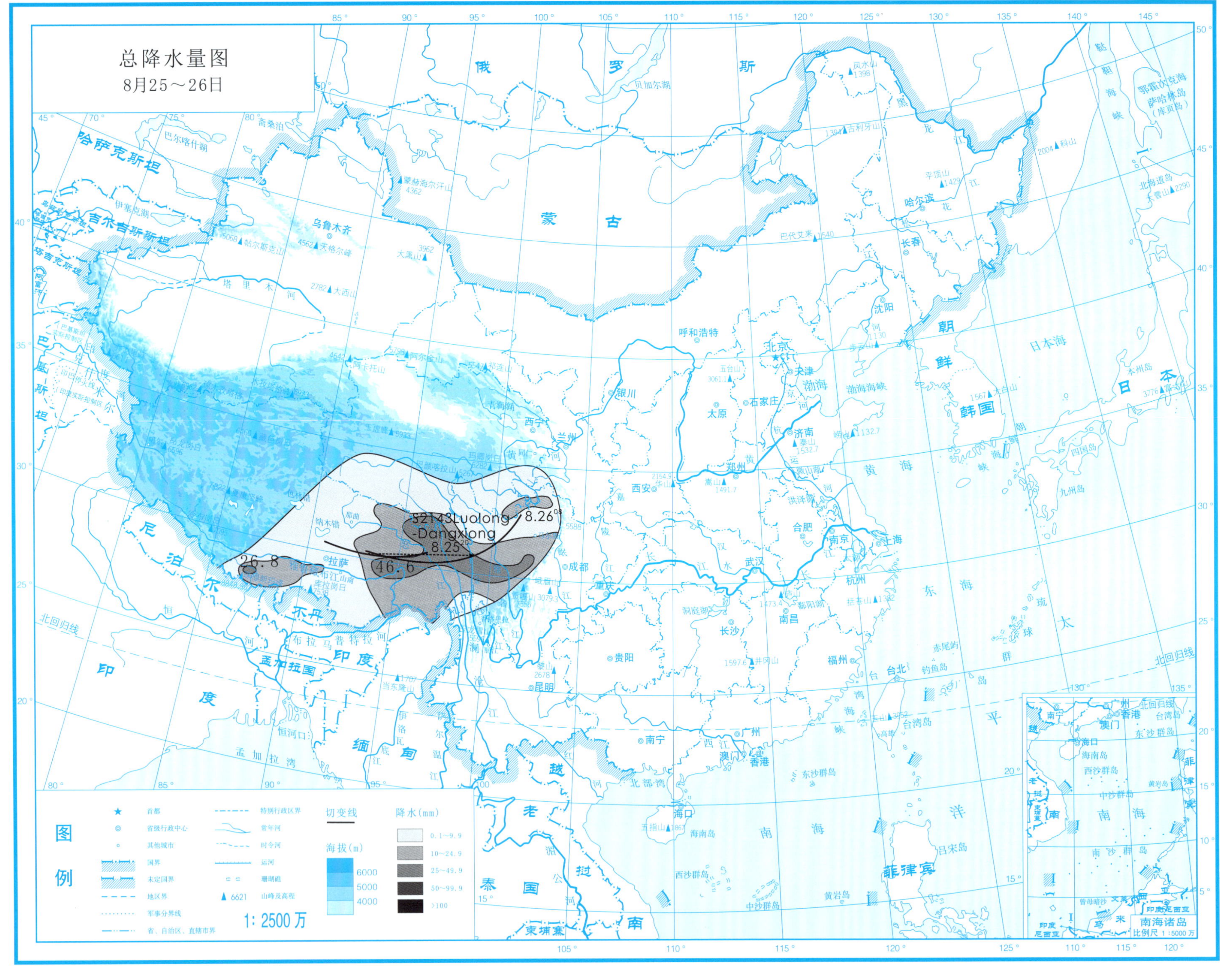
总降水量图
8月25～26日
S2143Luolong-Dangxiong
8.26^{08}
8.25^{20}
26.8
46.6
图例
首都
省级行政中心
其他城市
国界
未定国界
地区界
军事分界线
省、自治区、直辖市界
特别行政区界
常年河
时令河
运河
珊瑚礁
6621 山峰及高程
切变线
海拔(m)
6000
5000
4000
1: 2500万
降水(mm)
0.1~9.9
10~24.9
25~49.9
50~99.9
>100
南海诸岛
比例尺 1:5000万

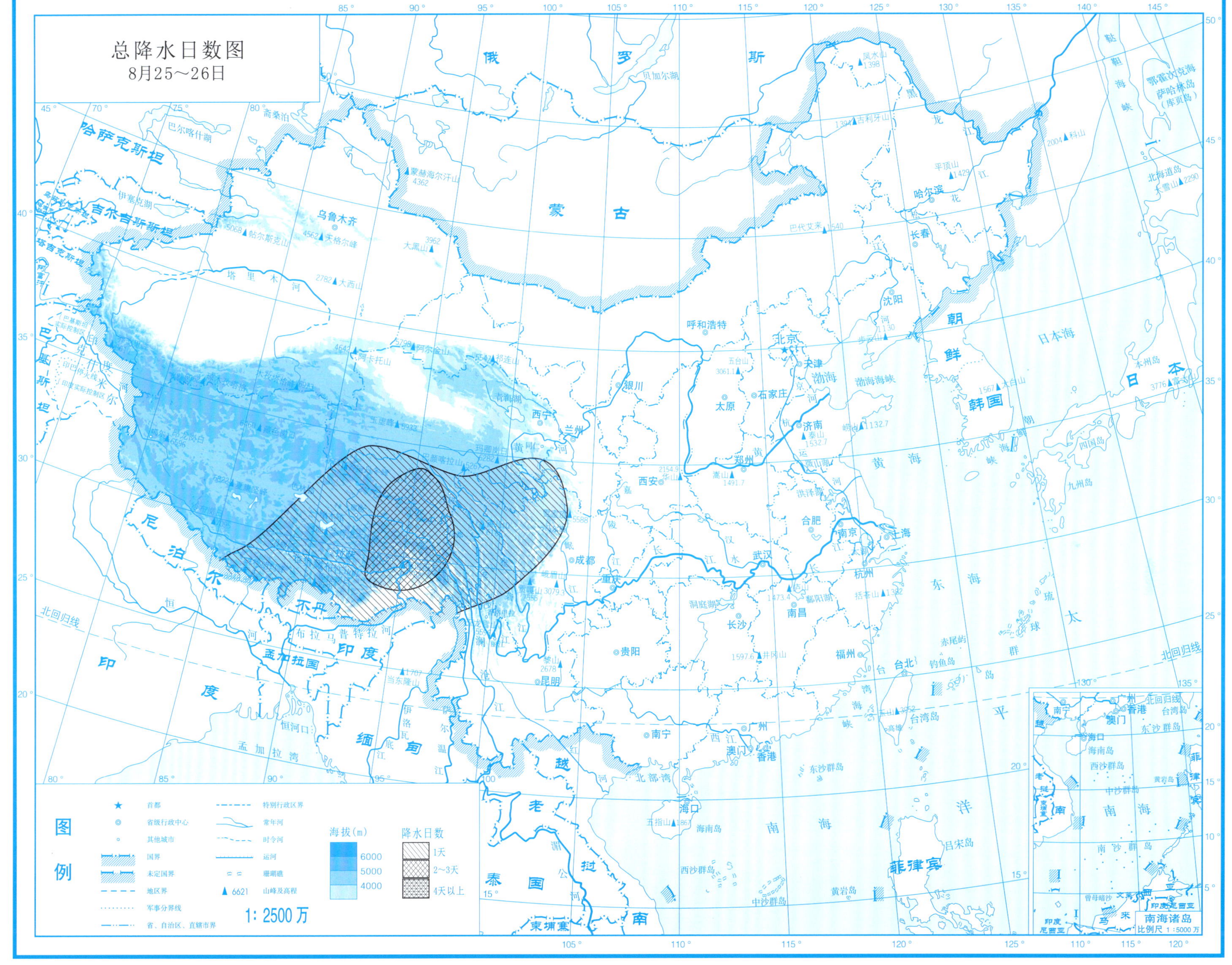

总降水日数图
8月25～26日
图例
首都
省级行政中心
其他城市
国界
未定国界
地区界
军事分界线
省、自治区、直辖市界
特别行政区界
常年河
时令河
运河
珊瑚礁
6621 山峰及高程
海拔(m)
6000
5000
4000
降水日数
1天
2~3天
4天以上
1: 2500万
南海诸岛
比例尺 1 : 5000万

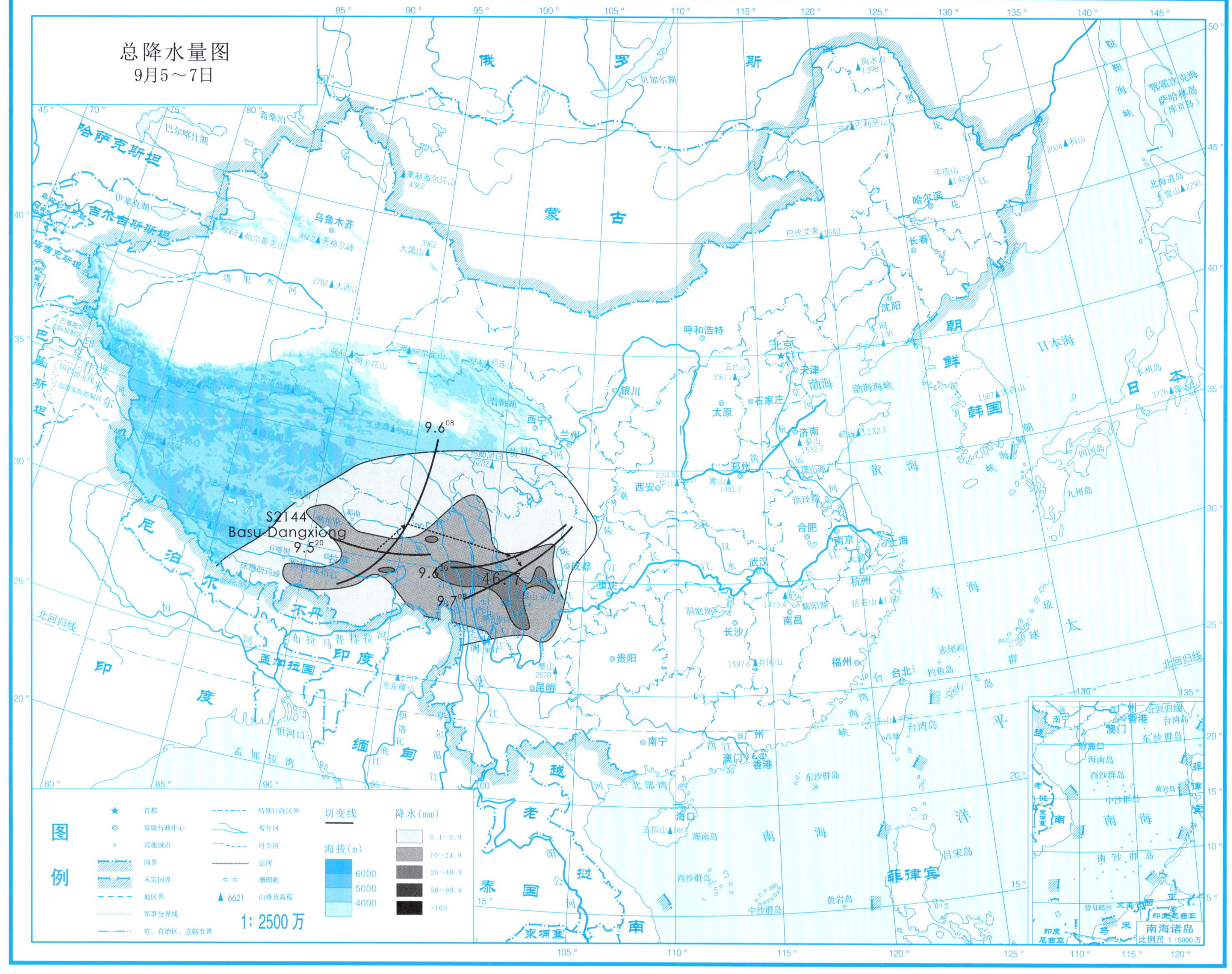
总降水量图
9月5～7日
9.6[08]
S2144
Basu-Dangxiong
9.5[20]
9.6[20]
46.7
9.7[08]
图例
首都
省级行政中心
其他城市
国界
未定国界
地区界
军事分界线
省、自治区、直辖市界
特别行政区界
常年河
时令河
运河
珊瑚礁
6621 山峰及高程
切变线
海拔(m)
6000
5000
4000
降水(mm)
0.1～9.9
10～24.9
25～49.9
50～99.9
>100
1: 2500万
南海诸岛
比例尺 1:5000万

总降水日数图

9月5～7日

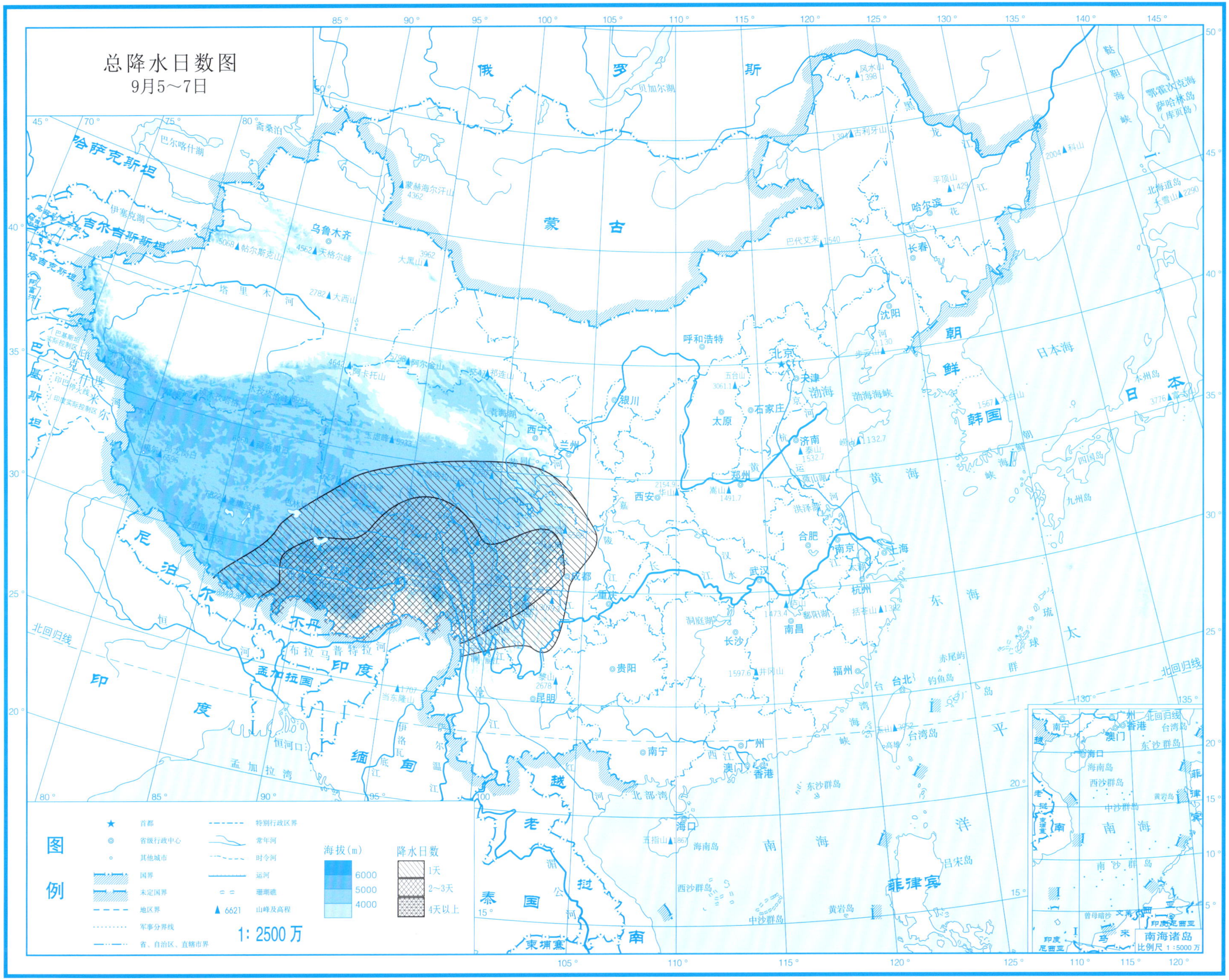

图例

- ★ 首都
- ◎ 省级行政中心
- ∘ 其他城市
- 国界
- 未定国界
- 地区界
- 军事分界线
- 省、自治区、直辖市界
- 特别行政区界
- 常年河
- 时令河
- 运河
- 珊瑚礁
- ▲ 6621 山峰及高程

海拔(m)

- 6000
- 5000
- 4000

降水日数

- 1天
- 2~3天
- 4天以上

1: 2500万

南海诸岛 比例尺 1 : 5000万

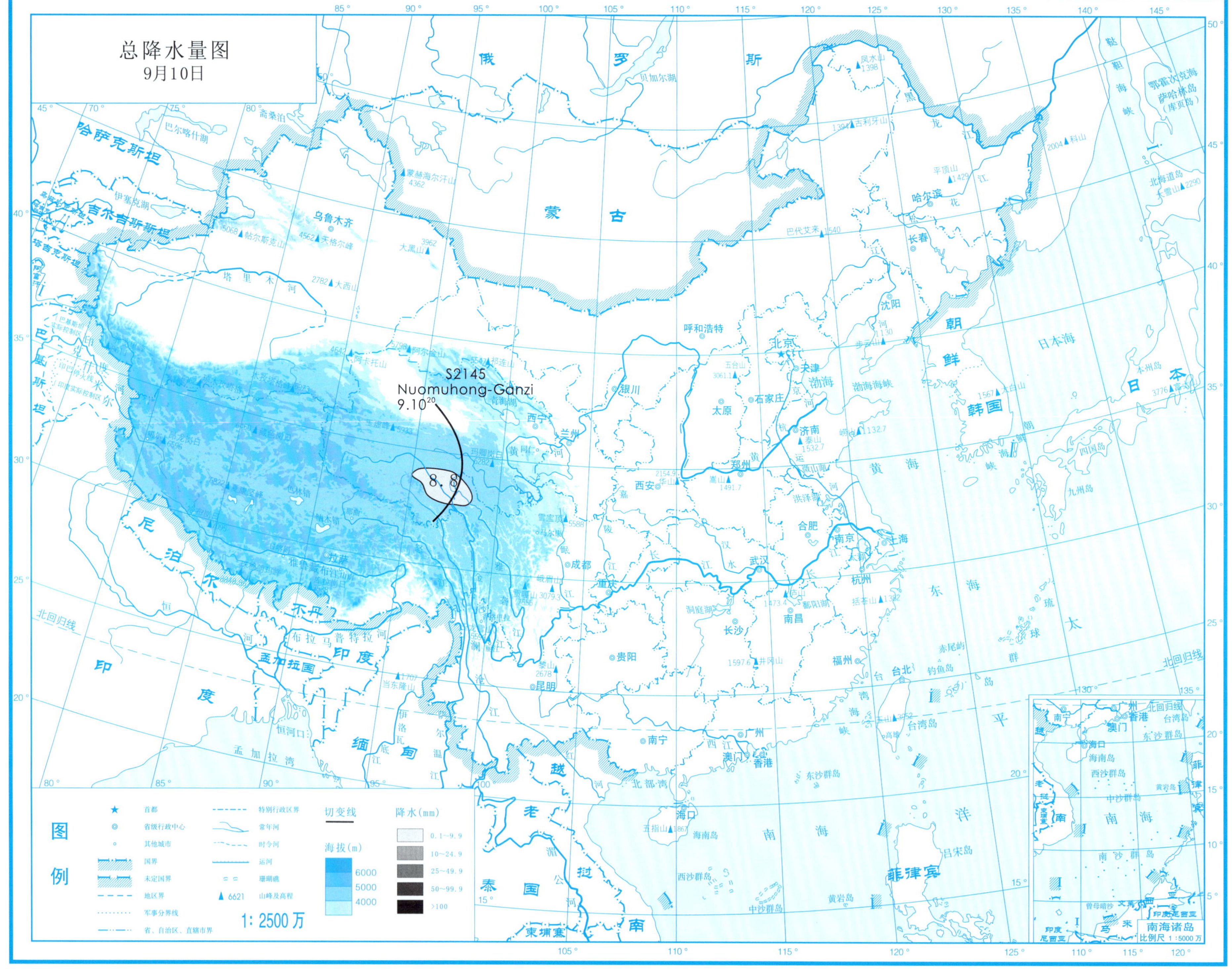
总降水量图
9月10日
S2145
Nuomuhong-Ganzi
9.10 20
8.8
图例
首都
省级行政中心
其他城市
国界
未定国界
地区界
军事分界线
省、自治区、直辖市界
特别行政区界
常年河
时令河
运河
珊瑚礁
山峰及高程
切变线
海拔(m)
6000
5000
4000
降水(mm)
0.1~9.9
10~24.9
25~49.9
50~99.9
>100
1: 2500万
南海诸岛
比例尺 1:5000万

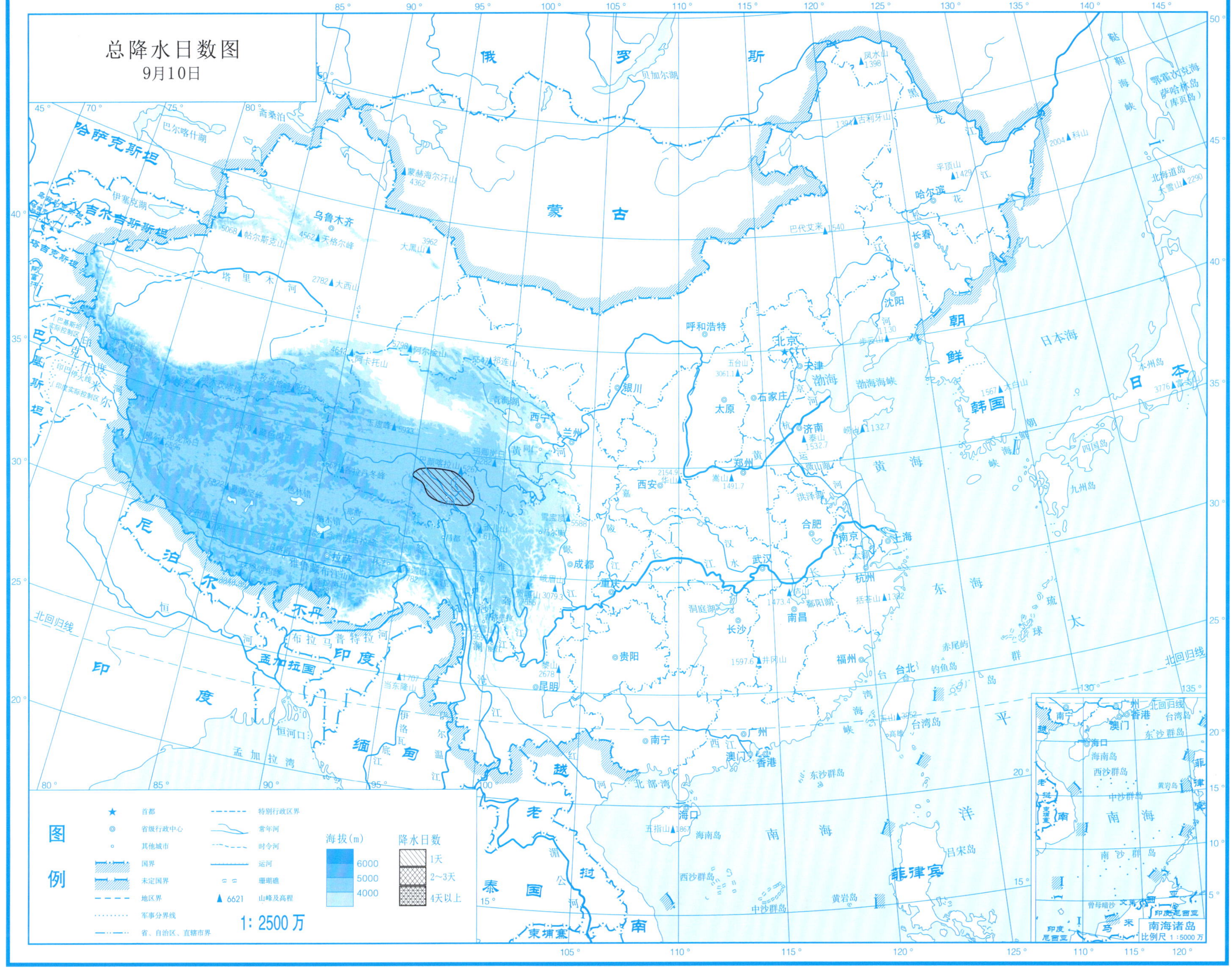

总降水日数图
9月10日
图例
首都
省级行政中心
其他城市
国界
未定国界
地区界
军事分界线
省、自治区、直辖市界
特别行政区界
常年河
时令河
运河
珊瑚礁
6621 山峰及高程
海拔(m)
6000
5000
4000
降水日数
1天
2~3天
4天以上
1: 2500万
南海诸岛
比例尺 1:5000万

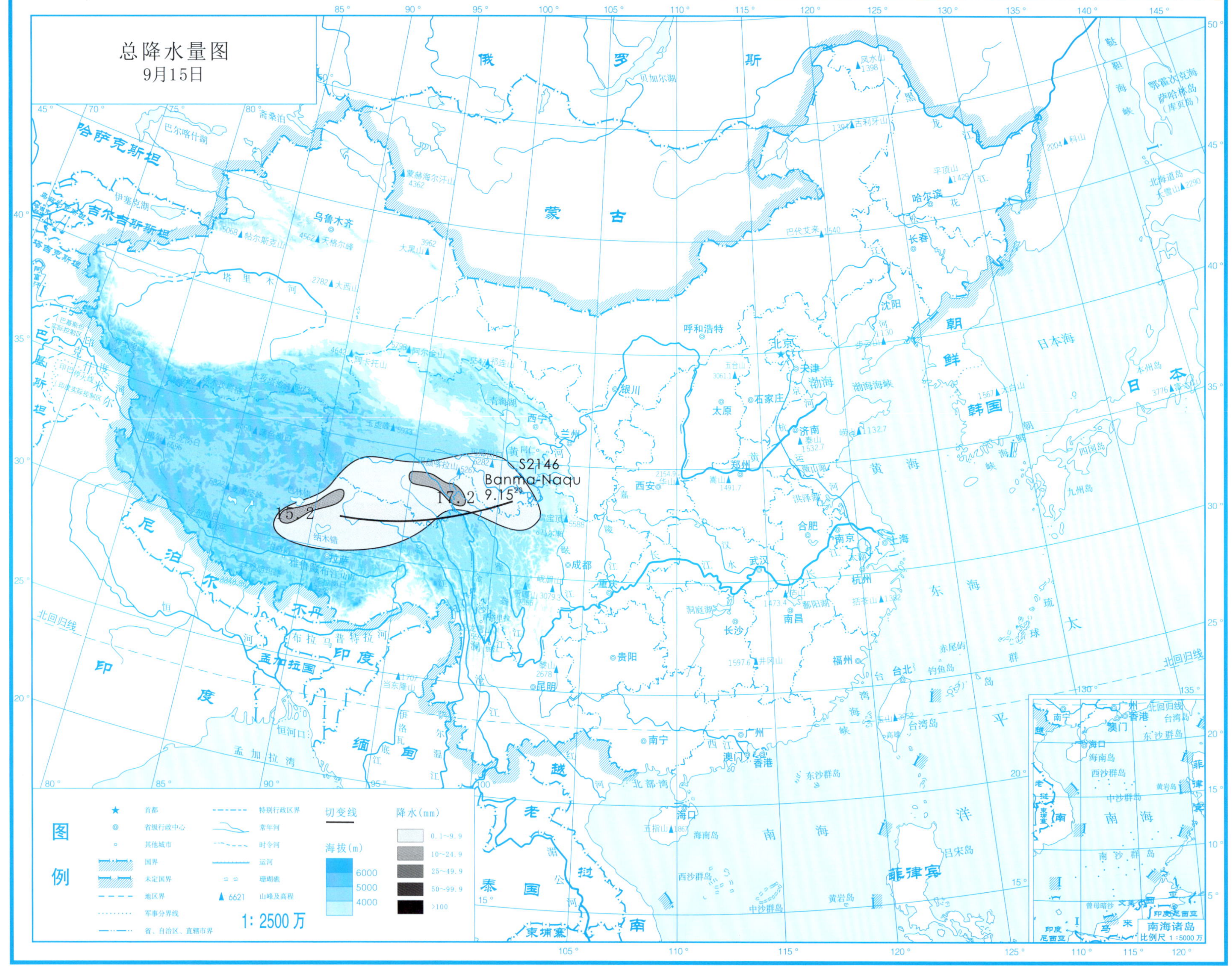
总降水量图
9月15日
S2146
Banma-Naqu
9.15
15.2
17.2
图例
切变线
降水(mm)
0.1~9.9
10~24.9
25~49.9
50~99.9
>100
海拔(m)
6000
5000
4000
1: 2500 万
南海诸岛
比例尺 1:5000 万

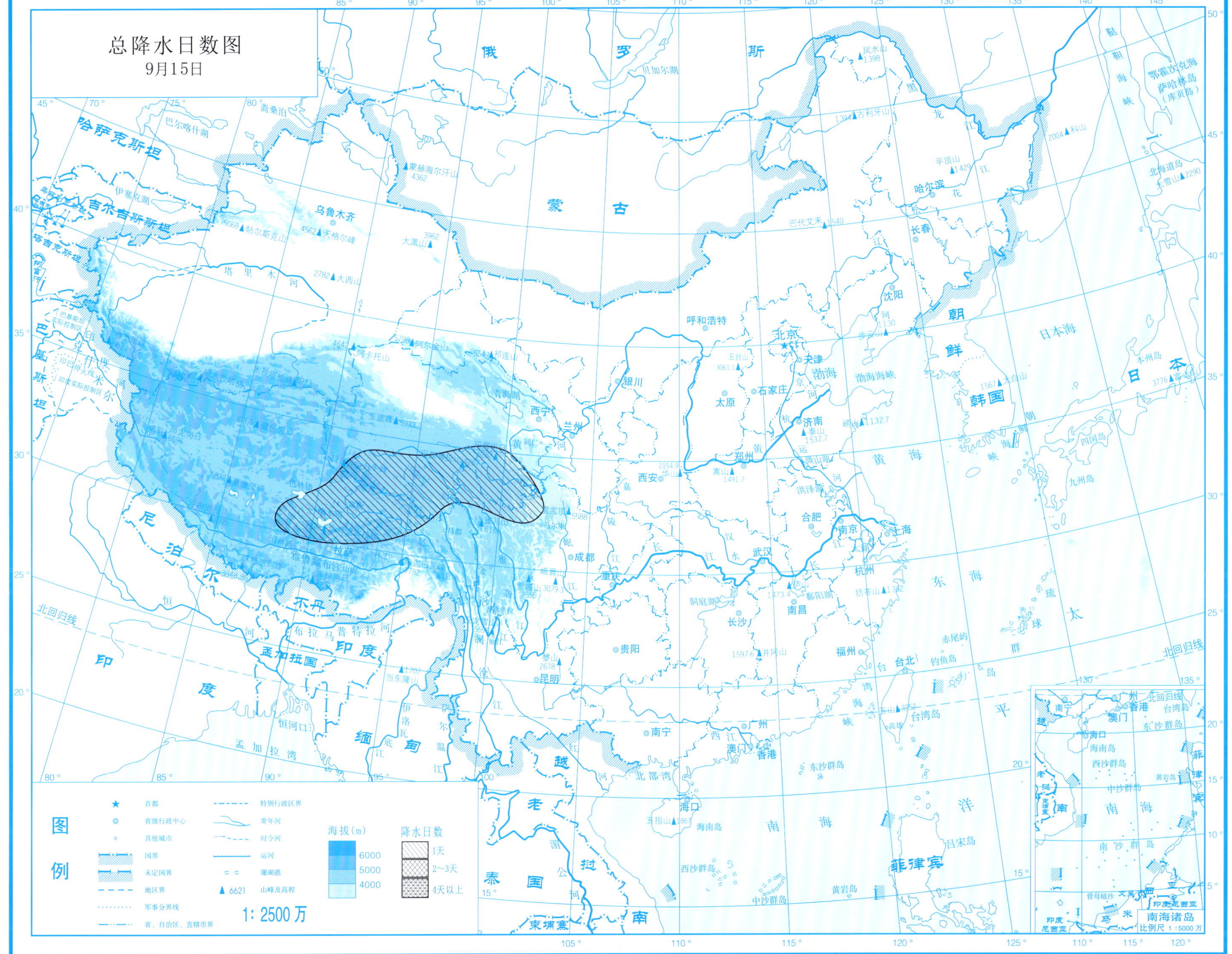

总降水日数图
9月15日
图例
首都
省级行政中心
其他城市
国界
未定国界
地区界
军事分界线
省、自治区、直辖市界
特别行政区界
常年河
时令河
运河
珊瑚礁
6621 山峰及高程
海拔(m)
6000
5000
4000
降水日数
1天
2~3天
4天以上
1: 2500万
南海诸岛
比例尺 1 : 5000 万

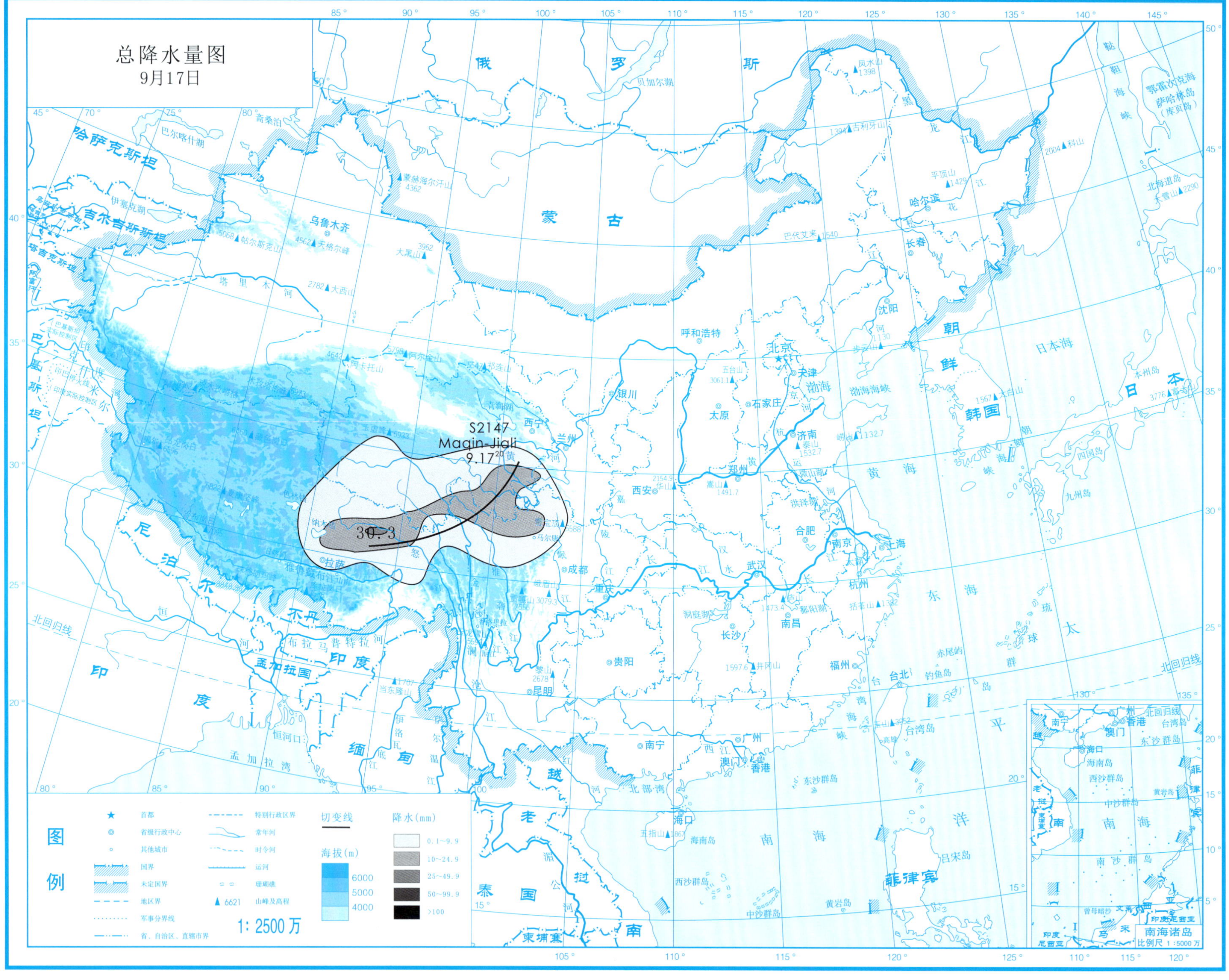
总降水量图
9月17日
S2147
Maqin-Jiali
9.17[20]
30.3
图例
首都
省级行政中心
其他城市
国界
未定国界
地区界
军事分界线
省、自治区、直辖市界
特别行政区界
常年河
时令河
运河
珊瑚礁
山峰及高程
切变线
海拔(m)
6000
5000
4000
降水(mm)
0.1～9.9
10～24.9
25～49.9
50～99.9
>100
1:2500万
南海诸岛
比例尺 1:5000万

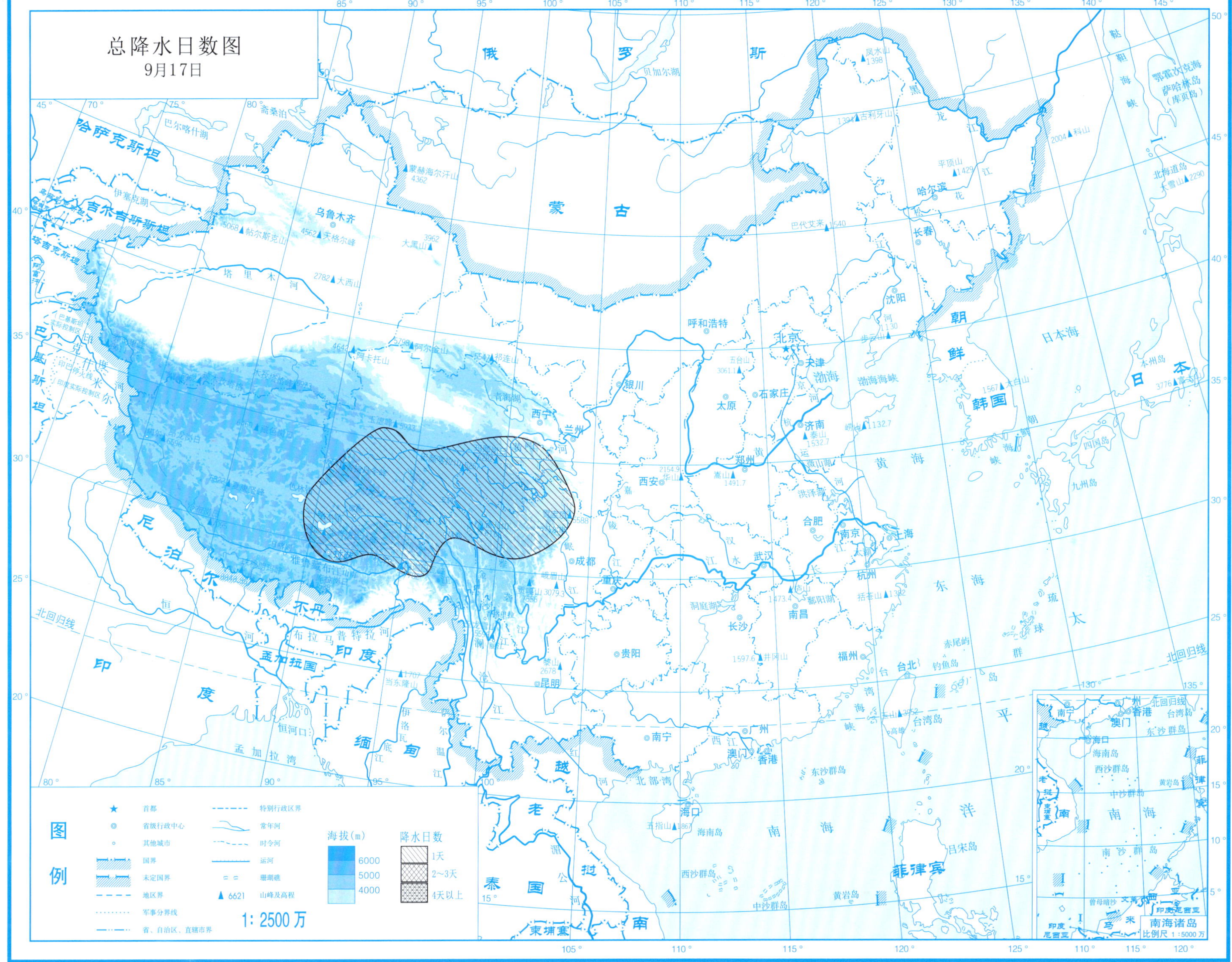
总降水日数图
9月17日
图例
首都
省级行政中心
其他城市
国界
未定国界
地区界
军事分界线
省、自治区、直辖市界
特别行政区界
常年河
时令河
运河
珊瑚礁
6621 山峰及高程
海拔(m)
6000
5000
4000
降水日数
1天
2~3天
4天以上
1：2500万
南海诸岛
比例尺 1：5000万

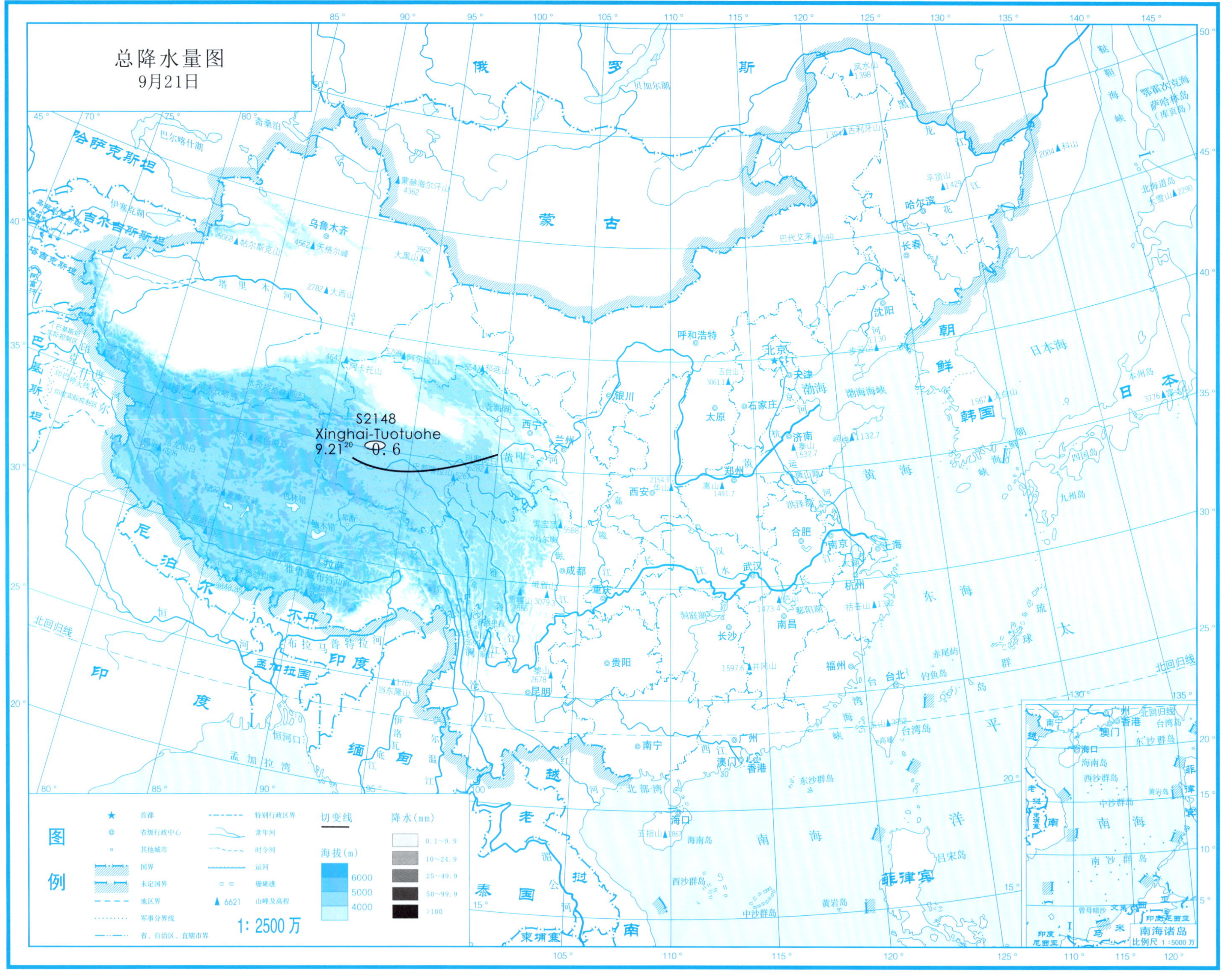
总降水量图
9月21日
S2148
Xinghai-Tuotuohe
9.21^{20} 0.6
图例
首都
省级行政中心
其他城市
国界
未定国界
地区界
军事分界线
省、自治区、直辖市界
特别行政区界
常年河
时令河
运河
珊瑚礁
6621 山峰及高程
切变线
降水(mm)
0.1~9.9
10~24.9
25~49.9
50~99.9
>100
海拔(m)
6000
5000
4000
1: 2500万
南海诸岛
比例尺 1:5000万

总降水日数图
9月21日
俄 罗 斯
蒙 古
哈萨克斯坦
吉尔吉斯斯坦
塔吉克斯坦
阿富汗
巴基斯坦
印度
尼泊尔
不丹
孟加拉国
缅甸
老挝
泰国
柬埔寨
越南
朝鲜
韩国
日本
菲律宾
乌鲁木齐
呼和浩特
北京
天津
石家庄
太原
济南
郑州
西安
银川
西宁
兰州
成都
重庆
武汉
合肥
南京
上海
杭州
南昌
长沙
贵阳
昆明
南宁
广州
澳门
香港
福州
台北
海口
拉萨
哈尔滨
长春
沈阳
渤海
黄海
东海
南海
日本海
太平洋
北回归线
台湾岛
海南岛
南海诸岛
比例尺 1:5000 万
图例
首都
省级行政中心
其他城市
国界
未定国界
地区界
军事分界线
省、自治区、直辖市界
特别行政区界
常年河
时令河
运河
珊瑚礁
6621 山峰及高程
海拔(m)
6000
5000
4000
降水日数
1天
2~3天
4天以上
1: 2500 万

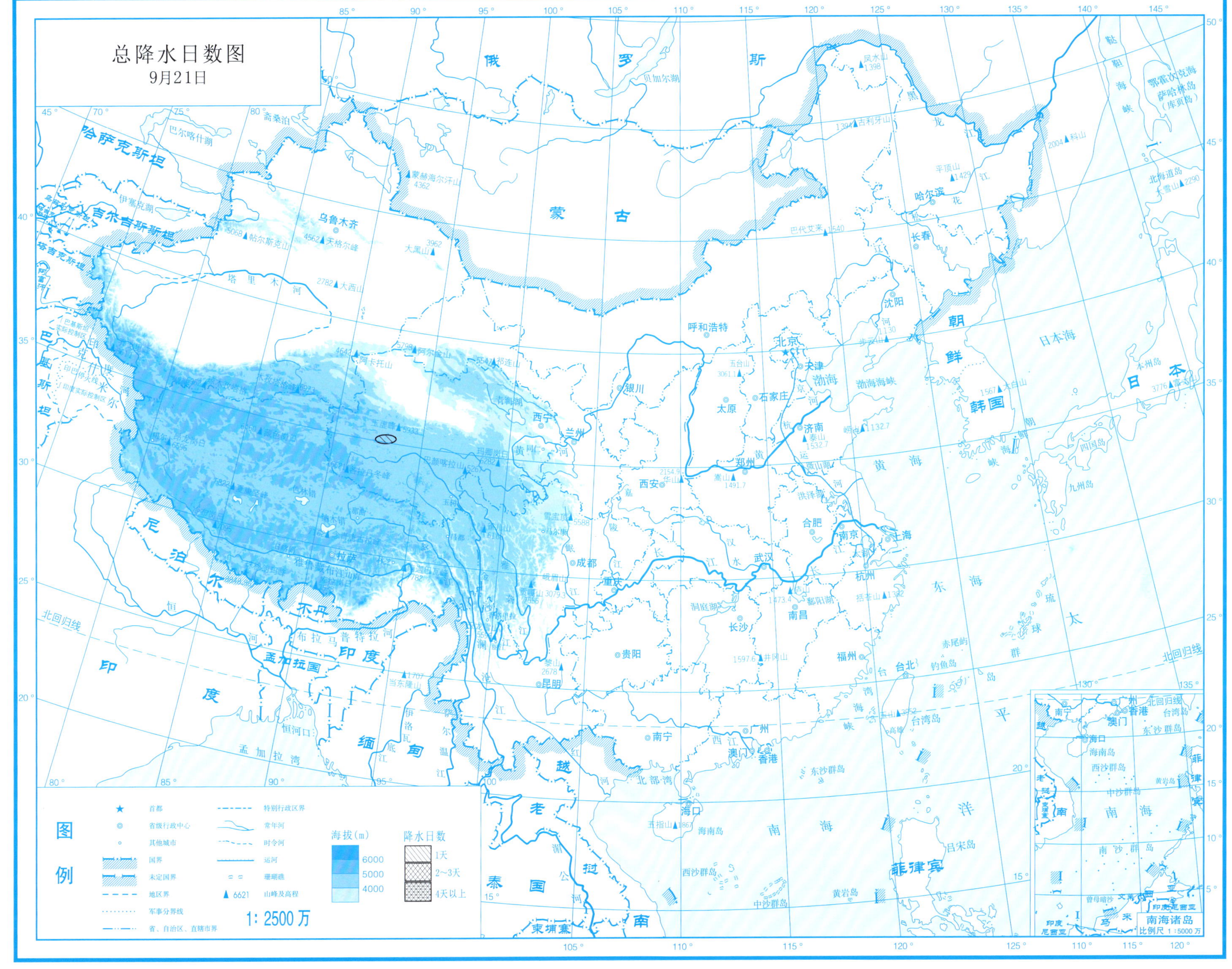

高原切变线

第2部分

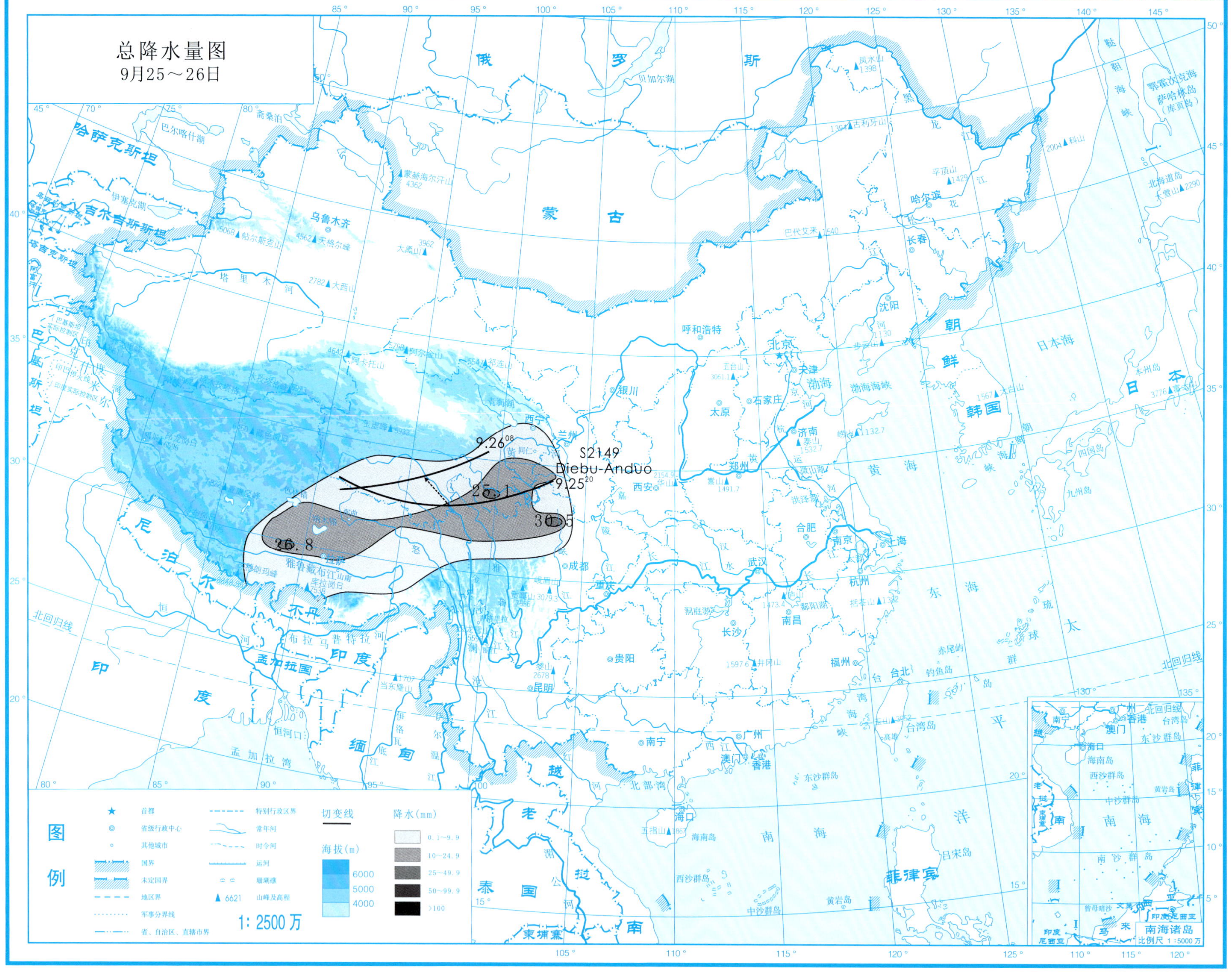
总降水量图
9月25～26日
9.26[08]
S2149
Diebu-Anduo
9.25[20]
25.1
30.5
25.8
图例
首都
省级行政中心
其他城市
国界
未定国界
地区界
军事分界线
省、自治区、直辖市界
特别行政区界
常年河
时令河
运河
珊瑚礁
6621 山峰及高程
1:2500万
切变线
降水(mm)
0.1～9.9
10～24.9
25～49.9
50～99.9
>100
海拔(m)
6000
5000
4000
南海诸岛
比例尺 1:5000万

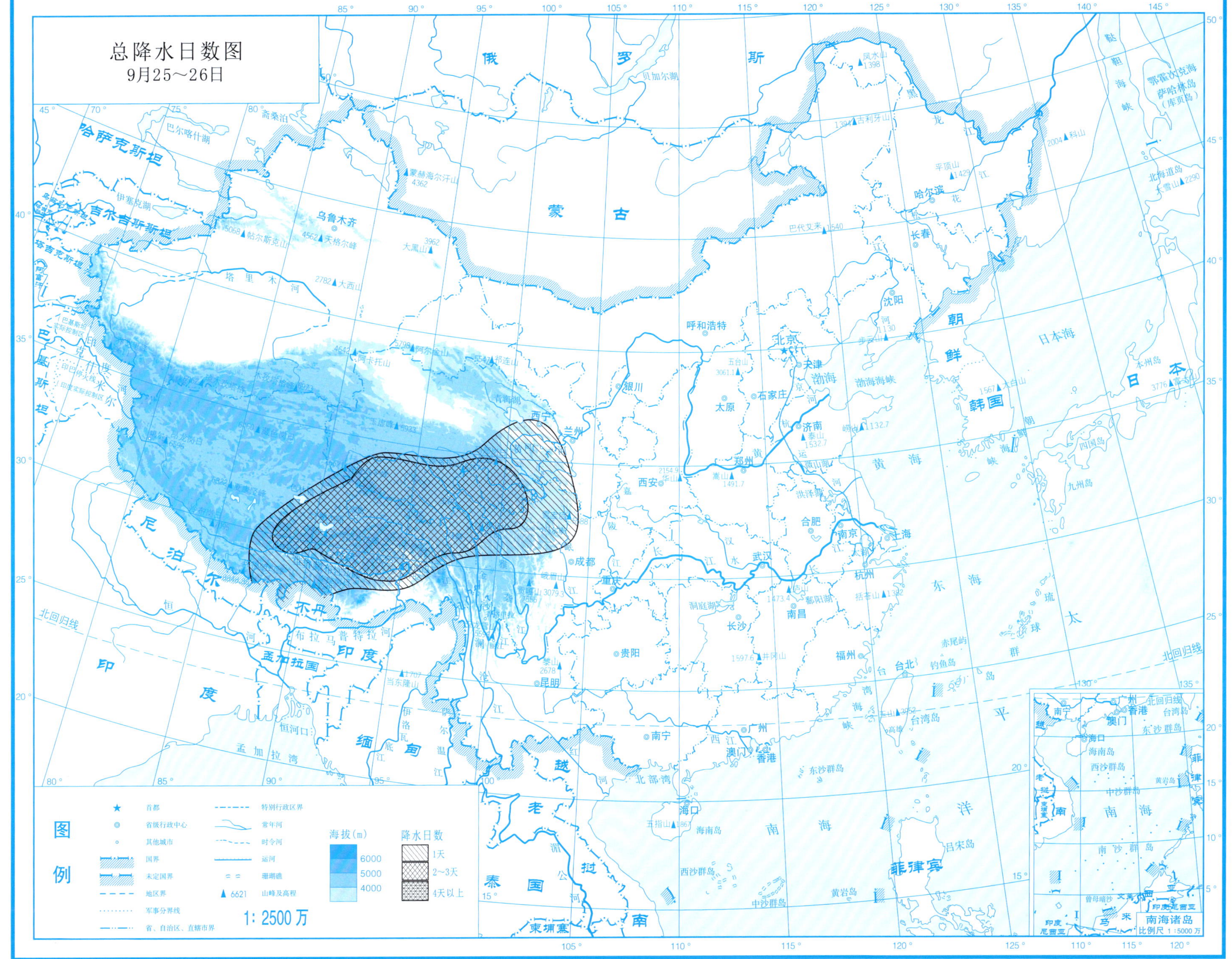
总降水日数图
9月25～26日
图例
首都
省级行政中心
其他城市
国界
未定国界
地区界
军事分界线
省、自治区、直辖市界
特别行政区界
常年河
时令河
运河
珊瑚礁
6621 山峰及高程
海拔(m)
6000
5000
4000
降水日数
1天
2～3天
4天以上
1：2500万
南海诸岛
比例尺 1：5000万

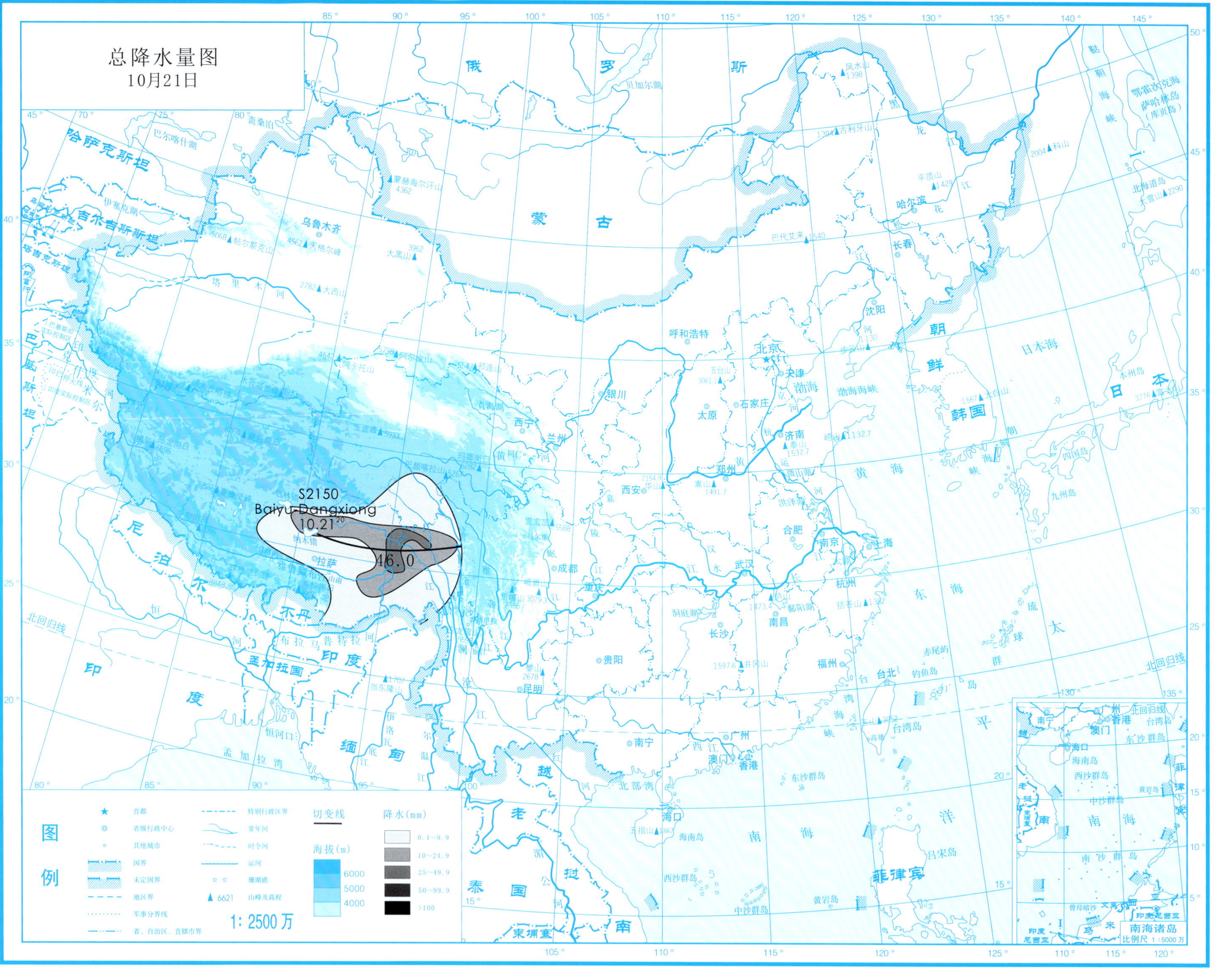
总降水量图
10月21日
S2150
Baiyu Dangxiong
10.21 20
46.0
图例
首都
省级行政中心
其他城市
国界
未定国界
地区界
军事分界线
省、自治区、直辖市界
特别行政区界
常年河
时令河
运河
珊瑚礁
6621 山峰及高程
切变线
降水(mm)
0.1~9.9
10~24.9
25~49.9
50~99.9
>100
海拔(m)
6000
5000
4000
1: 2500万
南海诸岛
比例尺 1:5000万

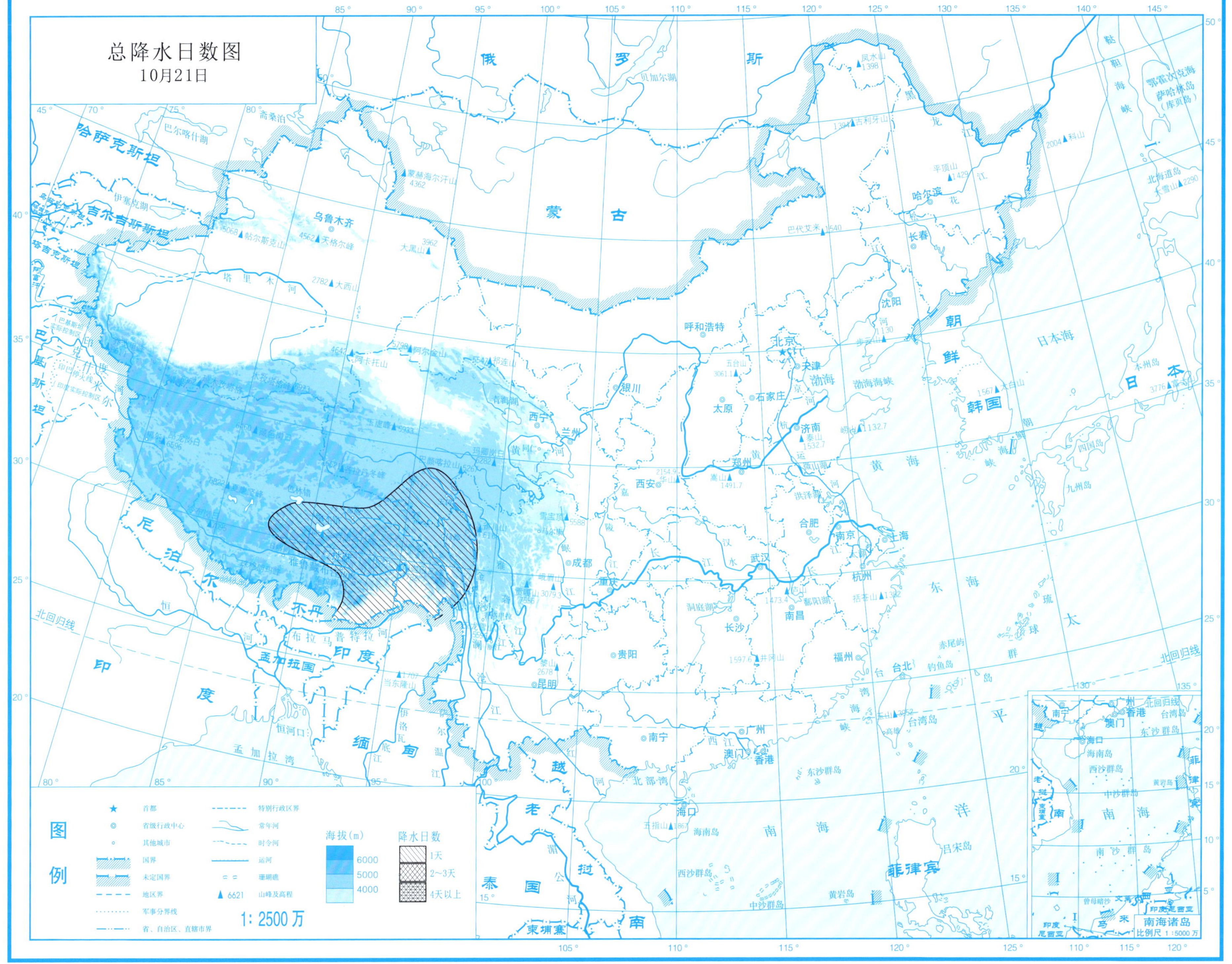
总降水日数图
10月21日
图例
首都
省级行政中心
其他城市
国界
未定国界
地区界
军事分界线
省、自治区、直辖市界
特别行政区界
常年河
时令河
运河
珊瑚礁
6621 山峰及高程
海拔(m)
6000
5000
4000
降水日数
1天
2~3天
4天以上
1:2500万
南海诸岛
比例尺 1:5000万

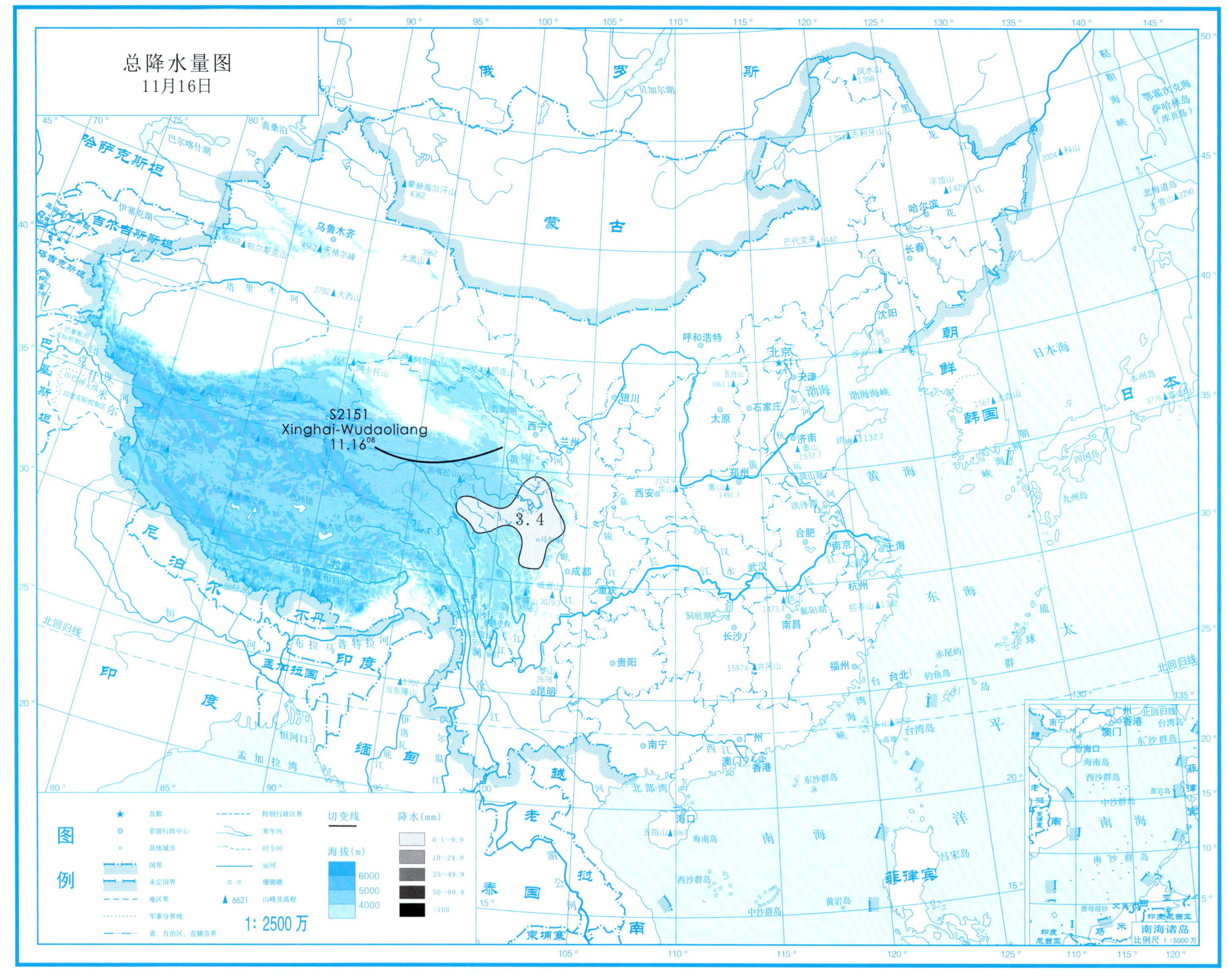

总降水量图
11月16日
S2151
Xinghai-Wudaoliang
11.16 08
3.4
图例
首都
省级行政中心
其他城市
国界
未定国界
地区界
军事分界线
省、自治区、直辖市界
特别行政区界
常年河
时令河
运河
珊瑚礁
6621 山峰及高程
切变线
海拔(m)
6000
5000
4000
降水(mm)
0.1~9.9
10~24.9
25~49.9
50~99.9
>100
1：2500万
南海诸岛
比例尺 1：5000万

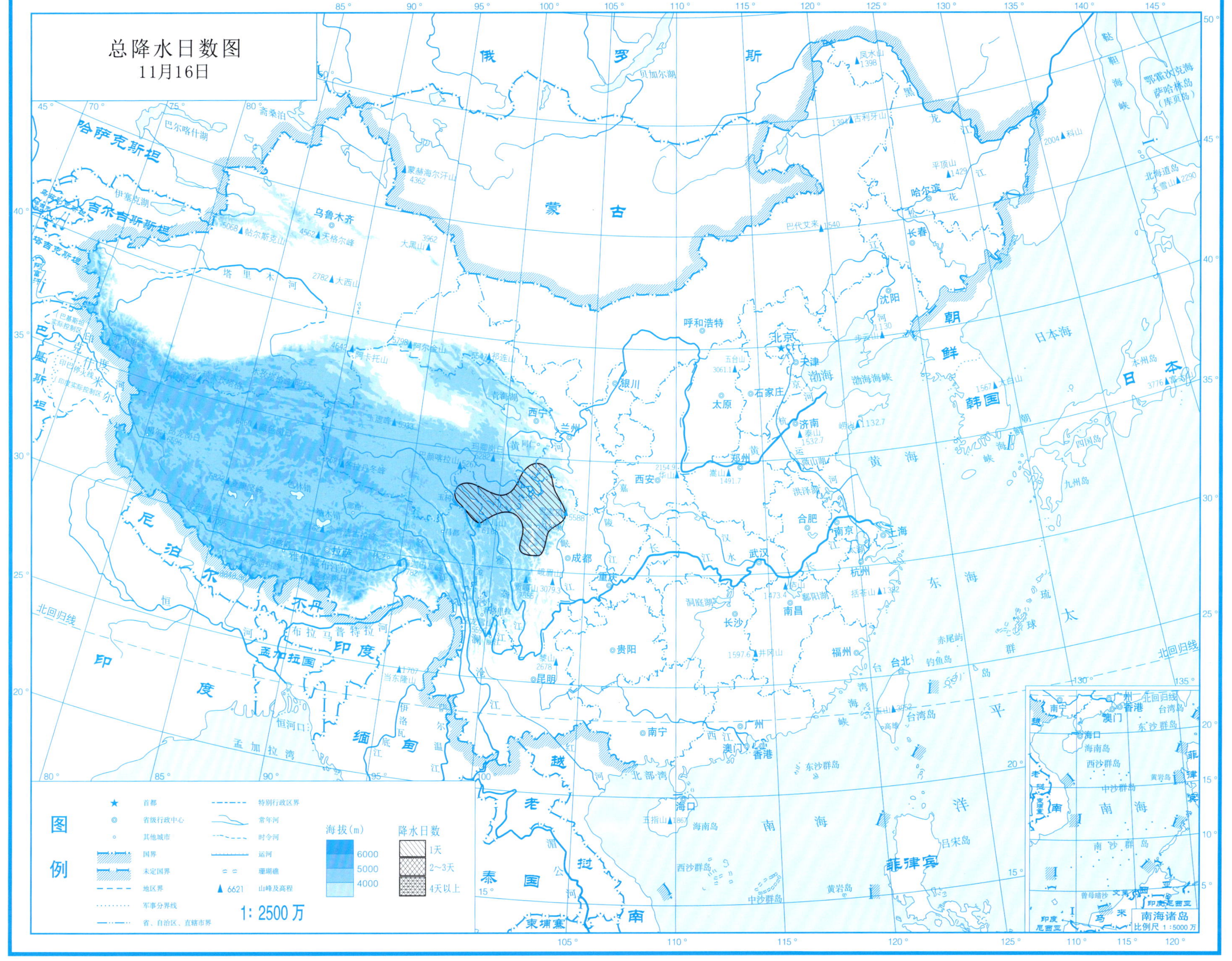
总降水日数图
11月16日
图例
首都
省级行政中心
其他城市
国界
未定国界
地区界
军事分界线
省、自治区、直辖市界
特别行政区界
常年河
时令河
运河
珊瑚礁
山峰及高程
海拔(m)
6000
5000
4000
降水日数
1天
2~3天
4天以上
1: 2500万
南海诸岛
比例尺 1:5000万

高原切变线位置资料表

月	日	时	起点位置		中点位置		拐点位置		终点位置		切变线两侧最大风速	
			东经/(°)	北纬/(°)	东经/(°)	北纬/(°)	东经/(°)	北纬/(°)	东经/(°)	北纬/(°)	北侧 / (m/s)	南侧 / (m/s)
① 1月20日 (S2101)石渠–嘉黎，Shiqu–Jiali												
1	20	20	98.4	33.1	96.0	31.6			92.9	30.5	12	4
消失												
② 2月16日 (S2102)玛多–墨竹工卡，Maduo–Mozhugongka												
2	16	20	99.1	35.6	95.6	32.8			91.9	30.4	8	10
消失												
③ 2月18日 (S2103)昌都–那曲，Changdu–Naqu												
2	18	20	97.6	31.8	94.7	31.6			91.8	31.7	4	10
消失												
④ 3月2日 (S2104)石渠–嘉黎，Shiqu–Jiali												
3	2	20	97.7	32.9	95.4	31.5			93.0	30.6	14	14
消失												
⑤ 3月6日 (S2105)昌都–那曲，Changdu–Naqu												
3	6	08	100.0	30.3	96.1	32.1			92.1	33.1	8	8
消失												

高原切变线位置资料表(续-1)

月	日	时	起点位置		中点位置		拐点位置		终点位置		切变线两侧最大风速	
			东经/(°)	北纬/(°)	东经/(°)	北纬/(°)	东经/(°)	北纬/(°)	东经/(°)	北纬/(°)	北侧 / (m/s)	南侧 / (m/s)
⑥3月14日												
(S2106)囊谦–当雄，Nangqian–Dangxiong												
3	14	08	97.2	32.2	94.3	31.2			90.9	30.9	8	10
消失												
⑦4月17日												
(S2107)囊谦–安多，Nangqian–Anduo												
4	17	20	98.0	32.2	94.8	32.1			91.4	32.2	12	10
消失												
⑧4月18～19日												
(S2108)德令哈–沱沱河，Delingha–Tuotuohe												
4	18	20	97.5	39.2	95.4	36.5			91.1	35.2	8	8
	19	08	99.5	39.0	99.6	35.7			95.5	34.2	4	16
		20	101.2	37.8	98.1	35.9			93.2	35.5	6	10
消失												
⑨4月26日												
(S2109)白玉–嘉黎，Baiyu–Jiali												
4	26	08	99.0	31.4	96.0	30.7			93.2	30.3	8	12
消失												

高原切变线位置资料表(续-2)

月	日	时	起点位置		中点位置		拐点位置		终点位置		切变线两侧最大风速	
			东经/(°)	北纬/(°)	东经/(°)	北纬/(°)	东经/(°)	北纬/(°)	东经/(°)	北纬/(°)	北侧/(m/s)	南侧/(m/s)
⑩ 4月28日 (S2110)林芝–聂拉木，Linzhi–Nielamu												
4	28	08	93.8	29.8	90.1	28.9			86.5	28.3	8	6
消失												
⑪ 5月2～3日 (S2111)丁青–当雄，Dingqing–Dangxiong												
5	2	20	97.6	32.0	94.6	31.1			91.3	30.5	6	4
	3	08	95.6	29.0	92.0	28.6			88.4	28.8	4	6
消失												
⑫ 5月6～7日 (S2112)曲麻莱–安多，Qumalai–Anduo												
5	6	08	96.8	34.8	94.3	33.5			91.5	32.7	6	10
		20	100.7	32.8	95.6	32.3			91.0	33.0	12	14
	7	08	97.8	31.7	94.7	32.2			91.6	33.1	8	8
		20	97.5	30.6	94.1	30.6			91.3	30.8	6	4
消失												
⑬ 5月10日 (S2113)白玉–当雄，Baiyu–Dangxiong												
5	10	20	99.2	31.0	94.9	30.4			90.9	30.5	8	8
消失												

高原切变线位置资料表(续-3)

月	日	时	起点位置		中点位置		拐点位置		终点位置		切变线两侧最大风速	
			东经/(°)	北纬/(°)	东经/(°)	北纬/(°)	东经/(°)	北纬/(°)	东经/(°)	北纬/(°)	北侧/(m/s)	南侧/(m/s)
⑭5月11日												
(S2114)色达–比如，Seda–Biru												
5	11	20	100.3	32.6	96.6	31.8			93.4	31.3	6	6
消失												
⑮5月26日												
(S2115)班玛–那曲，Banma–Naqu												
5	26	08	100.1	33.0	95.3	31.8			91.0	31.6	8	16
		20	103.5	32.3	100.1	30.8			96.5	32.1	8	14
消失												
⑯5月29日												
(S2116)昌都–安多，Changdu–Anduo												
5	29	08	100.0	31.0	95.4	31.3			91.1	31.6	6	8
		20	100.0	32.2	95.2	32.0			91.7	32.2	6	8
消失												
⑰5月30日												
(S2117)白玉–当雄，Baiyu–Dangxiong												
5	30	20	98.5	31.2	94.8	30.5			91.3	30.5	14	12
消失												

高原切变线位置资料表(续-4)

月	日	时	起点位置		中点位置		拐点位置		终点位置		切变线两侧最大风速	
			东经/(°)	北纬/(°)	东经/(°)	北纬/(°)	东经/(°)	北纬/(°)	东经/(°)	北纬/(°)	北侧/(m/s)	南侧/(m/s)
⑱ 6月2～3日												
(S2118)兴海–沱沱河，Xinghai–Tuotuohe												
6	2	20	99.9	35.3	96.1	34.1			92.1	33.5	12	14
	3	08	100.5	33.0	95.7	32.2			91.6	33.0	4	14
		20	100.0	31.3	95.1	30.8			91.0	31.4	10	8
消失												
⑲ 6月4日												
(S2119)囊谦–安多，Nangqian–Anduo												
6	4	20	96.8	32.3	94.3	32.4			91.4	32.7	6	2
消失												
⑳ 6月5～6日												
(S2120)诺木洪–嘉黎，Nuomuhong–Jiali												
6	5	20	96.3	36.5	95.5	33.6			92.9	30.0	12	6
	6	08	100.8	34.8	101.2	32.2			100.8	29.8	12	8
消失												

高原切变线位置资料表(续-5)

月	日	时	起点位置		中点位置		拐点位置		终点位置		切变线两侧最大风速	
			东经/(°)	北纬/(°)	东经/(°)	北纬/(°)	东经/(°)	北纬/(°)	东经/(°)	北纬/(°)	北侧 / (m/s)	南侧 / (m/s)
㉑ 6月7～11日 (S2121)黑水–丁青，Heishui–Dingqing												
6	7	08	103.0	31.5	99.0	30.4			94.4	30.4	8	4
		20	106.4	32.6	103.5	31.4			100.0	30.4	8	6
	8	08	108.1	33.0	105.8	30.9			102.6	29.4	6	8
		20	109.2	32.2	102.4	31.2			94.2	30.5	6	10
	9	08	106.8	33.7	102.1	31.2			95.8	29.5	10	8
		20	106.1	30.5	100.8	28.9			94.8	28.3	6	10
	10	08	112.1	30.4	108.6	29.4			104.3	28.7	10	12
		20	117.5	30.3	111.9	28.9			105.9	27.9	10	10
	11	08	116.0	29.9	113.6	29.5			110.7	29.4	10	14
消失												
㉒ 6月27日 (S2122)囊谦–当雄，Nangqian–Dangxiong												
6	27	20	97.2	32.2	94.6	31.3			91.7	30.6	6	4
消失												
㉓ 6月28日 (S2123)林芝–南木林，Linzhi–Nanmulin												
6	28	20	95.7	30.3	92.5	30.2			89.2	30.3	6	6
消失												

高原切变线位置资料表(续-6)

月	日	时	起点位置		中点位置		拐点位置		终点位置		切变线两侧最大风速	
			东经/(°)	北纬/(°)	东经/(°)	北纬/(°)	东经/(°)	北纬/(°)	东经/(°)	北纬/(°)	北侧/(m/s)	南侧/(m/s)
㉔7月7～8日 (S2124)松潘–八宿，Songpan–Basu												
7	7	20	103.8	32.5	101.2	31.3			98.3	30.5	8	6
	8	08	106.1	31.0	101.9	30.1			97.0	30.4	4	10
		20	109.1	31.3	105.3	30.1			101.2	29.7	2	10
消失												
㉕7月8日 (S2125)白玉–五道梁，Baiyu–Wudaoliang												
7	8	20	96.2	34.7	93.5	35.2			90.7	35.3	8	6
消失												
㉖7月10日 (S2126)丁青–琼结，Dingqing–Qiongjie												
7	10	20	96.2	31.7	93.7	30.0			90.5	28.6	8	6
消失												
㉗7月14日 (S2127)色达–安多，Seda–Anduo												
7	14	20	100.3	32.6	95.7	32.1			91.7	32.3	6	10
消失												
㉘7月24～25日 (S2128)德令哈–沱沱河，Delingha–Tuotuohe												
7	24	20	97.3	38.0	94.9	35.8	96.2	36.2	91.4	35.1	4	4
	25	08	96.0	35.0	95.5	31.8			92.4	29.2	6	10
消失												

高原切变线位置资料表(续-7)

月	日	时	起点位置		中点位置		拐点位置		终点位置		切变线两侧最大风速	
			东经/(°)	北纬/(°)	东经/(°)	北纬/(°)	东经/(°)	北纬/(°)	东经/(°)	北纬/(°)	北侧 / (m/s)	南侧 / (m/s)
㉙ 7月26日 (S2129)新龙-当雄，Xinlong-Dangxiong												
7	26	08	100.1	30.9	95.5	30.4			91.3	30.6	4	8
		20	100.0	31.1	96.5	30.4			93.0	29.5	12	2
消失												
㉚ 7月29日 (S2130)新龙-当雄，Xinlong-Dangxiong												
7	29	20	100.1	30.6	95.5	30.6			90.9	30.5	8	4
消失												
㉛ 8月2日 (S2131)刚察-杂多，Gangcha-Zaduo												
8	2	20	100.5	37.1	95.9	34.6			92.1	33.6	6	12
消失												
㉜ 8月4日 (S2132)玛曲-沱沱河，Maqu-Tuotuohe												
8	4	20	101.8	33.8	96.2	33.1			91.5	33.5	10	6
消失												
㉝ 8月8日 (S2133)囊谦-安多，Nangqian-Anduo												
8	8	20	97.6	32.2	94.9	32.2			91.7	32.4	6	4
消失												

高原切变线位置资料表(续-8)

月	日	时	起点位置		中点位置		拐点位置		终点位置		切变线两侧最大风速	
			东经/(°)	北纬/(°)	东经/(°)	北纬/(°)	东经/(°)	北纬/(°)	东经/(°)	北纬/(°)	北侧 / (m/s)	南侧 / (m/s)
㉞ 8月9～10日 (S2134)化隆–沱沱河，Hualong–Tuotuohe												
8	9	20	102.6	36.1	97.6	34.5			91.8	33.2	6	6
	10	08	108.7	35.4	104.7	34.3			100.1	33.2	10	12
消失												
㉟ 8月11～12日 (S2135)色达–安多，Seda–Anduo												
8	11	20	100.6	32.4	95.9	32.4			91.4	32.7	6	8
	12	08	102.6	36.2	97.6	34.4			92.5	33.3	6	8
		20	107.7	35.5	103.8	32.9			99.7	30.4	6	14
消失												
㊱ 8月13日 (S2136)色达–当雄，Seda–Dangxiong												
8	13	20	100.3	32.4	96.0	30.8			91.7	30.7	6	8
消失												
㊲ 8月16日 (S2137)德令哈–炉霍，Delingha–Luhuo												
8	16	08	98.1	37.8	100.3	35.2			100.7	31.6	6	10
消失												

高原切变线位置资料表(续-9)

月	日	时	起点位置		中点位置		拐点位置		终点位置		切变线两侧最大风速	
			东经/(°)	北纬/(°)	东经/(°)	北纬/(°)	东经/(°)	北纬/(°)	东经/(°)	北纬/(°)	北侧 / (m/s)	南侧 / (m/s)
㊳8月16日 (S2138)玛多–五道梁，Maduo–Wudaoliang												
8	16	20	99.0	34.9	95.7	34.9			92.6	35.3	4	10
消失												
㊴8月18～19日 (S2139)化隆–八宿，Hualong–Basu												
8	18	20	102.5	36.4	99.4	34.1			97.5	30.2	6	10
	19	08	103.5	36.3	100.8	32.6			97.1	30.0	10	8
		20	102.0	31.0	96.9	30.4			92.5	30.0	10	12
消失												
㊵8月20日 (S2140)久治–囊谦，Jiuzhi–Nangqian												
8	20	20	102.1	33.6	99.6	32.5			96.4	32.1	2	6
消失												
㊶8月21日 (S2141)同仁–安多，Tongren–Anduo												
8	21	20	102.0	35.7	98.0	33.0			92.2	32.4	6	8
消失												
㊷8月23～24日 (S2142)八宿–当雄，Basu–Dangxiong												
8	23	20	97.2	30.5	94.0	30.5			91.0	30.6	6	6
	24	08	96.6	30.1	93.6	30.3			90.9	30.9	10	6
消失												

高原切变线位置资料表(续-10)

月	日	时	起点位置		中点位置		拐点位置		终点位置		切变线两侧最大风速	
			东经/(°)	北纬/(°)	东经/(°)	北纬/(°)	东经/(°)	北纬/(°)	东经/(°)	北纬/(°)	北侧 /(m/s)	南侧 /(m/s)
㊸8月25～26日 (S2143)洛隆-当雄，Luolong-Dangxiong												
8	25	20	96.5	30.6	93.8	30.3			90.9	30.4	4	10
	26	08	101.4	32.9	98.5	30.6			93.2	30.3	8	12
消失												
㊹9月5～7日 (S2144)八宿-当雄，Basu-Dangxiong												
9	5	20	96.6	30.5	94.0	30.3			91.1	30.5	2	6
	6	08	96.2	35.6	94.7	31.0			91.9	28.6	8	8
		20	103.9	32.5	100.9	30.9			97.7	30.1	6	10
	7	08	104.3	32.4	102.1	30.6			98.7	28.8	6	12
消失												
㊺9月10日 (S2145)诺木洪-甘孜，Nuomuhong-Ganzi												
9	10	20	95.9	37.1	97.9	34.7			96.6	32.0	8	4
消失												
㊻9月15日 (S2146)班玛-那曲，Banma-Naqu												
9	15	20	100.8	33.2	96.0	31.9			91.4	31.5	6	6
消失												

高原切变线位置资料表(续-11)

月	日	时	起点位置		中点位置		拐点位置		终点位置		切变线两侧最大风速	
			东经/(°)	北纬/(°)	东经/(°)	北纬/(°)	东经/(°)	北纬/(°)	东经/(°)	北纬/(°)	北侧 / (m/s)	南侧 / (m/s)
㊼ 9月17日												
(S2147)玛沁-嘉黎，Maqin-Jiali												
9	17	20	101.0	35.2	98.4	32.3			93.4	30.7	10	16
消失												
㊽ 9月21日												
(S2148)兴海-沱沱河，Xinghai-Tuotuohe												
9	21	20	99.9	35.5	95.2	34.3			91.7	34.4	6	6
消失												
㊾ 9月25～26日												
(S2149)迭部-安多，Diebu-Anduo												
9	25	20	103.2	34.3	97.0	32.8			91.1	33.2	6	8
	26	08	99.2	35.3	95.6	33.9			91.4	32.7	6	4
消失												
㊿ 10月21日												
(S2150)白玉-当雄，Baiyu-Dangxiong												
10	21	20	98.8	31.2	94.6	30.6			90.9	30.8	14	12
消失												
51 11月16日												
(S2151)兴海-五道梁，Xinghai-Wudaoliang												
11	16	08	99.8	35.9	95.9	34.8			92.5	35.1	4	12
消失